顺德历史文化丛书

横琴中心沟围垦史

谭元亨　朱文彬　卢荫和　著

·广州·

作者简介

谭元亨 籍贯广东顺德，1948年1月出生，华南理工大学客家文化研究所所长、教授、博士生导师，广东省人民政府原参事。

中国新文学学会副会长、广州市十三行研究中心首任主任、IRSCL（国际儿童文学研究会）会员、中国作家协会会员、中国电视艺术家协会会员。著述颇丰，已出版作品约200种共计4000万字，部分作品被译为英、法、日等多种文字。代表作有《元亨文存》《谭元亨自选集》《中国文化史观》《客家文化史》《广府寻根》《无效护照》《潘氏三兄弟》《雕塑百年梦》《客家魂·全三册》等。获得"五个一工程"奖、骏马奖、中国图书奖、新时期优秀少儿文艺读物一等奖、北京十月文学奖等多项国家级和省级奖项。

朱文彬 籍贯广东博罗，1968年9月出生，现在顺德工作。

广东省作家协会会员、广东省小小说学会副秘书长、佛山市作家协会理事、佛山市小小说学会副会长、佛山市顺德区作家协会副主席、顺德小小说学会会长。系顺德首届"十佳作家"，曾获佛山文学奖、花地文学奖等奖项。著有《树生桥》《伏波桥》，编有《顺德小小说选粹》，参与《顺德文丛》《顺德市教育志》的编纂，在《短篇小说》《芒种》《黄河文学》《时代文学》等刊物发表近百万字作品。

卢荫和 籍贯广东顺德，1967年3月出生，顺德东西文化投资有限公司负责人。

自1986年以珠海九洲为背景题材的获奖散文《九洲情怀》进入文学园地后，矢志不渝，几十年来风风雨雨，坚守文学的理想。获奖作品有《春雪南飞》《一碗白米饭》《顺峰山下》等。

内 容 简 介

广东省珠海市横琴中心沟原来只是大、小横琴岛之间海面的一片滩涂。

1968年,珠海决定在大、小横琴岛之间的中心沟进行围垦,但因工程艰巨,故报请佛山地委,提出与邻近兄弟县合作围垦开发。1970年,为响应佛山地委的号召,顺德县杏坛、勒流、龙江、均安、乐从五个公社派出三千多名民兵参与横琴岛中心沟围垦工程(加上后续参加围垦的人员则超过一万人)。后来,围垦工程由顺德独立完成。在非常艰苦的环境下,顺德人用自己的一双手,在中心沟筑大堤、建水闸、挖河道、建公路、搞农业生产,把中心沟开垦成珠江三角洲的桑基鱼塘。

围垦,是人类为了生存与自然斗争的产物。而中心沟围垦有其特殊性,从特殊年代的发动工作、与澳门一水之隔、围垦成陆后珠海与顺德两地政府为了经济发展对其管治权的争拗、法治的进步与建设、国家战略方针,到社情民意,等等,在横琴岛演绎了一出社会发展与进步的"大戏"。

而且,大、小横琴岛的海面几百年来就是"海上丝绸之路"的一个洋船重要锚泊地。

横琴,其文化源流可上溯近千年,也包含了珠海、顺德两地围垦人的情感。如今,珠海横琴新区横空出世,中心沟的面貌将发生翻天覆地的变化。

本书再现了中心沟围垦的艰苦岁月,概述了横琴中心沟的历史演变过程,讴歌了一代劳动者艰苦创业、顾全大局的精神。

中心沟，顺德人的精神财富

中共顺德区委宣传部

顺德就是顺德，从不缺"故事"，不缺"传奇"。

四十多年前，三千顺德儿女响应号召，奔赴珠海横琴围海造田，在环境和条件极其恶劣的情况下，历经数年艰苦卓绝的奋斗，用青春和汗水，托起了一片14平方公里的土地。

从此，顺德有了一片"飞地"——中心沟。

时过境迁，我们已很难切身体会当年的艰辛——远离家乡，没有现代化的机械设备，没有与大海打交道的经验与技术，靠的是"一颗红心两只手"；吃的是"砂粒饭"、腐乳和番薯，住的是简陋的茅棚，周围蛇鼠横行、蚊子成团，吃饭都得躲进蚊帐里；长年战狂风，斗恶浪，经受日晒、雨淋、水泡，忍饥挨饿，流血流汗……顺德人以自己的血肉之躯，硬是截断海流，在深达数十米的淤泥上筑成堤坝，在两座海岛之间围出一大片陆地，造出一大片农田。

甚至，5位顺德青年献出了年轻的生命。

在特殊的年代，成千上万的顺德好儿女书写了一段气壮山河的历史。

中心沟，镌刻着顺德人一段不可磨灭的记忆。

在此，让我们向全体参与当年围垦、为中心沟流血流汗的建设者们致以崇高的敬意和诚挚的问候！

2010年，为配合国家全面实施横琴开发战略，顺德从大局出发，将中心沟14平方公里的国有土地使用权移交给珠海。

如今，中心沟已是国家级横琴新区、横琴自贸区的核心地带，成为镶嵌在粤港澳大湾区的一颗璀璨明珠。昔日的蛮荒之地变成了战略要地，变成了聚宝盆。

中心沟浮出海面，进而华丽蜕变的过程，与顺德改革开放、奋勇前行的进程一路相伴，为顺德留下了宝贵的、影响深远的精神财富。

一是艰苦创业精神。环境再恶劣，条件再差，只要顺德人认准了的，无论多艰苦也不退缩；白手兴家，百折不挠，咬定青山不放松，要么不干，干就要干好，干就要干成，顺德人，"坚嘢"！数百年前兴建桑基鱼塘是如此，数十年前围垦中心沟是如此，20世纪90年代产权制度改革是如此，现如今我们践行新发展理念、建设现代化顺德，同样要如此。艰苦奋斗、艰苦创业，什么时候都不会过时。

二是开拓创新精神。封闭僵化、固执守成，永远都不会有进步。惟有开放、开拓，敢闯、敢干，才能闯出一片新天地，创造出一个新世界。围垦中心沟，为什么顺德可以干好、干成？这与顺德人骨子里的变革"基因"密不可分。敢为天下先，顺德人从没有停息过开拓的步伐。不等不靠，求变求新求发展，哪怕是困厄重重，也要杀出一条血路来。试看今日"美的"等一大批顺德品牌和企业走向全世界，在惊涛骇浪般的全球市场上开疆拓土、创新不止，没有开拓创新的精神，成吗？

三是求真务实精神。顺德人敢闯敢干，但从来不盲干。实践出真知，在错综复杂的形势面前，只要深入实际，求真务实，总能找出切合实际的解决办法。在中心沟，没有钢筋，顺德人在实践中发明了"人造钢筋"——莨草，解决了筑堤的大难题；没有座闸经验，顺德人"走出去、请进来"，集思广益，群策群力，打了一场漂亮的"座闸战"。讲求实际，不搞花架子，抓住关键，一击即中！如今，顺德提出了进一步强化创新驱动、打造"大良—容桂"强中心、开展村级工业园改造等一系列举措，无一不是从实际出发，抓住顺德干部群众反映强烈、事关顺德经济和城市发展全局的痛点，与求真务实精神一脉相承。

四是顾全大局精神。只顾自己、只顾眼前，鸡肠小肚、小里小气，这不是顺德人的性格。胸怀全局、眼观六路、大气豁达、成人达己，这才是顺德人的本色。当初响应号召，勇挑重担，支援珠海围垦中心沟，是一种顾全大局的担当；后来配合国家实施重大战略，移交中心沟，同样是一种顾全大局的豁达，更是对国家发展和中华民族伟大复兴中国梦的一份贡献。

中心沟，永远闪耀着顺德人的精神光芒。

党的十九大提出中国特色社会主义进入了新时代，把习近平新时代中国特色社会主义思想确立为党的指导思想，绘就了实现"两个一百年"奋斗目标的宏伟蓝图。顺德又一次站在重大历史机遇面前。我们要思考：顺德如何在新时代再次扬帆，开启新时代的征程？如何抢抓国家建设粤港澳大湾区发展机遇，找准自己的定位，再创新一轮的辉煌？如何为广东建设向全世界展示践行习近平新时代中国特色社会主义思想的重要"窗口"和"示范区"做出贡献？如何为广东"四个走在全国前列"提供支撑？

重温中心沟的围垦史，能给我们最深刻的思想启迪。

艰苦创业是最大法宝，开拓创新是关键一招，求真务实是根本要求，顾全大局是政治要求！

让我们全面贯彻落实党的十九大精神，高举习近平新时代中国特色社会主义思想伟大旗帜，践行新发展理念，谋求顺德新的发展动力、新的发展空间，统筹建设科技顺德、文明顺德、美丽顺德、和谐顺德、富裕顺德，在粤港澳大湾区大格局中抢得先机，早日实现建设现代化顺德的宏伟目标！

二〇一八年三月

序

黎子流

2015年一个暖意盈盈的冬日，第二届广府人恳亲大会在广东省珠海市横琴岛召开。

对于一名顺德人，尤其是曾参加40多年前与珠海兄弟在大、小横琴中间的中心沟上并肩挥汗、围海造田的顺德人，此次重返横琴旧地，自是别有一番滋味在心头，意义非比寻常。

中心沟，当年的蛮荒之地，无风三尺浪，蛇虫出没，蒿莱遍地。斗转星移，如今，这里高速公路纵横交错，高楼鳞次栉比，高校迅速进驻，国家批准的横琴自贸区横空出世，粗具规模，怎能不让人心潮澎湃、感慨万千呢？

驱车到恳亲大会的会场，走的便是十字门大道，其位置正是当年中心沟的东堤上面，一侧全是澳门大学。海风拂面，往事历历在目。

用今日时兴的话来说——我们在中心沟，当年是用洪荒之力去搏击洪荒，这才有中心沟的"绝地逢生"。

没有钢筋水泥筑堤，只能因地制宜，以茛草代钢筋，泥土充水泥，硬是把几公里的西堤、东堤筑了起来。塌了，再筑；垮了，重建。几番反复，任凭恶浪滔天，飓风卷来，我自岿然不动。

没有抽沙船，更没有上吨位的运沙船，我们硬是用上千只小艇组成"大舰队"，靠手提肩抬，铺沙9万多立方米，硬是把淤泥、腐殖层深达二三十米，有的更达60米的"豆腐底"，铺成坚实的大堤基座。

在大海上运沙、铺沙及座闸之际，有5位围垦战士付出了年轻的生命……

不忍心一一细说了。20世纪70年代，在物质匮乏、生产力落后，遭到他国重重封锁之际，首批顺德人，3800多名普通农民民兵，历三天三夜上了岛——大部分是十几二十岁的青年，其中一半以上还是女青年，却创造了人间难以想象的奇迹。

没有现代化手段，全靠肩挑手提，战胜各种艰难险阻，众志成城，把浮运水闸按时定位坐好。

连续十数年，前后轮番上岛的有3万多名男女青年，如今都垂垂老矣，他们都把青春献给了横琴中心沟。

而今天，奇迹仍在继续。

正是中心沟的开发，才有今天横琴自贸区的横空出世！

没有当日在黑浪、淤泥与没头的蒿莱主宰的中心沟的开发，包括牛角坑水库建成后源源不断的淡水供应，又怎有宜耕、宜种的围垦地，更怎么有宜居、宜人的横琴现代新城的拔地而起？！

横琴终于不负古人为它起的美丽名字——

横空出世，琴奏知音。

是的，400年前，这里便是中国最早对外开放的口岸。著名学者屈大均早早就有这样的诗句："洋船争出是官商，十字门开向外洋。"

第一艘来自英国的商船，便是于公元1600年泊在了横琴；而后，"十三行"期间到广州通商的5000艘外国商船，大多数也是在十字门里等候执照好开进广州的黄埔。而十字门中"十"字的一横，便是中心沟的所在，几百年下来，泥沙冲积，它被淤塞填平了，昔日"洋船争出"的场面也就不再出现了。

在历史的惊涛骇浪中，在重重的封锁与迷雾下，横琴似乎被忘却了，中心沟又重返蛮荒。

本来，一个上苍眷顾、天然的开放口岸，却丢失了它的历史本位，最后，不得不以洪荒之力，去抗御蛮荒。顺德人以自己的血肉之躯，战狂风、斗恶浪、铺沙、筑堤、座闸、蓄水，要把横琴拉回现代文明！

现在的人们，很难想象当日的艰难困苦，以及奋不顾身的拼搏与牺牲。

作为中心沟围垦的总指挥,我怀念那段激情燃烧的岁月,以现在的标准,我那时也还是年轻人,那也是我一生中最珍贵,也是最艰难的日子。

然而,正是我和几千名顺德老乡,为横琴恢复历史本位尽了"洪荒之力"!

今日的横琴自贸区,当比过去"十字门开向外洋"的景象更为辉煌,更令人激赏不已。

我更得知,不仅澳门大学跨海办到了横琴,一大批澳门的青年才俊正纷纷来到横琴创业,去实现他们青春的梦想——这与当年开发中心沟时发生70多名青年农民"逃澳"事件的历史形成了鲜明的对照。只要坚持改革,只要继续开放,我想,横琴的未来当无可限量!

20年前,我在广州开启地铁之际为《地铁梦圆》一书写序时,就展望广州的地铁、轻轨会连接上珠海、澳门,以及深圳、香港。当时,还有人说这只是"梦想",因为当时广州地铁开工面临严重的资金不足问题,我作为市长,为找投资,只差没叩头乞讨了。可不到20年,这一愿望却早已经实现了。

那么,已粗具规模的横琴,当年的中心沟,当有怎样的未来呢?

这也许不用我说了。

只要认真读读这本"史记",叩问历史,方知未来!

感谢当年在中心沟同艰共苦的顺德农友!

感谢为写此书而付出辛勤劳动的作者们。

二〇一八年三月

(作者系原顺德县中心沟围垦工程指挥部总指挥、广州市原市长)

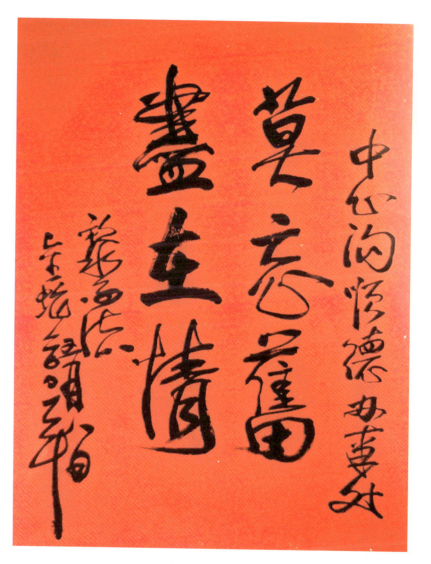

黎子流题字（图片录自《用青春托起的土地》）

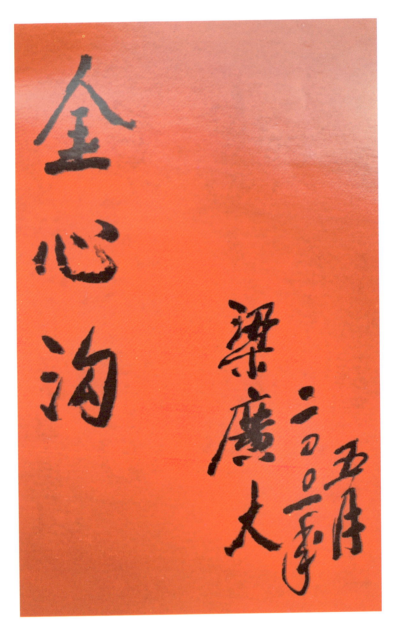

梁广大题字（图片录自《用青春托起的土地》）

1970年珠海大、小横琴岛地形图(杨光彩制作)

横琴岛中心沟围垦区示意图（杨光彩制作）

珠海经济特区佛山市顺德区人民政府中心沟办事处旧址大门（摄于2016年7月）

珠海经济特区佛山市顺德区人民政府中心沟办事处旧址办公楼（摄于2016年7月）

中心沟水井(摄于 2016 年 7 月)

中心沟石屋(摄于 2016 年 7 月)

中心河（摄于 2016 年 7 月）

中心沟路碑（摄于 2016 年 10 月）

中心沟新西堤水闸（摄于 2016 年 7 月）

中心沟新西堤（摄于 2016 年 7 月）

中心沟旧西堤水闸与高速公路桥（摄于 2016 年 7 月）

中心沟西堤水闸旧址（摄于 2016 年 10 月）

中心沟西堤堤基（摄于 2016 年 10 月）

横琴澳门大学新校区（摄于 2016 年 7 月）

2007年,电视片《赞歌·飞越沧海桑田》摄制组与部分围垦老队员合影
(佛山市顺德区档案馆提供)

移植在顺德顺峰山公园的横琴三百年老桑树（摄于 2017 年 5 月）

1971年元旦,中心沟围垦开工誓师大会(佛山市顺德区档案馆提供)

围垦工地（佛山市顺德区档案馆提供）

运泥筑堤（佛山市顺德区档案馆提供）

莨柴"钢筋"筑堤（佛山市顺德区档案馆提供）

开山炸石（佛山市顺德区档案馆提供）

挖泥筑堤（佛山市顺德区档案馆提供）

海上堤坝（佛山市顺德区档案馆提供）

座闸(佛山市顺德区档案馆提供)

1971年的中心沟(佛山市顺德区档案馆提供)

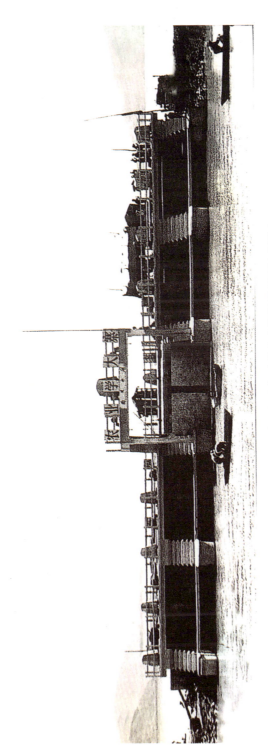

20世纪70年代的中心沟西堤水闸(佛山市顺德区档案馆提供)

20世纪70年代，顺德县围垦工程指挥部党核心组第三次扩大会议（佛山市顺德区档案馆提供）

20世纪70年代，顺德县领导在中心沟堤坝（佛山市顺德区档案馆提供）

20世纪70年代,顺德县领导闫普堆(右四)、吕根(右三)在围垦工地指导工作
(佛山市顺德区档案馆提供)

20世纪70年代,顺德县领导郑国雄(右一)与围垦队员亲切交谈
(佛山市顺德区档案馆提供)

20世纪70年代,顺德县围垦工程指挥部总指挥黎子流在讲话(佛山市顺德区档案馆提供)

20世纪70年代,参加围垦的顺德县各大队支部书记亲临工地检查工作
(佛山市顺德区档案馆提供)

20世纪70年代,顺德县革委会常委检查中心沟工作后合影(佛山市顺德区档案馆提供)

围垦文娱队文艺表演活动(佛山市顺德区档案馆提供)

20世纪70年代，民兵团武装连成立大会（佛山市顺德区档案馆提供）

会审中心沟农田水利规划①（佛山市顺德区档案馆提供）

会审中心沟农田水利规划②(佛山市顺德区档案馆提供)

水闸手动卷扬机（佛山市顺德区档案馆提供）

20世纪70年代的横琴医院（佛山市顺德区档案馆提供）

垦区标准化农田（佛山市顺德区档案馆提供）

抢收水稻（佛山市顺德区档案馆提供）

试种莲藕成功（佛山市顺德区档案馆提供）

试种小麦（佛山市顺德区档案馆提供）

试种马铃薯（佛山市顺德区档案馆提供）

20世纪70年代的中心沟桑基鱼塘(佛山市顺德区档案馆提供)

目　　录

开篇 ……………………………………………………	1
第一章　围垦序曲 ……………………………………	17
第二章　挥师横琴 ……………………………………	32
第三章　试剑西堤 ……………………………………	48
第四章　转战东堤 ……………………………………	90
第五章　垦荒种植 ……………………………………	120
第六章　征战牛角 ……………………………………	148
第七章　经营开发 ……………………………………	159
第八章　横琴战略 ……………………………………	221
第九章　"金心沟" ……………………………………	233
附录一 …………………………………………………	248
附录二 …………………………………………………	257
参考文献 ………………………………………………	301
后记 ……………………………………………………	303
《顺德文丛》书目 ……………………………………	307

开　篇

（一）珠玑巷移民与桑园围

历南朝、隋、唐与南宋，来自中原的南下移民已在粤北生活了好几百年了，人口愈来愈多，已为广南东路之冠。"地狭人稠"，当"间间苗"。在当地首领罗贵的发动下，积聚在粤北珠玑巷的移民又大规模地开启了跨越北回归线之旅，沿着自古以来的水上驿道，下浈水，走北江，携老将雏，奔向珠江三角洲（简称"珠三角"）。由于是罗贵率先领36姓97家自珠玑巷南下的，所以，这支移民队伍便成了当年珠玑巷移民代表，之后，十支、百支、千支，移民浩浩荡荡，抵达了由古海湾冲填的三角洲。著名的宋代"桑园围"，正是这些移民到达珠三角后的杰作，是他们生存智慧的结晶，是全新的生产方式。

但这次南下的意义不仅于此。

近年风行于中国的一部《全球通史》中有这么一段话：

> 宋朝期间，中国人在造船航海业上取得巨大的进步。12世纪末，开始取代穆斯林在东亚和东南亚的海上优势。蒙古人……建立元朝后，中国的船只体积最大，装备最佳，中国商人遍布东南亚及印度港口……中国的进出口贸易情况也值得注意，它表明在这一时期，中国在世界经济中居主导地位。

珠玑巷移民的发生，正是在13世纪初、中叶，也就是中国在东亚与东南亚获得海上优势的时期。罗贵的后人的确就在东南亚成为富甲一方的大商家。他们并没有在珠三角止步,他们所到之处,今天已是中国的第一侨乡。

桑园围的桑基鱼塘这一生产方式的创新,蕴含着多少历史变迁的传奇乃至神话?一度被视为神话的罗贵传奇,终因在古时埠底、今日良溪找到罗贵墓,还有罗氏大宗祠,被还原为一部信史。而桑基鱼塘发展出来的缫丝业、自宋代以来的商品生产,又将会演绎怎样的历史传奇?

桑园围是珠三角著名的大型堤围,位于广东省南海和顺德境内珠江干流之一——西江的下游,是西江、北江干流的主要堤围,分为东围和西围,抵御西江、北江洪水。桑园围的形态大多是大围之内分小围,当地人民在围内种桑养蚕,种植水果,养殖鱼类,形成颇有特色的生态农业循环系统与商品生产市场。

桑园围于宋代徽宗崇宁二年至五年(1103—1106 年)建成,是这个古溺谷冲填出的三角洲最早,也是规模最为宏伟的围垦工程,而它正是陆续而来的珠玑巷后裔,即中原、江南的移民的奇功。史载,这批移民"开池养鱼、藩圃种橘,修畦以艺桑麻,凡可以养生之物,靡不畜之植之,不数年,家益赡饶"。

最初,全围只有北、东、西三面有堤,因当年珠江下游刚刚开始围垦,水道通利,洪水消退迅速,全围"下流之水较上流落差四五尺"①,因而,东南方向可不筑围,成为开口围的形式。始筑东、西堤,4 年后再筑吉赞横基,分别为沙头中塘围、龙江河澎围、桑园围、甘竹溪分围。随着围垦的扩展,珠江入海水道水位抬高,桑园围东南方向也在明洪武年间堵塞了原有的开口水港,并在此后陆续筑堤。至明代后期,全围遂为堤防封闭,堤防建筑也由土堤改为石堤,并在堤上建设涵闸,使内水与外水沟通。清乾隆年间,全围共有涵闸 16 座。明、清年间,陆续筑保安围等 14 条小围。顺德龙江段至民国初期才加高并连成围,1924 年增建歌、龙江、狮颔口 3 座水闸后,成为一条较完整的园围。桑园围全长 68.85 公里,围

---

① [清]明之纲、卢维球:《桑园围总志(全四册)·序》,广西师范大学出版社 2014 年版。

内面积133.75平方公里，捍卫良田1500公顷，因有不少桑树园而得名。

近代，全围堤防共长14700余丈（1丈约等于3.3米），内有农田1800余公顷。围内分作十四堡，各围之间有子堤相隔，子堤上也建有涵闸，按地势将全围分成若干区，便于排涝和管理。

桑园围历史悠久，地处两县，积累了一套自己的管理办法。全围成立总局，由首事负责全围事务，各段堤防有基主，各有专责。管理法规主要针对围堤修守，清嘉庆至道光年间就曾三次修订。围堤关系全围安全，由全围十四堡摊派粮款维修；子堤由各堡分别负责管理和维修，另有管理章程。清代著有《桑园围志》《重辑桑园围志》《桑园围续志》，详细记录了本围历史文献和工程管理。

从北宋到民国，珠三角土地开发的最大特点是围垦造田，这项宏大的堤围工程在明、清达到鼎盛。珠三角劳动人民从宋代到民国有1000年的围海造田历史，最终成就是沿珠江河口两岸垦造出大片良田，涉及现今珠江沿岸的广州（增城、番禺）、深圳、佛山、珠海、东莞、中山、江门、肇庆8个城市。由于种植经济作物的收益大于种植粮食作物，一些种植水稻的农田改为种植经济作物，出现了种桑养蚕，栽种甘蔗、芭蕉、竹子等非粮食作物，以及养鱼等。这种土地利用方式的转变致使珠三角在明代就出现了农业商业化，在珠三角居民中早早地播种了商业意识。桑园围的经济属性非常强，珠三角人民的耕种方式对人的文化观产生了影响，形成了人的文化思维与行为方式，以及务实、灵活的经商意识。桑园围作为珠三角重要的土地利用方式，促成了该地区的农业商业化，在某种程度上也为其工商业发展与城市雏形的诞生贡献良多。珠三角地区的这种生态农业还有极其深刻的哲学内涵，它源于中国古代的"天人合一"的哲学思想，因此，桑园围农业经济不仅是一种农业技术，而且是一种有着深刻的哲学、历史、文化内涵的资源。

广东的近、现代文明完成跨越式发展，应该归功于桑园围，桑园围的兴起是广东市场经济的起点。

从围垦到桑基鱼塘，再进入商品生产。

从蚕桑到丝织，再上升到缫丝业，进而丝绸成为"海上丝绸之路"上对外贸易的主打产品。

珠玑巷移民垦殖珠三角，是一步一步走向开放的——丝绸便是外向型的产品，自秦、汉起便是如此。

这正是我们对围垦传统历史的追问。

（二）《桑园围志》透露出的历史信息

桑园围历来是顺德人引以为豪的历史壮举，迄今，顺德人对桑园围每每津津乐道。因此，大凡写志必收入，甚至为桑园围单独修志。

清道光年间的《桑园围志·跋》更透露出不少历史信息。

潘以翎己酉岁修志跋

道光己丑（1829年）筑仙莱、吉水决基之役，先长伯思园公（即潘进）以基决民贫力绌，义劝伍绅（十三行伍春岚，即受昌）捐银三万余两，环堤通修。时观察夏公修恕，迭次按临。先长伯所条议，夏观察辄匙（允）之。

越四年癸巳（1833年），筑三义基（堤）决口借帑数万。乡先生邓公鉴堂以为忧。先长伯指授机宜，呈卢制军节略查桑园围三义基于嘉庆二十二年（1817年）冲六十余丈，业户科银不足，借帑五千两凑办。其银系从前贮备各属基堤公款，业经按年清还无欠。

又道光九年（1829年）桑园围吉水湾藻尾仙莱岗各基冲决，系伍绅士捐银修复，并无借帑。兴修桑园围通围，前后实无欠借修决堤基帑银。至南海县各属别围及主簿属鳌岸外围有借帑未还，均与桑园围无涉，其所借之帑均系乾隆八年（1743年）积存贮备公项，与桑园围绅士李应扬等现在请领岁修生息银两不同。现在请领之银，系嘉庆二十二年（1817年）桑园围通围南顺两县绅士，呈奉前督宪阮公、抚宪陈公，奏蒙恩准，借藩库追存沙坦息银四万两，道库贮普济堂息项银四万两，共银八万两，发交南顺两县当商生息，每年得息银九千六百两。以五千两归还原借帑本、四千六百两交桑园围岁修各基。

嘉庆二十四年（1819年）照蒙给二十三年（1818年）息银四千六百两修葺各基，列册报给，不用还款在案。嗣因卢伍二商（十三行卢家、伍家）捐银改建石堤，此项息银暂停未给。道光九年吉水湾等基冲决，又经伍绅捐修，是以未经请领。此项银两计自嘉庆二十三年（1818年）起，至道光十二年（1832年）止，共十五年，实得息银一十四万余两。还原借帑本银八万两并二十四年给银四千六百两岁修外，尚有原本银八万两仍交南顺两县当商生息，未经停止。又积存息银五万余两未领。

此项息银系南顺两县绅士禀奉奏蒙恩准，借帑本银八万两，发交南顺两县当商生息，以为桑园围岁修之用。专为桑园围而设，给发岁修，不用还款有案，与别围无涉，亦与别围及二十二年三义基所借通省各项应还者不同。卢伍二商捐银大修亦止，奏明暂时停止，仍声明俟将来基有所损坏，再行核办，亦无奏明不给之案理。合开明送核，遂获请当道以岁修银拨偿。而我桑园围此岁修款，自续奏停支以来复得，援据成案沭。

皇仁而安，乐土者赖有此也。翎于先长伯无能为役，然时时追随左右，基务之要每闻而谨识之。戊申冬十月，阖围人士以秋飓伤及堤岸，为防护计，时斯濂（进士御史）乞假南归，予勖（勉励）之曰，桑园围事，先世尝三致意，绳诸祖武，尔其勉之。于是斯濂先向上游略陈梗概，阙后围绅继谒呈请，遂蒙委勘，随即拨领岁修银一万两。翎以围众公推董理，屡辞不获命，乃与同事何君绮堂，执畚锸（修堤工具）为役徒先首，致力于禾义基，其余派修各段，常督劝不敢懈怠。

工竣录叙颠末，付之剞劂（刻碑），不揣固陋，谨仿丁丑（1817年）旧志谬付己意，以尽驽钝所不逮。窃惟生民之患，有天有人。桑园围地跨南顺，一有溃决，民命之疮痍，田庐树畜之漂没，不可胜数。此天实为之（灾）。至于土石岁久剥落，不先事培修，致成巨浸滔天之害，厥咎在人（祸）。传曰豫备不虞，古之善教。

我桑园围岁修本款历有案据，可为防护之资。圣天子子惠元元，贤公卿奉扬德意，苟下情上达罔弗，恩膏立沛。后之君子，所当随时入告以岁修之利，为桑梓造无穷之福也。

抑又闻之，善治水者，不与水争地。故禹播九河，不惜弃数百里之地以杀河流，前人论之详矣。镇涌堡禾义基，横置一角于水冲，仲邑侯尝谓建围之始拙于相度。即先长伯，每为翎言之。然形势已定，不能复更。今就其已定之势为善后之策，积石为坝，迁水势也。垒石为坡，护河壖也。增土为塘，抑泛滥也。垒石为楗（桩），固藩篱也。

翎所为，奉先长伯之训，偕何同事，并力一心，冀无陨越（失误）者，如此而已。矣若其势处极险，异时水激难支，如朱生论下墟古基，为河伯所必争，翎岂能逆。知其必无哉，惟安不忘危，勤修勿解。庶几永年代久而弥固。翎愿与基主围众共勉之。

——潘孝云：《潘世德堂族谱》（广西师范大学出版社 2015 年版）

卢家、伍家正是广州十三行"八大家"名列第二、第三位者，商家十三行视桑园围为命脉所系，是当时正在形成的缫丝业的保障。之后，排序第五的谭家也几度斥巨资修复桑园围，直至 20 世纪中叶。

正因为如此，19 世纪末 20 世纪初，顺德才有"南国丝都，广东银行"的美誉。

（三）"十字门开向外洋"

洋船争出是官商，十字门开向外洋。

这是著名大学者屈大均的诗句。

屈大均又被视为"南屈"，与屈原相呼应，是南国的屈子。明清易朝，他一度坚守民族气节，奋起反抗。明亡后，他潜心著述《广东新语》，该著被史家视为"广东的百科全书"。上述诗句所言的"十字门"，是指澳门与横琴岛之间呈十字交叉水道，当年外国商船停泊、出海都在这里。因此，这"十字门"的水道，也被视为中国对外开放的象征。

这首诗还有后两句：

五丝八丝广缎好，银钱堆满十三行。

两句诗，说明了当年外贸中丝绸占有多大的分量！可以说，丝绸是珠江三角洲的财富之源。

追根溯源，如果没有珠玑巷移民的围垦，没有桑园围的桑基鱼塘的创举，没有在这基础上发展起来的丝绸的商品生产，又怎有大航海时代丝绸贸易的辉煌，以致有"银钱堆满十三行"的盛名。

在十三行行商中，如果论县一级拥有的行商，顺德恐怕是数一数二的，目前能查到的除了有蓝顶花翎的谭康官、德官几代人外，有名有姓的还有黎家、关家等好几家。而谭家一直在顺德，热心于修围兴学。历史上十三行行商有所成就的不是很多，而有所成就的顺德籍行商却为数不少，则可证明顺德人的经济实力。可以说，顺德人的商品意识、市场观念，有着他处难有的历史底气。

诗中的"十字门"，"十"字的那一竖把澳门与横琴分开；而一横的一端把澳门的氹仔岛与路环岛分开，另一端则划开了大横琴与小横琴。

澳门一边，两岛间亦已是填海区；横琴这边，则是——中心沟。

也就是说，中心沟是那一横的一半。

不难看出，这"十字门"的港湾，正是船只避风的理想之处。

16世纪中叶，澳门"开埠"，促成了广州十三行的诞生。明清300年间的十三行，其在珠江口的外港，也是十三行夷商办事处所在地，便是澳门。迄今，十三行遗址保存得最好的，也仅有澳门。

所以，在大航海时代，要与十三行通商的外国船舶要到广州，进入珠江口，首先就得停泊在澳门、横琴之间的"十字门"，这才有"洋船争出是官商"一句。所谓官商则是行商，因为他们大多有红、蓝、白的顶戴花翎。

明代首先在澳门、横琴不远处的浪白澳开放了对西方的贸易，当时的浪白澳成了一个唯一的国际贸易港，"乃番舶等候接济之所也"[①]。葡萄牙人更称浪白澳为16世纪的中国"上海"，也就是说，它是澳门形成十三行外港之前东西方贸易的枢纽。威廉士（Wells）在当时的《中国商业指南》中更称："1542年葡人始至浪白澳贸易，1554年来才渐多，1560年时荷

---

① ［明］谢杰：《虔台倭纂》卷下《倭议》。古籍复印本。

人居浪白者，约五六百名。"直到1582年，两广总督陈瑞才允许葡萄牙人世居澳门，在这之前，浪白澳葡萄牙人已逾千数。

野心勃勃的葡萄牙人先在宁波惨败，之后被驱逐，在漳州也无法站稳脚跟，最后才回到广东，在浪白澳做贸易。这已是明嘉靖二十年即1541年了。但在澳门西南的浪白澳"限隔海洋，水土甚恶，难以久驻"，于是，他们重金贿赂广东海洋副使汪柏，同意他们按照明朝规定20%关税的一半缴纳，可以在澳门做临时贸易。这是嘉靖三十二年即1553年。借着浪白澳贸易的经验，澳门的贸易迅速地兴盛起来，也就是在同一年，明朝政府允许作为非朝贡国家葡萄牙在浪白澳、澳门乃至中国第一大港广州进行贸易。而在这前一年，因"倭祸起于市舶"，停罢了浙江市舶司。不久，福建市舶司也因同一理由被停罢了。这样一来，"逐革福建、浙江二市舶司，惟存广东市舶司"——虽然这次广东没被视为"一口通商"，但其举措则相类似了。

后来，到17世纪，英国人来到澳门附近的横琴岛，横琴岛便成为其商船与战舰的停泊地。

明万历二十八年（1600年），英国东印度公司成立。明崇祯八年（1635年），葡萄牙人雇佣该公司商船"伦敦"号，装载货物，首次抵达中国，并在澳门停留了3个月。同年12月，在英王查理一世的特许下，葛廷联会（一译科腾商团）组织了一支装备齐全、武器精良的远征舰队，以威代尔为舰队司令，蒙太尼为总商，到东方进行冒险活动。这支舰队由四艘军舰即"龙"号、"森尼"号、"凯瑟琳"号及"殖民者"号和两艘商船即"安娜"号与"发现"号组成，明崇祯九年（1636年）从英国启航，取道卧亚、拔奇尔、阿郢及满拉加等地，向中国进发。崇祯十年（1637年），这支舰队中的三艘军舰（"龙"号、"森尼"号、"凯瑟琳"号）及轻帆船"安娜"号抵达澳门附近的横琴岛。

因此，英国最早抵达中国的商船，是先停泊在横琴岛的。当时，还引起了葡萄牙人的恐慌，认为对方是来抢地盘、争生意的。

他们没猜错，没多久，他们就失去了海上霸主的地位，先后被西班牙、荷兰取代，之后英国成了最大的海上霸主。随着明亡清兴，康熙开海，重立"十三行"，英国东印度公司与中国行商的贸易量跃升到第一位，丝绸、茶叶、陶瓷源源不断地流向了伦敦。

而英国商船当年在横琴停泊之处,应该就是中心沟这"一横"上,因为它比外海的风浪要小一些。

当年的大、小横琴岛之间的水道应是比较理想的,水深至少在30米以上,只是几百年的淤塞,可以通航的水道才会成为"沟"。

没有人会预见到,200多年后,善于围垦的顺德人,在自己的县域外开出了一片又一片"飞地",这回竟把目光瞄准了这一大、小横琴间已由水道化为沟的地方,为顺德再造一块"飞地"。

历史,竟借顺德人把似乎不同的两股推动力汇聚到这里,促成了又一次惊人的"聚变"!

(四) 100年前的"自贸区"

当2015年横琴被批准为"自贸区",与深圳前海、广州南沙同为广东自贸区的一部分,其令人关注的程度,不亚于20世纪80年代中国最早建立四个经济特区引起的震撼。

四大经济特区,各有成败,各有特色,仅珠江口两岸的两大特区——深圳与珠海,就迥然不同,各显神通,各有千秋,评价也就千差万别。

而今天,这两大特区又各自划出一块成为"自贸区",自然也就成了双方互相推动、竞争的参照系,看日后的发展又能形成怎样的万紫千红。

而一个不曾古老、并未远去的记忆,竟被唤醒。

就在大小横琴岛的对岸,也就是当今珠海香洲区,100多年之前,即1909年,夕阳残照下的大清王朝,为在经济上争取"起死回生",建立了一个"自开商埠"——类似于今天的经济特区,或许由于它特有的政策,与今天的"自贸区"更为接近。

于是,当日的"香洲商埠"与今天的横琴自贸区,可说得上是珠海两度开放的"前世今生"。

那是光绪二十三年(1898年),镇压了"百日维新"之后,慈禧太后迫于形势,采取了比"康梁变法"更为激进的改革,而经济的改革更是紧迫,所以,第一步是放开商业,广开商埠,为垂死的王朝聚财,以苟延残喘。清政府从这一年开始,陆续设立了几个"自开商埠"。至于最后建了多少，后人尚有争议，那个年代，议而未决或议而未设的事太多了。但这种"自开商埠"的目的，是与西方殖民者在中国已经设立的"约开商埠"相抗衡，以挽回在"约开商埠"中失去的利权。

但开始并没有香洲商埠，慈禧太后并没想到这个地方。

一直过了10年，有的"自开商埠"已成规模，红红火火，当然，也有的冷火秋烟，要死不活……固然，政策定的是：

> 自开商埠，与约开通商口岸不同，其自主权仍存未分，该处商民将来所立之工程局，片收房捐，管理街道一切事宜，应统设一局，不就分国立局。内应有该省委派管理商埠之官员，并该口之税务局，督同局中董事，办理一切，以示区别而伸主权。
>
> ——《总署咨行自开商埠办法》（载《申报》光绪二十四年六月十三日）

以上文字是清外务部（总理衙门）于1899年制定政策时阐述的。

这一政策，倒不一定是与澳门有关，因为澳葡当局毕竟没英、美等国强势。而与"约开商埠"截然不同的是，"自开商埠"中，中国是拥有完整的主权的，政府在土地使用上予以了严格的管制，其使用年限仅有30～33年。所以，10年了，与澳门相邻的香洲并无"自开商埠"的积极动议。

然而，正是10年后，即光绪三十三年（1908年）发生的日本商船"二辰丸"（Tatsu Maru）号事件，使得香洲的商民感到了历史的紧迫性。

当时，在南海的资源掠夺中，日本虎视眈眈，在珠江口大肆活动，走私军火。二辰丸本是商船，但走私军火更能获利，于是铤而走险。没料到在澳门海面被清海军截获，于是，一场外交纠纷几近刀光剑影。

一开始，即1908年2月13日，两广总督张人骏即致电外务部，口气很硬，称："查，洋商私载军火及一切违禁货物，既经拿获，按约应将船货入官，系照《通商条约》第三款并统共章程办理，历经总署咨行有案，自应按照送办，迭饬将船商一并带回黄埔，以凭照竟充分按办。"

第二天，即2月14日，日本公使林权助反驳道：船是在澳门水域被扣，并非中国领海内，要求放船，交还国旗，"严惩所有非法之官员"。

倒打一耙。

澳葡与大清水域的划界，由于葡方胃口太大，一直没谈拢。

张人骏以同治十三年（1874年）拿获英船在海南走私为依据，"断会充公，英国并无异议……为正当办法，日人何能独异"。

葡萄牙公使柏德罗竟站出来为日船站台，称："船不应在葡国所领海面捕拿……刻即释放，以该船随便前往所拟之处。"

张人骏回复，拿获该船"确在中国九洲洋海面，距澳门甚远"。

外务部也很强硬："中国官员在领海内有巡律私运之权，与葡国所领沿海权毫不相关。"

此时，被聘为总税务司的英国人赫德出面了，不仅要放船，还要求给日人"扣留之赔偿费"，甚至鸣炮致敬，等等。

清朝廷历来欺软怕硬，在压力下，张人骏只好"尊示，拟将日轮先行释放，只扣军火"。

日使林权助于3月4日与外务部交涉，称："具结释放，是决办不到，扣存军火，亦不能允。"

外务部一面向日使致歉，又坚持扣船之处为中国领海无误。

日方日益强硬，不仅要放船，还要道歉，惩办扣船的中国官员，赔偿扣二辰丸造成的损失——共四条，这是3月6日。

……

就被扣处是否中国领海，双方，甚至三方，相持不下。

末了，日方竟威胁道，要派舰只来华，以兵力迫朝廷就范。

纵然张人骏以葡国军警包庇私运军火，窥伺关闸以及内地，而派兵驻扎拱北以保境护关，对峙数月，葡方不得不后撤，到底争回了一口气，但是，对日方，不仅放船，而且自己出资买下走私军火，向日致歉，已是屈辱到了极点，而日方还不依不饶非要索取赔偿。

3月19日，在日、葡蛮不讲理的欺压下，清廷最终释放了二辰丸，且鸣放礼炮致歉。[①] 其时，岸上旁观者上万，无不为之痛哭流涕，捶胸顿足。

[①] 以上均参见中国第一历史档案馆、澳门基金会、暨南大学古籍研究所：《明清时期澳门问题档案文献汇编》，人民出版社1999年版。

这一天，被粤商自治会宣布为"国耻日"。

从2月13日宣布扣船籍没军火，到3月19日最终逆转，放船道歉，这才一个月多几天，政府的颜面扫尽。但老百姓站出来了，开始焚烧日货，形成了中国历史上首次抵制日货的风潮。

当时的《纽约日报》做了报道，这次集会有5万多人参加，其中，数以千计的妇女身着丧服，要求商家不再卖日货。影响迅速扩大至整个广东乃至上海、香港以及南洋，香港还发生了围攻日货仓库、捣毁日货商店事件。

从3月到年底，运动此起彼伏，日本对华（含香港）出口下降了6%，损失不可谓不惨重，最后，日方只能放弃对华索赔。

由于国内诸如岳州（今湖南省岳阳市）、三都澳（位于福建省宁德市）、秦皇岛等均已开辟自开商埠，面对帝国主义咄咄逼人的气焰，澳门的爱国商人、华侨王诜和伍于政与开明绅士联名，提出要在澳门近侧自开商埠，张人骏受到强大民意的推动，也支持民间力量参与商战，以"官力"支持"商民建设香港，以分澳门之利"，使自己与澳葡当局谈判海界时占据有利地位。

其时评述道："澳门一港，地非冲要，每岁所入，全恃妓捐赌饷以为大宗，均系吸内地游民之脂髓，我若相戒勿往，彼自无所取盈，为今之计，莫妙于附近自辟港埠，以为抵制之方。"①

又曰："此即釜底抽薪之计，而亦开辟利源之善策也。"

这更符合清廷的新政，其时，促进实业救国的呼声不绝，遂鼓励港澳实业界与海外华侨回来投资。宣统元年（1909年），经清政府批准，爱国华侨华人及港澳同胞踊跃支持，投资100多万元，他们看中了邻近澳门、位于吉大与山场之间、当时称为"沙滩环"的700亩海港荒野（当今香埠路一带）。王诜、伍于政率人绘具图说，拟定章程、合约等，呈广东省劝业道核办，并转呈督署及北京商部注册备案。

劝业道调研后报两广总督，得到批准，并计划建"六十年无税商

---

① 《大清宣统政纪卷之二十二 给事中陈庆桂奏广东澳门划界》，中国社会科学网2013年11月13日。https://ctext.org/wiki.pl?if=gb&chapter=661699&remap=gb

埠"——这与今日自贸区的免税制有得一比。

由于在香山场与九洲环之间选址，故得名"香洲商埠"。

而这是一片大约700亩的海域淤积成的滩地，形成已有六七年光景了，为建立这无税的自开商埠，王诜等人会同华侨投资上百万元。

于是，在"国耻日"之后仅一年，宣统元年三月初三（1909年4月22日），"香洲商埠"这片滩地破土动工了。

开工的盛大典礼会场上搭起了可以容纳2000多人的长棚，一时间，锣鼓喧天，彩旗飞扬，人头攒动，喜庆非常。大横幅上写着"强国之基""利国利民"等大字。

粤港澳，尤其是香山的要人、绅商、名流都接受了邀请到会，自然，在"二辰丸"事件上气不过的张人骏是要来的，广东水师提督李准、广东劝业道陈曾、拱北关帮办贺智兰等也都来了，一时间，冠盖如云，顶戴闪烁。

张人骏更亲笔题上"广东省香洲商埠"几个大字，且题款。有一丈多长、四尺宽。

《开辟香洲商埠章程》（简称《章程》）宣布："以垦荒殖民，振兴商务，讲求土货，挽回利权，使我伟大帝国四百兆同胞绰然雄立于地球，以共享文明之幸福。"

香洲埠开的历史价值体现在四十章的《章程》中。该章程内容异常丰富、全面而详细，吸收了外国开埠的经验条文，融资、商人集股开公司以及建造、保险等西方较现代的事物，都被吸纳在内。100年前能制定如此完美的开埠章程，难能可贵。现在一些城市建设开发区的章程，有的还没它详细。

城市规划上，《章程》及附图勾画出一个现代港口城市的完整蓝图，既有通畅的陆海交通、邮政、店铺、工厂、银行，还有学校、医院、图书馆甚至公墓等社会服务设施。管理上也提出文化休闲城市的要求，星期日及重大节假日放假休息，甚至提出实行类似于西方城市议会的民主管理制度，建成自治基地，共谋公益。这些，都充分体现了开埠创办人的革新精神和民主思想。

再如，当时在购置商铺时用到的"广东香洲商埠挂号收条"中就蕴含了浓厚的民族主义意识，写明："此收条乃系华人所用，如有外国人拾得及将此条转卖给外国人者，本埠一概作为废纸，特此声明"。

张人骏给朝廷的报告称，在该埠创立之前，"绅民之自立者，尚未一见，若能厚积资本，固结众情，他日斯埠之振兴，当可预决"，建议朝廷扶持以优惠政策。

优惠者，无非是廉价土地——这处只是开垦滩地，再是税收，亦即建成无税口岸。朝廷不得不让步，只是加了一句"下不为例"的套话。

典礼在一片欢呼声中结束，大规模的建设就此开始。

按照规划，建设主要在五个方面展开：①修路，使商埠与周围的吉大、前山、翠微、北岭，甚至中山石岐等地能够连接贯通；②修建商铺、楼房和街道，原来规划建商铺 40 间，后来根本供不应求，报名报晚的，只能搭临时帐篷经营；③疏通水道；④建设轮船大码头；⑤建设警局、学堂、操场、公园、戏院等市政项目。工程项目繁多，工程量非常大，但众人豪情万丈，日夜赶工，进度惊人，仅仅两个月后，一个容纳了 2000 多名工商从业者的商埠就呈现在世人面前。（图 0-1）

图 0-1　20 世纪初珠海香洲码头场景（图片来源于网络）

1909 年 8 月 14 日，香洲商埠正式开始对外营业。此时，海内外许多知名的公司和商行，如协昌、兴发、康正、长安社、永和隆、永利源、开明书局、仁安药房等早已纷纷进驻，大批工人也应招迁入。码头也开始兴旺，出现了往来于广州、港澳、三水的洋轮。商埠内成天人声鼎沸，各大酒楼和客栈天天爆满，呈现出一派欣欣向荣的景象。在香洲商埠的辐射下，香洲渔业、制造业、手工业、纺织业也迅速兴起。

商埠借鉴上海商铺的格式兴建商业街。初时，建得二层楼6间铺位的20栋，3间铺位的8栋；三层楼的2栋。楼间相隔4米，南北对向，整齐美观，有10多条街道，每至夜晚灯光如昼，热闹非常，被誉为"中环街市"。由此吸引港澳、四邑等地商贾纷纷前来经商，南海各地渔民相继迁来定居。清宣统二年（1910年），共建有商铺1600余间，修筑20多米宽的马路1条及码头2座，开辟穗港澳航线。其中，较大型的商铺有中兴纺织公司，较出名的商号有协昌、康正、永利隆等。海内外记者争相报道香洲商埠的繁荣景象。甚至在香洲大火后的宣统三年（1911年），还扩建米铺、油粮铺、杂货铺、当铺等近200间。清政府宣布香洲为自由港，开放香洲为无税区。

就这样，香洲商埠成了大清最早的实行"一国两税"特殊政策的"自贸区"。

清廷的"新政"不久就因为皇亲国戚的争权夺利搞得千疮百孔，失去了百姓的信任；同时，也由于国内外形势的错综复杂，这个被称为"自开商埠"的自贸区也只能是昙花一现，1910年7月突如其来的一场大火将这片繁华毁于一旦。大火烧毁了大量厂房、商铺和住宅，导致几千人财产损失殆尽，一夜之间成了无家可归的灾民。香洲商埠由此迅速走向衰落。

香洲开埠既以振兴民族工商业为宗旨，又镜以西方文化，吸收了外国开埠的经验、条文，重视学习和借鉴来自西方工业革命后发展的科学技术观念、经验，将融资、商人集股开公司以及建造、保险等西方较现代的事物都吸纳进来，促进了中西文化的交融与互动。

改良无法追上革命的速度，不久，辛亥革命便爆发，千年帝制一朝倾覆……横琴及一旁的香洲，又处于漫长的等待之中。

（五）两股历史动力的汇聚

这边，是中国本土上的大迁徙，跨越北回归线的壮举——这是13世纪期间。

那边，是航海大发现，哥伦布发现新大陆，达·伽马打开至印度的航道——这是15世纪。

这边，通过围垦，建造了桑园围，有了桑基鱼塘的生产方式创新，丝绸等商品生产日益繁荣；同时，也出海抵达东南亚，有了"广人开埠"的美誉。

那边，开启了大航海时代，借"海上丝绸之路"，大力推进了与中国的对外贸易，丝绸成了西方最受青睐的商品。

从北到南，珠玑巷后裔大显身手，成了"海上丝绸之路"上的弄潮儿。

自西而东，西方的夷舶带来了先进的科技，还有思想的启蒙……

横琴岛，便是二者汇合的见证。

耐人寻味的是，在20世纪最早几年，清政府也曾在横琴一侧的香洲办了一个类似的"自由贸易区"，以实施其"新政"，比"百日维新"显得更为激进。然而，皇朝沉疴在身，官渔商利，这个"特区"最后没法办下去了，而辛亥革命的枪声已经响起。

澳门、横琴向外，一直被称为"黑水洋"，民间盛传，这里浪恶、礁险、水黑，水怪与海盗出没，所以，"十三行"也未能善终……

"鸦片战争"二度爆发，"十字门"再无"洋船争出"了。

在国外列强封锁、对外贸易受阻之际，横琴岛又几近荒岛，人迹罕至，中心沟更是蛇虫出没，几近重返洪荒时代。

物换星移，100多年过去了，终于，到了中国改革开放！

澳门也回归了祖国。

曾借洪荒之力，把中心沟化作顺德"飞地"，种上嘉禾茂卉，等到横琴真正成为自由贸易区，顺德人当怎么回首悲欣交集的激情岁月？

围垦迎来了开放，又是怎样使两股历史的动力在这里汇聚？

是历史的宿命，还是人类的膂力？

横琴—顺德，中心沟—自贸区，腾飞的"十字门"！

第一章 围垦序曲

1949年10月1日,中华人民共和国成立。第二年,朝鲜战争爆发,新中国被以美国为首的西方国家在外交、经济上围堵封锁。1960年后,随着意识形态的分歧,苏联把原有的承诺与合作单方面解除。这样的国际环境,对于一个百废待兴的新生国家来说相当艰险。而1960年前后,又遭逢三年经济困难,粮食供应短缺,可谓雪上加霜,中国陷入非常困难的时期。

为打破封锁,自强不息,中华人民共和国成立后的20年间,党中央在不同时期提出了"人定胜天""战天斗地""愚公移山""自力更生""奋发图强"等口号,20世纪60年代更提出了"备战、备荒、为人民"的口号。于是,内陆是"黄土高坡变梯田",沿海是"敢向大海要粮食"。

在这样的国内国际形势大背景下,广东各地的围垦造田运动如火如荼地开展,江河湖泊的滩涂沼泽地多被围成桑田。

珠海在上级政府的统一部署下,也大搞围垦。1955年4月中旬,广东省当时的粤中区党委从云浮、新兴、罗定、高鹤、番禺等地抽调了18名县、区级干部,陆续到佛山集中,传达中共广东省委和省政府正式批准建立"国营平沙机械农场"的决定,并任命林智敏担任场长、李株园担任副场长。1955年12月中旬,来自番禺、中山、南海、顺德等地的7000多名农民工被组织到平沙农场进行第一次大围垦。这次围垦分为两期工程:1955年至1956年年初,主要是筑堤和建水闸的填土施工,新填的土方沉淀后再进行二期补充填土和造田工程;1956年1月初到当年6月,修筑18公里的海堤,将5万多亩(1亩约等于666.67平方米,也即0.067公顷)的荒芜滩涂变成了良田和宅基地。此后陆续进行了多次围垦工程,填海造陆面积总共达到240平方公里。

1958年8月，珠海、中山两县联合成立中珠白藤堵海防咸工程指挥部。9月12日，1万名民工和3894艘船只一齐上阵动工堵海。9月20日，西海峡经8天奋战全堤合龙；12月28日，东海峡经两次失败后终于堵海成功。周围13.63万亩农田获益的同时，堤内形成30平方公里的白藤湖。1959年2月22日，朱德元帅视察了白藤湖堵海工程。

1962年10月，广州军区为了减轻地方的负担，解决军粮供应问题，调派部队进驻白藤、灯笼、三板、大林等边防区开展围垦工程，历时一年筑成军建大围。从1963年10月起，由驻白藤岛的3000名解放军官兵修建八一大围，1965年工程竣工。八一大围施工期间，有11名战士牺牲。两围共围垦面积3.1万亩，可耕面积2.6万多亩。1969年11月，部队换防，军垦农场移交佛山地区接管。11月22日，国营红旗农场正式成立，分别从佛山市区、江门市区、南海、顺德、中山、番禺、新会抽调200多名国家干部，带领4000多名青年进场，组建了5个大队。此后，陆续接收了一批广州、佛山、江门的知识青年进场。1972年11月8日晚，台风登陆红旗农场，白藤东堤正在施工的排水涵闸被暴潮冲决，农场抗灾指挥部组织下乡知青护堤抢险，朱灿容等35名知青被卷进漩涡急流遇难。1973年12月，国营红旗农场由广东省农垦管理局接管，易名为"广东省国营红旗农场"。1978年开始，农场先后安置了6批近3000名归国的越南难侨，并更名为"红旗华侨农场"，隶属广东省华侨农场管理局管理。

早在1958年，珠海县就曾在横琴中心沟进行围垦，在沟的东端填筑堤50米。

1966年至1970年，珠海县横琴中心沟堵海围垦工程几经"上马""下马"，最后难以为继，无奈之下只得向佛山地区革命委员会（简称"佛山地委"）请求派其他兄弟县支援，合作围垦中心沟。

大、小横琴岛概貌

唐宋以前，珠江三角洲的滨海线处于五桂山（今广东省中山市境内）以北，珠海全境为散落在珠江河口外的几个偏僻海岛，其中两个岛就是大、小横琴岛。

大、小横琴岛的得名来自两个岛南北平行走向，岛形似琴卧于海中，并且两岛夹峙，无风有声，似中国历史上春秋战国时期的伯牙、子期正在唱和《高山流水》。

大、小横琴岛隶属珠海县管辖，珠海县原属中山县（香山县），1953年立县，1956年划入佛山行政专区（简称"佛山专区"）管辖。佛山专区管辖的区域包括北至顺德和三水、南至珠海、西到台山和开平的大半个珠江三角洲。

大、小横琴岛面积40多平方公里，两岛之间的滩涂水面12.64平方公里。小横琴岛北距海岸不到1公里，大、小横琴岛之间南北相距约2公里，两岛夹峙的滩涂水域东西长7公里。岛东是澳门、珠江口。澳门的路环岛、氹仔岛与大横琴岛、小横琴岛天然形成一个"十"字。在大、小横琴岛的西边是珠江水系的一个主要出海口——磨刀门，磨刀门在珠江八大出海口中输沙量最大，据水文资料记载，年输沙量2341万吨，涨潮量远小于落潮量（分别为159.8亿立方米和1043.7亿立方米），山潮水比达5.5，为各口门之冠，是强径流河。大、小横琴岛处于大江大河的两个出海口之间，南北对流、东西贯穿，这样的地理形态和自然环境使两岛之间区域气候条件相当恶劣，风高浪急，阵风阵雨，变幻莫测，而且最直接的后果是受到气流、洋流的影响，两个出海口带来的泥沙和杂质沉积在两岛之间的水域下面，形成淤泥层，特别是历年来磨刀门、白藤湖的围垦工程使自然环境发生改变，加剧了两岛之间淤泥层的沉积。

围垦工程实施前，大、小横琴岛之间已是淤积滩涂，有的淤泥深达30米。滩涂上红树林丛生，蛇虫鼠蚁横行，还有水獭出没。岛上是以花岗石为主的石头山，最高峰是脑背山，海拔为457.7米，是珠海第二高峰，树木稀疏，淡水稀缺。

20世纪60年代，大横琴大队有7个生产队，109户，人口642人；小横琴大队有4个生产队，69户，人口314人。生产队多以蚝业为主，出海捕鱼为副。两个生产大队有耕地面积0.96平方公里。两岛海岸边有上村、下村、三塘、四塘、石山、向阳等自然村。

每年9月至次年3月，横琴岛的咸潮在珠江基面0.5～1.0米，最大可达2～3米。咸潮主要受磨刀门的西江水和风力风向影响，西江水早到，持续时间长，咸水转淡早、淡期长；反之，则转淡迟、淡期短。东风、北风和东南风是咸潮期，西南风是淡潮期，如果风力超过4级并持续时间较长，则水也会转咸。

蓝图

1966年7月31日，珠海县人民委员会报请佛山专员公署（简称"佛山专署"），计划在湾仔公社横琴岛中心沟进行堵海围垦。

在这份文号为"六六珠渔农办字092号"《关于拟在湾仔公社横琴岛中心沟进行堵海围垦的请示报告》中，珠海县人民委员会称，根据毛主席关于"备战、备荒、为人民"的指示和人民群众发展农业生产的要求，最近该县先后两次组织工作组到湾仔公社横琴岛中心沟进行实地调查研究，根据调查汇报，县委常委又做了专门讨论，同意搞这项工程，并指示即向专署报告，切实做好规划，安排抽调劳动力，组织资金，做好各项准备工作。

该文对中心沟的自然环境进行了描述，并对围海垦殖进行了乐观的估计。该文称，中心沟位于珠海县湾仔公社横琴大队，交界于大、小横琴岛之间成一狭长地带，全长6720米，宽度平均2000米，最宽地带处为2320米，最窄处1700米。北面隔海与湾仔公社湾仔镇相对，北面偏东隔海为澳门，东面隔海2500米与氹仔、路环相望，南面为一望无际的大海，西南面隔海与珠海县三灶岛相对。自1958年白藤堵海和石角咀建闸以后，中心沟水流缓慢，淤积加剧，特别是近几年来海泥淤积更快，平均每年约增加1公寸（1公寸等于0.1米）。西面经茫洲所来的潮水多为淡水，当涨潮时，潮水从东、西两面涌入海潮，在万利围一带互相顶托为最高峰；退潮时，潮水亦自东、西两面而退，形成这一地带的高滩马鞍形。目前，退潮时两岸海滩出露宽度达1300米左右，滩面标高为0.1~0.4米；涨潮时水深一般为0.3~0.5米，中心地带为1.5~2.0米。只要进行堵海积坦，很快就可以进行围垦种植。

为此，珠海县对堵海工程进行了规划。堵海工程主要是修筑堤坝，分为西、东两堤进行建设。西堤从南面余井角（横排石）至北面舵尾角（西环仔），全长2147米；东堤从南面粗砂环（西山咀）至北面南山咀

（大角头），全长1860米。从西到东纵向全长6720米，计有耕地面积20160亩。

整个堵海工程计划分两期进行。第一期是抛石基、积坦、打基础工作，计划用半年至一年时间完成。抛石基工程要求：基底宽8米，顶宽3米，高度2.5米，坡度1∶1，长度4007米。需石方5.5万立方米，劳动工日9.16万个，工程费用247500元。第二期工程与全面种水草同时进行，主要是在石基内再行填土筑堤、砌石加高，以及完成两座水闸土建工程、中心沟开挖土方工程等，待几年淤泥稳定积成高坦后，再进行围垦种植水稻。整个工程规划在1970年完成。

关于经营方法和劳动力来源，珠海县初步意见是采用社队联办、国家扶助的办法。劳动力由有关社（其中包括湾仔、南屏、前山、三灶、唐家等5个公社）、队抽调解决，工程费用原则上也采用社、队自筹解决，如确实困难，再请求国家给予帮助解决。

该文对工程收益做了美好的展望，认为中心沟工程大有可为，效益前途"伟大"。

首先，在基本完成第一期抛石工程以后，即可进行装鱼虾，并在高滩处开展种植水草、养鸭等副业，增加收入，为第二期工程提供资金。据初步估计，装鱼虾以每间隔20米放一个罾计，一年可收鱼虾4000担（1担等于50千克），收入7万元；种水草以2000亩计，一年可收入5万元。较长期的还可种植水果，先种短期收的香蕉、木瓜、菠萝等。

其次，待第二期全部工程完工后，便可围垦23000亩耕地（包括原来已开垦的2000亩稻田在内），全面种上水稻，以每亩年产600斤（1斤等于0.5千克）计，每年可产13.8万担稻谷，折合138万元。两岸山坡还有5000亩，可以逐步种上各种果树，预计以后几年，每年可生产300万元的农副产品。

该文强调，曾派出工作组先后召开7次座谈会，在64人参加的各种会议上，到会干部和社员、驻岛部队代表都赞成县委关于堵海围垦的意见，认为意义重大，驻岛部队首长也表示大力支持。

为此，珠海县人民委员会特呈请佛山专署批准该工程上马并给予大力扶助，请求专署根据珠海县目前的经济情况给予10万元的贷款，以作动工之用。

应该说，在"文化大革命"的第一个年头，在"备战、备荒、为人民"的背景下，在佛山地委提出"一百年内造出第二个珠江三角洲"的号召下，作为佛山辖区一个县的珠海提出中心沟围垦工程，是不难理解的。但是，在"知己""知彼"方面，珠海对自身人力、物力、财力上的困难，对围海环境的恶劣、工程建设的艰巨性是估计不足的，对整个工程的规划也没有建立在科学的论证基础之上，这也就为后来的陷入困境埋下了伏笔。

"上马"

1966年8月16日，佛山专员公署办公室批复同意中心沟围垦工程上马。

文号为"六六佛办秘字第47号"《关于横琴岛中心沟堵海工程问题的批复》显示，经地委研究，同意中心沟围垦工程当年开始动工兴建，并决定拨给贷款10万元（已由专区人民银行下达至珠海县），以大力支持社、队兴办围垦事业。

佛山专署在批复中提出四点意见：①要坚决贯彻以自力更生、勤俭办一切事业的精神，必须发动群众、依靠群众，做到用最少的资金来办好这项工程，经营方式应以社、队合办为原则，尽量做到自己爆石、自己组织船队、自己运输，减少一切不必要的开支，降低成本。②必须成立围垦专门机构，县人民委员会要加强思想政治领导工作，积极组织学习毛主席著作；另外，社、队要抽调专人负责，以确保工程按质、按量、按期完成。③建议组织去番禺县围垦公司参观抛石、种草、围垦工程，学习有关方面的经验。④在贷款使用方面，要按佛山专区人民银行有关围垦专用设备贷款的规定办理。

值得注意的是，佛山专署在批复中明确了"经营方式应以社、队合办为原则"，而不是珠海方面提出的"采用社队联办、国家扶助的办法"。没有了"国家扶助"，意味着珠海围垦中心沟只能"自力更生"。

1966年9月18日，珠海围垦横琴中心沟工程正式动工。

工程动工日期距离佛山专署的批复日期仅隔一个月时间，动作可谓迅速。反过来也可以说，准备不是很充足。

"下马"

因准备工作不到位，1967年5月4日，珠海中心沟围垦工程停工待料，民工撤出，仅留下36人看管场部。

停工的日期距离动工的日期仅约7个月时间。

停工前的4月7日至11日，珠海县农业生产办公室（简称"农办"）、县水电局派出专人，连同佛山专署围垦科、水电局的人到中心沟围垦工地进行实地调查，并到当地的生产队与干部、老农进行座谈了解，随后于4月下旬形成书面报告，以珠海县人民委员会生产委员会名义报请佛山专署农林水办公室。

文号为"（67）珠生字第005号"《关于横琴中心沟围垦工程调查请示报告》称，总的工程项目有海堤工程、牛角坑水电站工程、排水站工程、渠系工程等，共需土方149万立方米、石方14.68万立方米、混凝土3900立方米、钢材114吨、水泥2482吨、木材573立方米、劳动工日573万个，总工程费用达368.16万元，其中，主要材料及部分工资补助款178.52万元。

报告对7个月来的围垦进行了回顾。从1966年9月18日以来，先后由公社、大小队派出劳动力300多人，共爆石3817.2立方米，已投放下海的有1689立方米，筑石基295米。在副业生产方面，开荒11亩地，斩莨柴77亩，约有24万斤，并放罾7个。

该报告显示，由于前一段对工程建设没有经验，加上计划不周，工程项目、资金、器材没有认真落实，出现了资金严重缺乏，现已将上一年国家贷款的10万元基本用光，而县、社、队又无法投资。县里曾开过两次围垦委员会议进行研究，一致认为围垦工程所需劳动力可自力更生解决，而工程所需的178.52万元主要材料及部分工资补助款项则无法解决。

为此，报告提出，要求给予解决该工程所需的款项，特别是第一期爆石抛基工程所需的15万元，若不能解决，只好暂时"下马"。

报告同时抄送专署水电局、珠海县军事管制委员会生产委员会。

报告成文上报不到两周，中心沟围垦工程即停工。

请款无果

1967年6月10日,珠海县军事管制委员会生产委员会报请佛山地区军事管制委员会生产委员会,要求解决中心沟围垦工程款。

文号为"(67)珠军管字第16号"《关于要求解决中心沟围垦工程款的请示报告》对7个月的中心沟围垦工程情况进行了回顾(内容同前),指出实际施工与原先计划相差甚远,如原来第一期筑石基工程预计需石方5.5万立方米,现按实际施工需石方11.43万立方米,相差5.93万立方米;资金方面,原来预计主要材料及部分工资补助需10万元左右,而实际需25万元左右,相差15万元;其余,山塘、水库、排灌站、渠系等工程原来都没有进行规划。因而,出现资金严重缺乏。

该文称,根据佛山专署农垦会议精神,珠海也召开围垦委员会议,对中心沟围垦工程做了充分的分析研究,一致认为主要问题是资金缺乏,根据当地县、社、队三级经济情况,无法解决中心沟围垦工程所需的资金问题。

为此,珠海县军事管制委员会生产委员会提出两点:①要求佛山专署、广东省农垦部门给予解决中心沟整个围垦工程所需的主要材料及部分工资补助178.52万元,特别是第一期抛石工程急需的15万元。②要求佛山专署、省农垦部门解决海堤工程72.12万元;其余,农田水利设施,排、灌溉闸,山塘,水库,抽水站和渠系工程所需的106.4万元,要求专署、水电部门给予解决。

然而,其时,全国上下"文革"正酣,经济困难,佛山专区又哪来那么多资金支持地方围垦工程?不久,佛山专区复电,无法帮助解决珠海横琴中心沟堵海围垦工程所需的款项。

"下马"报告

1967年11月24日,珠海县军事管制委员会生产委员会报告佛山地区军事管制委员会,因财政困难,经请示县军事管制委员会同意,暂时下马横琴中心沟围垦工程。

文号为"(67)珠军生字第79号"《关于珠海县横琴中心沟围垦场堵

海工程暂时下马的情况报告》显示，工程下马后，将剩余的现金和实物折款全部归还给国家，其余不足的4万元无法归还，请求免予归还。

文后附珠海县横琴中心沟围垦场《关于横琴中心沟堵海围垦工程暂时下马的情况报告》。

报告称，为响应"备战、备荒、为人民"的号召，根据本县劳动力多（指民田地区）、耕地少、粮食不足的实际情况，因地制宜，提出向海要田、向海要粮、向海要财富，大搞横琴中心沟堵海围垦的建设，呈报佛山专署批准，于1966年9月18日正式开始堵海围垦建设。由于活学活用毛主席著作，狠抓革命，猛促生产，堵海围垦建设收到立竿见影的效果，取得良好的成绩。但目前由于资金缺乏，本县多方设法仍无法解决困难，请示专区亦复电无法帮助解决，并指示与当地革命群众、革命干部商量研究决定是否下马或继续进行围垦建设。在未能解决资金的情况下，当地干部和群众都同意暂时下马。

报告罗列了前段时间建设情况（内容同前），认为总的来说成绩是主要的，大方向是完全正确的。

对于工程为什么要暂时下马，报告做了详细分析和说明。①资金不足。预计整个工程需要款项178万元，其中，第一期工程247500元，但所能筹集的全部款项仅有114757元（其中，国家贷款10万元，1963年围垦余额拨款1万元，围垦场生产收入4757元），现已开支生产资料费用58647元、基本建设器材费9989元、生产资料购置费3985元、民工菜金补助费4610元、干部工资2932元、医药费642元、其他开支636元，再加上工具修理等，合计支出88455元，剩余存款26302元。②计划不落实。首先是工程费用来源不落实。原计划第一期工程不足款项自力更生解决的，但本县地方财政全年收入只有4万元，地方开支也不够用，根本无法支持中心沟堵海围垦的开支；原计划以生产收入（一年单鱼虾收入就达4000担，价值7万元）作为支持资金也落空；至于发动社、队投资问题，也无法解决。其次是工程规格不落实。单从抛石深度来看，原计划只1.8米深，现为2米深以上，且下沉程度也比预计要大。③部分社、队由于本地区土地潜力较大，劳动力又不多，因此，对围垦兴趣不大，情绪不高，甚至找借口不想参加。但总的来看，主要原因还是资金缺乏。

报告坦承，工程的暂时下马对国家和社、队都造成一定损失：①资金大约损失4万元；②劳动力浪费（投放了300人，建设了大半年）；③因邻近澳门，对外也有一定的政治影响。

关于责任问题，报告认为是"原县常委应负主要责任"，在建场过程中有两大错误：①建设工程、生产估收、建设资金的来源都不够落实；②依靠群众、相信群众、走群众路线做得不够广泛和深入。报告称，在宣传上着重于堵海围垦的意义与好处，却忽视了整个堵海围垦的规划、要求、困难，特别是资金的来源，既没有很好地与革命群众商量研究，也没有很好地发动群众解决，致使不少社员反映只知围垦的意义不知其规划和资金来源，有的社员还说"还以为这次堵海围垦是国家出钱我们出力呢"。

报告最后，请求国家给予免于归还4万元的损失款项。原向国家贷款的10万元（分别为前山公社贷款5万元、南屏公社贷款3万元、湾仔公社贷款1.2万元、香洲镇贷款0.8万元），经与上述社、队研究，都认为按目前经济情况无法负担清还这么大的一笔贷款，而县地方财政收入甚少，亦无法代还此贷款。

二 绘蓝图

1968年11月2日，珠海县革命委员会（简称"革委会"）报请佛山专区革委会，计划在横琴中心沟举办珠海县"五·七"干校，下放千人，重新上马堵海围垦工程。

文号为"（68）珠革字第148号"《关于横琴中心沟围垦工程的报告》称，在"全国山河一片红"的大好形势推动下，珠海县和全国各地一样，革命、生产形势大好，县革委会遵照毛主席"干部下放劳动"的教导，结合珠海县地少人多的具体情况，为适应当前农业生产发展的需要，决定在横琴中心沟举办珠海县"五·七"干校，从县属机关、公社（镇）、厂下放大约1000名干部、职工，把围垦搞好。

报告对围垦工程进行了规划，拟分两期进行，第一期工程主要是筑东、西两道海堤和西堤进水闸、东堤排水闸，争取用一年时间完成；第二期工程主要是建牛角坑水库及电站、万利围平塘及抽水站，以及围内排灌系统工程。按第一期工程计算，共需沙方78100立方米、土方286000立方米、石方 94700 立方米、混凝土 2240 立方米，工程材料费 80 万元，劳动工日 646000 个。

关于劳动力和费用等问题，报告称，劳动力为下放干部中的人员，资金从珠海县历年来已冻结款中暂借 55 万元，其中，从东方红水库借 20 万元，从渔业港口基金借 20 万元，从县渔业协会借 15 万元，要求佛山专区革委会审批，解冻借用；其余 25 万元，要求专区革委会投资或贷款解决。关于材料和技术人员，要求专区革委会帮助解决钢材 88 吨、木材 400 立方米、水泥 850 吨，并要求地区疏浚工程队给予技术、人力上的支持。

和两年前一样，报告对工程收益也做了美好的展望：开垦后，可得良田 2 万亩，以每亩年产 800 斤计，总产 16 万担，值 160 万元；每年还可装鱼虾 3000 担，值 75000 元；两岸及山坡可开垦约 3000 亩，能大量发展果树和多种经济作物；四周海滩可捕鱼和养蚝，进行农、林、牧、副、渔多种经营。

三改方案

1968 年 11 月 16 日，珠海县革委会报请佛山专区革委会，要求解冻自收自支单位历年结余款投资围垦工程。

这份《关于要求解冻我县自收自支单位历年结余款投资围垦横琴中心沟工程的报告》称，根据专区革委会对围垦中心沟工程批复的精神，本着自力更生、艰苦奋斗的方针，珠海县革委会重新做出围垦方案，工程费为 296220 元，比原来方案的 80 万元减少 62.5%；同时，根据广东省革委生产组"（68）革生财字 364 号"文批转省财政厅革委《关于创办"五·七"有关财务开支和财务管理问题的报告》的通知精神，报请佛山专区革委会，拟在珠海县已冻结的自收自支单位中的东方红水库管理费、县渔业协会福利费的历年结余款中各解冻 15 万元，合计 30 万元，作为工程费用。

同一天，珠海县革委会发文《关于横琴中心沟围垦工程方案征求意见的通知》[（68）珠革字第 177 号]，向驻军首长、人民解放军指战员，人民公社革命社员、干部，各机关、工厂企业职工、干部，"五·七"干校革命同志征求意见。与月初的方案不同的是，工程规模由二期改为三期：

第一期工程建筑东、西两道堤坝（东堤长1810米，西堤长2000米）和东、西堤排灌闸各1个，涵窦12个，争取一年完成，为国庆20周年献礼；第二期工程主要是平整土地，搞好围内排灌系统，以及两堤培土加固提高；第三期工程是根据投产的实际需要兴建牛角坑水库、电站，万利围平塘和电排，以及改建水闸。

关于第一期工程的规划，也跟月初的方案有很大不同：共需沙方40330立方米（原78100立方米）、土方110300立方米（原286000立方米）、石方40340立方米（原94700立方米）、混凝土582立方米（原2240立方米），工程材料费296220元（原80万元），劳动工日262180个（原646000个），并需木材350立方米、水泥242吨、钢材45吨。

18万元围垦资金

1968年12月30日，珠海县革委会生产指挥组下发文号为"（68）珠革生字第135号"《关于"五·七"干校建设生产资金及"中心沟"围垦投资的解冻拨款的通知》的文件，解冻拨款18万元用于中心沟围垦。

一是解冻3万元，拨给"五·七"干校做建设资金和生产周转金。这是根据佛山专区下达给珠海县的解冻指标，按规定从各单位已冻结的"小家当"存款（如福利费、奖励金等结余）中解冻拨给。其中，水产公司企业奖金解冻2万元、粮食局企业奖金解冻5000元、渔业公司企业奖金解冻3000元、邮电局福利费解冻2000元。上列解冻的3万元，由财政服务站办理解冻，并扣除前已预拨的2000元，余28000元转拨给县中心沟围垦领导组掌握使用，重点用于中心沟围垦的生产建设方面。

二是解冻借用15万元，以解决围垦工程所需部分投资。决定在县渔业协会已冻结的福利费中解冻借用，该款原属珠海县执行冻结，按规定亦由财政服务站办理解冻，并转拨给珠海县中心沟围垦领导组按计划节约使用。

筹措18万元，欲通过组织"五·七"干校学员劳动围垦中心沟，珠海县在财力、物力、人力不足的情况下，仍想将中心沟围垦工程再次上马。

然而，直到时隔一年之后，珠海中心沟围垦领导机构才成立。

再"上马"

1969年12月3日，珠海县革委会下发文号为"（69）珠革生字第60号"《关于成立中心沟围垦工程指挥部的通知》，成立中心沟围垦工程指挥部。

珠海县革委会副主任戴竹森任总指挥，县革委会副主任卢思谋和县革委会委员、"五·七"干校革委会主任刘春海任副指挥，成员由20人组成，包括县革委会生产组副组长朱创和、"五·七"干校革委会副主任韩克升、蓝达明、阮国兴，县渔农、工交、财贸、计划战线的革委会副主任刘占东、陈刚、薛志明、肖明林，指挥部施工组组长李义芳、政工组副组长杨新和谢南树，前山、下栅、南水、香洲镇、湾仔公社的革委会副主任曾天养、梁文定、陈祥兴、黄成发、孔运喜，南屏、三灶、小林、唐家公社的革委会委员霍社根、陈辉、李满、蓝青。

1969年12月5日，珠海县革委会报请佛山专区革委会，建议调整工程施工方案，先建水闸。

文号为"（69）珠革字第163号"《关于中心沟围垦工程兴建水闸工程的报告》称，珠海县革委会已做出尽快完成中心沟围垦的决定，加强了对围垦工程的领导，由县革委会两位副主任亲任围垦工程的正副指挥，从各公社抽调了1200多名民工上岛参加围垦工程建设，另外还有县"五·七"干校学员200多人，并筹集了基本可满足工程需要的资金，解决了领导力量和人力、资金的困难。报告提出，中心沟围垦工程完成后，有耕地2万亩以上，仅仅25平方公里集雨面积无法满足灌溉需要，若将水闸提早建成，则2万亩耕地可在有灌溉条件的情况下，尽早为国家生产更多的粮食。如此，可避免先修涵闸的报废带来的人力、物力和财力的损失。

值得注意的是，报告声称抽调了1200多名民工和"五·七"干校学员200多人上岛围垦，但对围垦进展尤其是第一期筑堤工程只字未提。从建议先修排灌水闸来看，筑堤工程并未取得进展，并且很可能难以为继。

1970年1月10日，佛山专区革委会抓革命促生产组批复，同意提前施工水闸。

文号为"（70）佛专革生产字第7号"《关于中心沟围垦工程兴建水

闸报告的批复》文件称，在县能够解决劳动力、器材、资金的前提下，可照报告中的方案提前施工进水闸和排水闸，并提出，牛角坑水库、万利围平塘和渠系工程也需逐步配套完成，以保证淡水浇灌；同时，整个围垦工程所需的三大材料中，佛山专区可协助解决水泥240吨、钢材10吨、木材10立方米，其余部分可纳入专区分配给珠海的水利器材中自行解决。

批复文件还提醒，垦区内有一定面积的蚝田，对种蚝大队的生产和生活问题，要妥善处理。

何去何从

1970年5月29日，珠海县委批复三灶公社委员会的《关于要求解决我社中心沟民工回岛建设请示报告》，不同意该公社150名中心沟民工抽调回去参加岛上国防建设。

三灶公社的请示报告提出，1969年以来，已抽调了200多名民兵长期固定与驻扎部队一起同守共建，夜以继日地投入修建国防各项工程，近日，又接上级海军某部指示，决定在横琴岛建设一项重要的战备设施，为保密起见，民工就地解决，给三灶公社选派150名民工的任务。由于人力不足，三灶公社向县委提出，要求在中心沟围垦的民工全部回公社参加岛上国防建设。

经县委常委会研究，不同意三灶公社把150名围垦中心沟的民工抽回去，要求公社党委想尽办法，就地解决。

由此透露的信息是，珠海中心沟围垦人力明显不足。参与围垦的几个公社，每个公社只有一两百人，而且本身负担的选派民兵参加国防工程建设的任务也很艰巨，难以抽出人力，甚至提出要全部抽回围垦民兵，对中心沟围垦的积极性并不高。

这时期珠海、顺德两地的围垦工作报告与文件资料等综合信息显示，珠海县当时人口不到12万，抽调到中心沟围垦的三灶、小林、大林、唐家、下栅等公社民兵合计800人，直接参加围垦工程的社员不到500人，人力明显不足。

而在大、小横琴岛之间围垦也存在很大的技术难题。周边一些地方成功围垦的工程大多是由岸边向外一步一步稳扎稳打地筑堤，是单边堤。

大、小横琴垦区则是两边贯通式，须在东西两边筑堤拦海，是两边堤，等于是在大海中生生堵口围出一块陆地出来。表面上，两岛之间相距不远，工程不会太困难，但实际上，环境相当险恶，工程艰巨。

因调配围垦的人手不足，珠海只能先安排筑东堤，但经过一年多的围垦施工，东堤围筑无法完成，主要的问题是滩涂淤泥太深，筑堤进度和高度跟不上沉降速度，风浪一起，无论是刮东风还是刮西风，堤坝所承受的海浪压力都比单边堤要大，堤坝很容易就崩塌无法合龙。

中心沟围垦工程骑虎难下。

1970年8月25日，珠海县委对中心沟围垦指挥部组成人员做出调整［珠委干字（70）027号《关于中心沟围垦指挥部的组成》］。

相较于1969年12月3日的指挥部组成，规格和人数有很大的差异。1969年是由两名县革委会副主任挂帅，共有20多名成员，一年不到，围垦指挥部成员只剩5人，分别是总指挥李义芳、副总指挥朱创和、政工组组长阮国兴、施工组组长杨新、后勤组组长林俊德。

与此同时，珠海县委向上级佛山地委报告，请求其他兄弟县调派人手共同把中心沟围垦工程完成。

关于珠海县向佛山地委提请中心沟围垦工程支援的报告，佛山市档案馆、珠海市档案馆、佛山市顺德区档案馆现存公开的档案资料中都未见到，有关事实仅散见于其后的顺德县围垦工程工作报告，以及有关横琴中心沟围垦的回忆录中。

第二章 挥师横琴

1970年夏，珠海向佛山地委求援，请求派兄弟县合作围垦横琴中心沟。

8月，佛山地区革委会主任孟宪德在顺德清晖园主持会议，顺德受命组织人马围垦中心沟西堤并建西闸（由珠海负责围垦东堤并建东闸）；明确工程完工后，围垦的土地面积三分之二归顺德，三分之一归珠海。随即，顺德动员部署，筹措粮草。

10月，顺德点将，成立围垦工程指挥部，郭瑞昌、黎子流挂帅；招兵买马，围垦队员的政审比参军还严，十个手指都得摁指印；组织技术人员上岛勘测，制定筑堤围垦方案。

11月，派出300人的先锋队探路扎营，在荒岛上搭建130座营房。

12月底，顺德三千围垦大军集结，千船并发，挥师横琴，拉开围垦横琴中心沟的大幕。

顺德受命

1970年夏，佛山地委决定由顺德县与珠海县合作围垦横琴中心沟。

此前，佛山地委响亮地提出："一百年内造出第二个珠三角。"

那么，为什么是顺德？从黎子流的讲述中可见一斑：

当时（佛山）革命委员会、佛山地委将任务交给珠海，珠海负责围中心沟围了几年，抛了三四百米的石头，只是抛石，其他功夫都做不了，水一涨，全都不见了。几年时间过去了，就无法实现（合龙），就向地委报告。首先考虑江门、佛山。但江门、佛山的领导提出，

"我们搞不定",为什么,因为第一,不熟水性,要出大海;第二,没有工具,虽然有点资金;第三,有工具也不会用。所以,两个城市提出不能接受这个任务,接受了也完成不了,困难重重,只会浪费时间。那找哪里呢?据说曾经问过中山,但中山自己有围垦任务。结果曾经在顺德县委工作的老领导,当时在珠海任副书记,就向地委提出建议,说最佳选择就是顺德,第一,就是缺粮地区;第二,居民懂水性,并且小艇大船都齐,有工具。地委开会讨论,决定将任务交给顺德。

——黎子流口述。佛山市顺德区人民政府:《中心沟,永远的歌》(音像)(2010年9月)

黎子流是当年顺德县围垦工程党核心组成员、指挥部副指挥,后任总指挥。

黎子流口中"两个城市"中的"佛山"是指佛山城区。而中山是珠海的"母县",当初珠海就是从中山划出去的。中山县报告说当地正在蕉门围垦,任务重,抽调不出人手。

在2016年5月佛山市顺德区图书馆录制的《曾经的飞地——中心沟》"口述史"中,黎子流称佛山先是将任务交给离珠海最近的中山,中山提出不缺粮且有围垦蕉门的任务,拒绝了;接着将任务交给南海,南海提出是大粮产区有粮食上缴,也拒绝了;然后又考虑最缺粮的江门市区和佛山市区,但是两市提出城区居民不懂水性,也没工具,同样拒绝了。结果,曾经在顺德县委工作的老领导、当时的珠海县委副书记,就向地委提出最好的选择是顺德。

黎子流口中的"曾经在顺德县委工作的老领导",指的是凌伯棠。

凌伯棠是中山人,1959年3月起任顺德县委书记,但在"文革"期间受到冲击,1969年6月起任珠海县委副书记、县革委会副主任。他向佛山地委提出,只有顺德县最适宜承担这项任务,理由是:顺德10个公社,5个是农田水稻,5个是经济作物,是缺粮地区;县内河涌密布,农民天天出门开工就是与水打交道,熟水性,船艇等机具齐全,历史上就有多次桑园围这样著名的围垦工程;刚刚完成了县内潭洲水道的疏浚工程,又正在进行甘竹滩水电站的修筑,甘竹滩水电站还在国内首创大江主流截流、低水头发电的创举。

于是,佛山地委决定把与珠海县合作围垦横琴中心沟的任务交给顺德。

那么,顺德县又是做何反应呢?

"接到这个任务,县委的态度是很坚决的,当时叫革委会,以阎普堆同志为首的革委会态度很坚决,因为军人以服从命令为天职,上一级决定了,命令下达了,就要接受。"黎子流讲述道。

黎子流口中的阎普堆,山西晋城人,时任顺德县革委会主任。

清晖园会议

1970年8月,中心沟围垦第一次工作会议在顺德县第一招待所——清晖园召开。

会议由佛山地区革委会主任孟宪德主持。出席会议的有:珠海县委副书记卢思谋,顺德县革委会负责人阎普堆、黄合登、王景春、郭瑞昌,顺德河道整治办公室主任容志强等。

会议确定了顺德、珠海两县中心沟围垦工程任务:由顺德负责围垦中心沟西堤并建西闸,由珠海负责围垦东堤并建东闸。

会议还明确,工程完工后,围垦的土地面积三分之二归顺德,三分之一归珠海。

清晖园会议明确了顺德、珠海两县合作围垦中心沟的责、权、利。

动员

在远离顺德100多公里的陌生地方,在环境恶劣、艰苦的地方开展围垦工作,如何发动广大干部群众,是一个考验领导组织能力的课题。

为此,顺德县河道整治办公室指派谢光林、吴深龙负责编写"中心沟围垦造田宣传提纲"。

第一,为什么要搞围垦造田?围垦造田是紧跟毛泽东伟大战略部署,落实毛主席"备战、备荒、为人民""自力更生""艰苦奋斗"

的伟大战略方针的具体行动；是建设政治海边防、加速农业生产发展的重大措施；是革命发展的需要；是落实战备的需要；是巩固无产阶级专政的需要；是整治河道的需要；是发展粮食、饲料的需要；也是广大群众的愿望。

第二，为革命围垦，把海滩变良田。指导思想是高举毛泽东思想伟大红旗，突出无产阶级政治，以战备为动力，……以两个"决议"为武器，促进人的思想革命化，树立"一不怕苦，二不怕死"的革命精神，以愚公的决心，要河水让路。响亮提出："立足于战备，建设海边防；学习大寨人，向海滩要粮；奋战三五年，不吃统销粮；埋葬帝、修、反，贡献出力量"。围垦方针、政策实行统一领导，分级负责，上下配合，共同动手。民工工分，伙食补助，所需工棚、船、艇、工具由集体负责，在人力、物力、资金方面，做到资金不足自己筹，材料不足自己找，工具不足自己制；有关部门大力支援，围垦后土地属集体所有，集体耕作，多负担多收益，大队联营，独立核算，盈亏自负。

第三，突出政治，加强领导，发动群众，坚决完成围垦任务。要求做到：①高举毛泽东思想伟大红旗，把围垦工作过程作为活学活用毛泽东思想的过程；②狠抓阶级斗争为纲，严防阶级敌人造谣破坏活动；③用战备观点观察一切，落实一切；④要依靠群众，发动群众，大搞群众运动；⑤发挥"自力更生"精神，不做伸手派，靠一颗红心两只手，苦干、实干加巧干……

——谢光林：《中心沟围垦回忆录》（未出版）（1999年8月）

部署

顺德接受横琴中心沟围垦任务后，立即召开干部会议研究工作部署，做出十项决定：

第一，指派郭瑞昌、肇文俭负责上岛前筹备工作。

第二，县成立顺德县围垦工程指挥部，下设政工、保卫、工程（生产）、后勤组，公社成立围垦工程指挥所。

第三，县组织部负责挑选政治思想好、作风正派、年轻有为、有丰富农村工作经验、能指挥农田基本建设大战役能力的国家干部担任相关职务。

第四，县公安局负责民工上岛政审工作，所有参加围垦工作的民工均自愿报名，经公安部门逐级政审合格后，方能领取边防证、上岛证。

第五，中心沟围垦工程规划上岛民工3200人，其中，杏坛占800人、勒流占700人、龙江占700人、均安占500人、乐从占500人。所有围垦工程任务和土地分配按上述比例均分。

第六，坚决执行民办为主的方针，大打围垦的"人民战争"，工程费用采取三条途径进行解决：一是工程中所需的劳力、器材、资金，主要由大队负责组织筹备；二是工程所需的部分现金开支，如有些大队确有困难的，由所在公社先行借支解决，待围垦收益后结算归还；三是其中新建水闸、电站等重点水利工程，由县进行适当无偿投资，所需水泥、钢材、木材、雷管、炸药、汽（柴）油等国家统管物资，由县统一调拨。

第七，参加施工的民工在原生产队按一级劳动力记回工分，参加生产队年终结算，伙食补助每人每天三角钱，由大队统一支付，粮食指标按每人每月补足四十五斤大米，民工合作医疗，由大队处理结算。

第八，围垦土地的征购问题，按农业税法规定免征五年。

第九，"要大力协同"，充分发挥各部门的作用，财贸部门做好设点物资供应，工交部门做好交通船只、机电器材的抽调，卫生部门组织好医疗药物，保证围垦工程的顺利进行。

第十，参加围垦民工统一按部队编制，以工程队（参加围垦的生产大队）为单位组建民兵排，设正、副排长；三个民兵排组建一个民兵连，设正、副连长，指导员；公社一级组建民兵营，设正、副营长，营指导员；县组建民兵团，设团长、团政委、团参谋长。黎子流同志为围垦民兵团首任团长，谭再胜同志为团政委，陈佬同志为团参谋长。

——谢光林：《中心沟围垦回忆录》（未出版）（1999年8月）

点将

1970年10月1日,顺德县围垦工程指挥部(简称"围垦指挥部")正式成立。

围垦指挥部由郭瑞昌、黎子流挂帅,分别担任指挥、副指挥。

郭瑞昌

郭瑞昌时任顺德县革委会副主任。他原籍河南省原永城县,1928年出生,1940年参加抗日战争,历任新四军抗日学生队队员、河南省永城县苗桥区政府工作队队员、乡农救会主席、公安区员,雪枫县公安局秘书,夏邑县桑堌区区长、区委书记、县税务局局长;1952年年初,调任广东省中山县税务局局长,后任县委组织部部长;1954年,任粤中行署税务局副局长;1956年后,历任佛山地区税务局局长、服务局局长、地区财贸部副部长、商业局局长;1961年,调任珠海县委副书记、县长;1966年年初,调任顺德县县长,"文革"中受到冲击;1970年5月至1972年5月,任顺德县革委会副主任;1970年至1972年,任顺德县横琴中心沟围垦指挥部指挥。

郭瑞昌后来于1972年调任佛山地区粮食局局长,后任财贸办副主任兼地区畜牧办主任,1988年12月离休。2003年3月,编印《横琴岛围垦》(诗歌、照片、纪实集)一书。

据郭瑞昌记述,他于1966年年初由珠海县县长调任顺德县县长,"文革"中受到冲击。1968年秋,顺德县革委会成立,由解放军、地方干部、群众代表三结合成立领导机构,郭瑞昌任副主任。1970年秋,组建顺德县横琴中心沟围垦指挥部时,在县革委会领导班子会议上,军、干、群三方代表均无人报名。主持工作的军代表提议,由郭瑞昌任指挥长,得到领导班子的一致同意。郭瑞昌从珠海县调来不久,比较了解珠海的情况,觉得责无旁贷。

黎子流

黎子流时任顺德县农村战线革委会副主任。黎子流1932年1月出生于广东顺德龙江镇农民家庭。1951年被选派为顺德县伦教大洲乡土改队员，任小组长；1953年加入中国共产党；1953年起先后任顺德县七区土改队员，龙山乡副乡长、乡长，顺德县七区副区长、区长、区委书记，勒流公社党委副书记、书记、社长。

1958年，黎子流遭到万人大会批斗，被停职反省，劳动检讨。1961年，黎子流复出。1963年3月，任顺德县农村战线工作委员会副主任。同年，在"四清运动"中，他再次"靠边站"，反复受到工作队和"群众"的批判。半年以后，他回到公社书记的岗位上。从1966年到1969年，黎子流被列为"三反分子""走资派"，接受了100多场批判，被关押了2年。1970年10月，他从顺德县农办被派往中心沟组织围垦，任顺德县中心沟围垦指挥部副指挥，后任指挥。

黎子流于1974年4月离开横琴中心沟后，先后担任顺德县委副书记、书记，佛山地委委员。1978年春，党的十一届三中全会尚未召开，他在当地悄悄搞起包产到户。1983年4月，调任江门市委书记，任上他成为五邑大学创办人之一，并推动兴建连接江门至中山的外海大桥，大大改善了江门对外的交通。1989年年底，调任广东省特区办公室主任。1990年5月，被任命为广州市副市长，后任代市长，1991年3月至1996年8月，任广州市市长，推动兴建连接广州市区至白云机场的道路及广州地铁等大型项目建设。

1997年退休后，他在家乡创办了顺德新世纪农业园及两家农业公司，建立农业示范基地，着力探索珠三角农业适应现代社会发展的新路。先后任南雄（世界）珠玑巷后裔联谊会会长、广东省广府人珠玑巷后裔海外联谊会会长、世界广府人联谊总会会长，2016年9月卸任会长一职，转任创会会长。

黎子流于1974年1月写下《临别中心沟写实》一诗，2016年5月在佛山市顺德区图书馆录制"中心沟围垦口述史"——《曾经的飞地——中心沟》。

在黎子流看来，"围垦是我一生中最宝贵、最丰富的人生经历"。

担任围垦指挥部副指挥的还有谭再胜。

指挥部设政工组、工程组、保卫组、后勤组。政工组组长梁华，工程组组长陈佬，保卫组组长廉禧奎，后勤组组长李拾胜。还有陈祥胜、冯秋带等任各组副组长。这些人中，除保卫组组长廉禧奎是北方人外，其余都是地地道道的顺德人，此前在公社里担任副书记、副区长等职。

另外，指挥部在珠海县湾仔镇设联络站，联络员是何洛超。

招兵

1970年秋，上岛围垦队员的招收工作紧锣密鼓地进行着。

承担围垦任务的是顺德县5个经济作物区公社，分别是：杏坛、勒流、龙江、均安、沙滘（即现在的乐从）。这5个公社以种植经济作物为主，粮食缺乏。

横琴远离顺德100多公里，岛上的生活、生产环境恶劣。横琴岛又是海防前线，东边与澳门只有几十米的浅水海面相隔。所以，选取上岛人员既要能吃苦，又要政治思想过硬，首先近亲属有港澳、海外关系的不接受报名，报名后还要经过三级审查，平日思想表现不好的也要被刷下来。

除了生产大队的社员外，上山下乡的知识青年也可以报名。

陈少红参加了8年的围垦工作，回顺德后，先后做过工厂出纳、厂长、公办幼儿园园长，退休后习画。现为中国老年书画协会会员，顺德老干部晚晴书画会副会长。从下面的采访实录中可窥见当年历史之一斑：

> 都是自己报的名。我们龙江公社官田大队（当时叫乐观大队）有七八十人报名，经严格政审后共有34人参加了围垦，年纪大的30岁，二十一二岁的有四五个，其他都是十几岁的年纪。那年我是16岁。
>
> 要办边防证、上岛证，当然要政审。先由支委审批，看有无港澳关系，看是否"三代红"，连三姑六婆都要审。
>
> 还要打手指模，十个手指都要留指模印，一个一个地摁在四方格里。
>
> 报名有什么想法？很单纯的。在家里大队劳动每个月收入十五六元，去围垦每个月收入33元，其中有9元海岛补贴，还有粮食，是

30多斤大米。响应上面的号召,既能锻炼自己,又能帮到家里,就去报名了。

怕不怕辛苦?我八九岁已开始做农活了,能做很多活,人称"辣椒仔"。后来我除了参加围垦劳动,第二年还被抽调上营部,管财务,做妇女、共青团、政工、宣传等工作。一直到1978年12月底围垦大部队撤回顺德,我才回龙江结婚。在中心沟围垦一共8年时间,那是我人生最黄金的青春年华。

——陈少红(采访实录,2016年10月30日)

留指纹要十个手指逐个摁印,这也是在特定历史环境下才有的奇闻,从侧面也反映出当年选拔工作的严谨细密。

龙江公社官田大队政审过关的34人被编成一个工程队,队员又称为民工。但按照部队编制,工程队同时又是一个排,官田排由20岁的康炳明任排长。这样,队员、民工都成为基层民兵组织中的一员,所以又称为民兵、围垦战士。

官田排建制34名民兵战士组成是:

康炳明(排长)、梅洁兴(副排长)、尤祯居、邓柒桂、邓焕弟、刘瑞联、刘忠华、黄景忠、梁浩祥、谭瑞萍、黄明甫、欧作全、张树全、麦国添、刘梅英、刘棉芝、陈成源、陈少红、梅雁芳、麦爱钰、麦拾女、欧嫦珠、吕宝兰、刘丽珍、张霞、麦妹英、谭瑞芳、尤叶仙、黄巨全、邓钻珠、尤婉兴。

以上31人为官田大队社员。

另有"上山下乡"的人员3名,分别是:下放到官田大队的龙江社会青年蔡广溢、容奇知识青年谢茹琳、广州知识青年谢健生。

在34人中,男15人,女19人,年纪大的30岁,小的才十五六岁。(至2016年10月采访时,官田排34人中已有3人离世)

与此同时,各公社各大队的围垦民兵战士的报名、遴选工作迅速展开,很快,3000多名顺德围垦队员遴选完毕,整装待发。

勘测

1970年10月3日，顺德县河道整治办公室组织勘测队正式上岛勘测。

参加勘测的队员有：严维炽、钟立新、谭再胜、李拾胜、陈祥胜、陈佬、胡铨强、肇文俭、冯秋带、何仲益。

勘测队员多数来自顺德县河道整治办公室。而谭再胜、陈佬、李拾胜等3人后来都成为围垦指挥部党组成员，陈祥胜、胡铨强、冯秋带等人成为围垦指挥部工程组、后勤组的领导。

工程组乘坐顺德大良水运站的机船前往珠海横琴中心沟，他们的任务如下：①勘探地质，测量水文、地形等数据，选好堤址，测算好工程量；②勘查沙源、水源；③选好各营房驻地。

条件恶劣，任务艰巨。他们以船为家，在船上吃住一个月，克服了重重困难。

中心沟的水流是东西向，沟中沉积物主要是淤泥和腐殖质，厚达二三十米，勘测人员在泥滩上根本无法站立行走，只能在泥水中浮动或滚爬前行。

蛮荒之地，蛇鼠出没，环境不可谓不恶劣，他们风餐露宿，忍受蚊叮虫咬、日晒雨淋。"当时那些蚊子，多得啊，大便的时候，蚊子布满了屁股。"钟立新回忆道。

后勤供应不足，蔬菜缺乏。为赶时间，还得经常忍饥挨饿。一次，厨师失手将唯一的一把菜刀掉落海里，于是只能将番葛砸烂，剥皮煮食。

紧张劳累了一天，满身泥浆臭汗，还得满山转地找淡水冲凉、洗衣服。

而勘测人员的工具，只是简陋的百米测量绳和自制的2米高木质标尺。

经过一个月的实地勘测，他们硬是将上千个高程、气象等水文数据和地质数据收集齐全，并完成初步选址工作。

随即，顺德县水电局的工程技术人员加班加点，迅速设计了西堤填筑方案、西堤浮运闸图纸、围垦营区选址布局图等。

设营

1970年11月9日至11日，围垦指挥部组织各营主要领导奔赴中心沟，划定营区范围，拟定搭建营房方案。

郭瑞昌坐镇，众人合谋，一一定夺。根据规划安排，围垦指挥部设在小横琴的向阳村西侧，杏坛、勒流、沙滘营部在小横琴万利围，龙江、均安营部在大横琴二井围。

1970年11月下旬，300人的先头部队开赴中心沟，搭建营房。

他们都是从各大队围垦队员中抽调的，是第一批上岛的围垦战士。

荒山野岭，野草杂树丛生，荆棘遍地，蛇虫鼠蚁横行，饿蚊成团。

再艰难也咬牙顶着。白手兴家，只能风餐露宿。晚上，就住在临时帐篷里、民船上，与风浪、暴雨、寒流、蚊虫、蛇鼠做斗争。

搭建营房的300人先头部队披荆斩棘，砍树割草，清除杂物，平整超过500亩的场地。

然后，紧急从顺德抢运竹、杉、篾、铁线等搭棚材料到中心沟，再兵分两路，一路是杏坛、勒流、沙滘营战士，步行上山收割芒草，一天两个来回，每次挑重一两百斤的芒草翻山越岭；另一路是龙江、均安营战士，扒艇渡海到大横琴的三塘、四塘生产队收购禾草，艇上堆叠禾草的高度超过2米，遇涨潮须与风浪搏斗，遇退潮又常在海滩搁浅，还得下来推艇，与淤泥滩较量，短短五六公里的水路，往往要一天一夜才能往返。

经过一个多月的奋战，搭建营房的300人先头部队共抢运了150万斤禾草，搭成5个自然村，130座营房，建筑面积超过15000平方米。

虽是棚房，但也是三千围垦大军的"家"。

粮草

1970年11月14日，围垦指挥部报请调拨机器。

根据围垦工地需求，需调拨柴油机3台、水泵1台、压石机1台。

经围垦指挥部一个月时间的调查了解，县造船厂1台柴油机［25匹马力（1匹马力等于0.735千瓦）］、水藤丝厂1台柴油机（15匹马力）、红卫丝厂1台柴油机（80匹马力）、红星糖厂1台水泵［3寸（1寸约等于 0.03 米）〕、水泥厂 1 台发电机（10 千瓦）适用于围垦工地，被抽调后不影响生产且原单位同意抽调支援围垦，个别机器缺电球、马达、轴心等部件或正在维修的，由原单位配套或维修。

经顺德县革委会生产组批转工交战线革委会，抽调上述 5 台机器调拨给围垦工程使用。

1970 年 11 月 20 日至 27 日，顺德县围垦工程指挥部在大良举办营连干部学习班，学习围垦政策，重点商讨大部队登陆细节。经部署，参加围垦的各生产大队要出动 1～2 艘载重 10～15 吨的大船，每艘大船配备 4～5 名民工和 2 只草艇，每个公社则要出动 2～3 艘 80 匹马力以上的机动拖船。

当然，围垦用的草艇、铁锹、锄头、泥钊等工具及物资必不可少。顺德县内参与筹集、供应围垦物资及工具等的工作牵涉各个单位，水运单位出船，水利会出技术人员，农机系统出机器，物资站负责组织生产资料，等等，可以说，远在 100 公里之外的横琴中心沟围垦工程牵动整个顺德县，也可以说，顺德是举全县之力去横琴中心沟围垦。

至于工程资金的筹措，郭瑞昌记述了他的夫人、时任顺德县财税局副局长赵淑婷的回忆：

> 当时财政没有包干，只有农业税的几点留成，但多方面需要专项拨款。如水利建设及各处用钱的地方很多，僧多粥少，需要下拨的资金靠地方筹集很困难。为横琴岛围垦及甘竹滩发电站工程筹款，我们连顺德当时所有的 30 多间地方国营工厂都去了解过，只有塑料厂有点钱。佛山地区革委会领导孟宪德对横琴岛围垦很重视，曾亲自到顺德，叫我汇报资金筹集情况，另一次召我和县革委会生产组的军代表左德良到佛山汇报，他问顺德县银行的存款余额有多少，我答，当时大良存款一千万元——幸亏我事先去调查过才没有被问住。孟书记说，可以借一半，不影响储户提款，工程完成后，有了回报很快可以还款。

——郭瑞昌：《横琴岛围垦》（未出版）（2003 年 3 月）

出征

1970年12月25日，顺德三千围垦大军从水路向大、小横琴岛进发。出发时，各公社的机动船拖着无动力的大队民船，往往是十几条船组成一串，船队主要是装载围垦队员和物资，沿西江，需三天两夜才能到达横琴。

一时间，1000多艘机船、木艇组成的围垦"舰队"浩浩荡荡向横琴进发。

"整个杏坛公社只有一艘15匹马力的动力机船，拖着十多排的民船，从顺德到磨刀门，整整走了三天两夜"，杏坛公社的围垦队员简忠隆回忆说，"在没有棚的小船上，睡也露天，食也露天，雨天只能雨淋头，没有雨衣。最不方便的是大小便，只能在船头或船尾找地方，两个人把被子或毛毯拉起来，挡一挡"。

龙江公社则好些，他们乘坐的是建华轮。建华轮从顺德容奇码头调来，平时是往来港澳货运出口的，这种机动拖船俗称"电扒"，马力较大，后面还拖着一艘货船。

1970年12月31日下午1时，建华轮开拔驶向横琴。据龙江公社官田排排长康炳明、围垦队员陈少红回忆，建华轮搭载200多名围垦队员，从西安亭鱼站出发，沿西江，经江门外海，过斗门白藤湖，于当晚10时多到达磨刀门水域，然后用小艇转运人员上岛。

"去到已经很晚，建华轮在大横琴磨刀门靠不了岸，只能靠艇仔运送围垦人员上岛。摸着黑，没有电，连手电筒都没有，只有马灯。那天呵，满天的星斗！"陈少红对第一次踏上横琴岛的情形记忆犹新，新年的钟声还有一个多小时就要敲响，横琴岛给了围垦队员们刻骨铭心的印记。

而康炳明当时是被安排在后勤补给船，由顺龙1号拖着20多条民船以及很多草艇，经由中山石岐、神湾，两天后才到达二井码头。

顺德到珠海横琴，地理直线距离不到100公里，但拖船沿着江河七弯八拐地走，所以费时费力。

在黎子流的"口述史"中，第一次跟大海打交道也是刻骨铭心：

第一次上岛和大海打交道，因为入中心沟那个口，大海无风三尺浪，一起起两三米高的浪扑下来。我们入到中心沟口，本来预计到达可吃晚饭，入沟口后还有3公里多才到勒流营，我带着几百人进不去，风浪打过来，电船也抛锚，渔船颠簸不停，所有的暖壶都倒了，连渔民都大叫，那些民兵、男女青年呱呱叫，没见过这场面。所有的船都抛锚了，我就和勒流的两个人，我记得一个叫孔超来，扒一只小艇，电话什么的都没有，进去找勒流营部告知消息，就分批用艇带人进去，然后风平浪静时再带其他人进去。本来应去到吃晚饭的，结果深夜才到。第一次跟大海打交道，才知道大海的厉害。

——黎子流口述。佛山市顺德区图书馆：《曾经的飞地——中心沟》（音像）（2016年5月）

三千人马，水陆两路并进，千船竞发，这在顺德历史上也是波澜壮阔的一幕了。

若按顺德5个公社各出动3艘机动拖船计，则是15艘大拖船；5个公社合共106个生产大队，按每个大队出动2艘载重10～15吨无动力大船计（没有大船的生产大队就将几只草艇用竹扎成排船），则是212艘大船；另外，各大队按配套约10只草艇计，光草艇就是近1000只了。

1970年年底，从顺德境内各江河码头、河涌水埠出发开拔的船队，把全顺德人的热情都点燃了，顺德沸腾了。大机动船拖带大船，大船拖带一串串的草艇，场面可谓浩浩荡荡，伴随着机器的轰鸣声，人的呐喊声，浪拍江岸声，风吹蕉林、蔗林、桑林声，气吞万里如虎。

顺德围垦指挥部指挥郭瑞昌曾作《浩荡过西江》，诗云：

> 围海造田，备战备荒；离别父母，远行他乡。
> 四千青年，浩浩荡荡；身负重任，知难逞强。
> 汹涌澎湃，乘风破浪；勇往直前，穿越西江。
> 南海之滨，横琴岛上；为国奉献，向海要粮。

——郭瑞昌：《横琴岛围垦》（未出版）（2003年3月）

顺德规划上岛围垦人数是3200人，实际于1970年上岛的确切人数是多少，今已难查证。见诸档案材料的当年文件均称"3000多名"，黎子流回忆说是"3800个"，郭瑞昌诗中则言"四千青年"。

然而，上岛围垦人员一般是一年一轮换，每年自愿报名，当然也有大多数是坚持多年不轮换的，这样算下来，参加过中心沟围垦的人员少说也有上万人，多则恐怕达两三万之众。

参加中心沟围垦的公社共有5个，分别是龙江、勒流、杏坛、均安、沙滘，各公社所属的生产大队都有派出围垦队员。

参加中心沟围垦的5个公社106个大队分别是：

杏坛：桑麻、罗水、马齐、光辉、高赞、上地、新联、海凌、逢简、龙潭、北水、吉祐、南朗、昌教、马宁、西登、麦村、光华、古朗、东村、南华、右滩（22个）。

勒流：勒北、勒南、江村、新阜、百丈、新民、联结、东风、上涌、大晚、稔海、黄连、江义、扶闾、锦丰、南水、龙眼、西华、众涌、冲鹤、新龙、裕涌、富裕（23个）。

龙江：旺岗、仙塘、新隆、华西、苏溪、排沙、陈涌、龙江、坦田、涌口、西溪、世埠、集北、沙富、麦朗、西安、乐观、东头、东海、南坑、左滩（21个）。

均安：天连、仓门、新华、南浦、凌溪、矶头、外村、南面、沙头、三华、星槎、上村、沙浦、豸浦、四阜、安成、永隆、凌沿（18个）。

沙滘：沙滘、新隆、良教、葛岸、小布、上华、平步、藤涌、荷村、大屯、小涌、良村、劳村、道教、大罗、岳步、路州、大闸、水藤、罗沙、沙边、杨教（22个）。

【历史小插曲】珍贵史料见证中心沟历史

在这一箱的老资料中，最让廖女士兴奋和珍爱的，是有关顺德中心沟围垦历史的资料。廖女士小心翼翼地拿出一张已被撕了一部分的资料，向记者介绍说，那是当时动员围垦的资料。

记者看到，该份资料的题目是《顺德县围垦造田宣传提纲》，里面详细解释了围垦的原因、好处、指导思想和计划、目标等，落款是"顺德县革命委员会围垦工程指挥部"，时间是1970年10月3日。

廖女士说，当时自己年纪小，没有亲自到中心沟去劳动，但自己有家人被安排前往中心沟。"当时大家的积极性都很高，涉及的生产队都在物资上支持中心沟的围垦。"廖女士翻出了不少（当年）送往中心沟的物资单据，有粮食等，也有给参与中心沟围垦的社员发放的工资单等。"中心沟凝聚了很多很多顺德人的血汗，希望这一段历史能被大家铭记，特别是年轻人，要记住这块曾经洒满了顺德人汗水的热土。"廖女士说。

廖女士今年57岁，是勒流勒北人，目前一家人居住在大良。廖女士说，这些老资料是她母亲4年前从勒北村里丢弃的资料里捡回来的。"老人家不知道这是什么"，廖女士称，老母亲欲拿这些资料来生火，正巧被她发现了，觉得烧掉太可惜，就从柴火堆中将它们"抢救"下来。

3年前，老母亲过世了，廖女士在整理母亲的物品时，才发现这些资料中，有工资单、收据、报销票据、大字报、通知等，都是当时勒北生产大队历史的见证，便将这些资料带回家中，仔细查阅并分门别类。

——林晓格：《老资料见证顺德中心沟围垦历史》（《珠江商报》2013年10月18日A8版报道）

第三章 试剑西堤

1971年1月1日，围垦誓师大会声势浩大，"向海要田""向海要粮"的誓言响彻云霄。然而，生存大挑战才刚刚开始，三千围垦大军面临一场没有硝烟的"战斗"。这一年春节，全体围垦队员在横琴岛上度过。

2月10日，元宵佳节，铺沙大会战打响。隔日，4名围垦队员为围垦献出了生命，成为永远的"龙眼之痛"。

4月，首筑西堤，"土钢筋"成为"顺德公"独创的"秘密武器"。奋战5个月，筑成长1.9公里、高4米（高出滩涂）的大堤。

8月，强台风袭击，西堤损失4000立方米。经3个月的日夜抢修复堤，"海上长城"再次屹立。

11月1日，运闸、座闸关键"役"打响。启运之际，重达1300吨的大型预制浮运水闸纹丝不动，黎子流等人奋身跳入刺骨的海水——沧海横流，方显英雄本色。"实干加巧干"，经过6个多小时的奋战，浮运闸座闸成功。

然而，拨开历史的迷雾，难掩西堤座闸成功背后再次付出一位围垦青年生命的伤痛。

12月，西堤堵口截流成功。随即，西堤祝捷。

短短一年间，筑西堤共用近100万斤茛柴、3.8万立方米块石、20多万立方米土方。

誓师

1971年1月1日，顺德县围垦民兵团堵堤工程誓师大会在小横琴万利围山边处举行，宣告围垦工程正式动工。

一元复始，万象更新。正值元旦，三千围垦人员迎来上岛后的第一个黎明。这天，风和日丽，万里晴空，一早，驻扎在大横琴岛二井围的龙江营、均安营共1000多名围垦队员，怀着新奇的兴奋的心情，乘坐机船、小艇到小横琴岛的万利围团部球场，与来自驻扎在小横琴岛的杏坛营、勒流营、沙滘营共2000多名围垦队员会合。一时间，歌声嘹亮，红旗飘扬，人头攒动。

这是山边一栋新修茅草房前的广场，临时主席台前两侧挂着大大的标语：

"把横琴岛办成红彤彤的毛泽东思想大熔炉！"

"奋战五十天坚决完成堤底铺沙工程！"

整齐有力的口号声也不时响起来：

"抓革命，促生产！"

"备战、备荒、为人民！"

口号声过后，会场安静下来，3000多名围垦人员席地而坐，有的头戴藤编的安全帽，有的肩上挂着南海渔民斗笠，静静等待着。

主持人郭瑞昌宣布誓师大会开始，全场掌声雷动。

会上，宣布成立民兵团组织。团部由黎子流任团长，谭再胜任政委。团下辖5个营，分别是：一营（杏坛）、二营（勒流）、三营（龙江）、四营（均安）、五营（沙滘）。营下设连，连下设排，由各营的围垦人员按生产大队编为排级单位。据黎子流回忆，当时共有94个连，120个排。3000多名围垦人员成为围垦民兵战士。

郭瑞昌在会上做动员报告，阐明中心沟围垦的意义和目标任务。各营代表上台发言，表决心。

最后，3000多名围垦战士举起右拳，庄严宣誓：奋发图强、战天斗地、向海要田！

雄壮的誓言在中心沟上空回荡。

据龙江营官田排排长康炳明回忆，"当时场面浩大，群情激昂，热情豪迈"，那激动人心的场景至今仍历历在目。

誓师大会当天，各营归队后各自召开会议贯彻执行。

生存大挑战

数千人驻扎，衣、食、住、行等如何解决，成为迫在眉睫的大问题。这真是一场"生存大挑战"。

踏上海岛，生活的艰难、资源的匮乏，给充满豪情壮志的顺德人以当头一棒。

"当年十六七岁的女战士刚到中心沟，就被当时的环境吓哭了，全部女的都哭了，在我们顺德根本没有的恶劣环境啊！"曾任围垦指挥部保卫干事的吴玖月回忆道。

御寒的衣服、被子及日常生活用品都是从家里自带的。但地处海岛，面朝浩瀚南海，在寒冬腊月睡在茅棚里，御寒也是个大问题。

在海岛，淡水就是人的生命线。刚上岛时，围垦队员们铺设了1000多米的竹筒引山泉水食用，每天收工时则用船、草艇运淡水回营地，初步解决了食用水问题。但这也只是权宜之计。为长远计，寻址挖井取水迫在眉睫。

粮食是从顺德定期运来的，每人每天定量一斤或一斤半大米。对于每日大劳动量的青年人来说，吃饱肚子也是奢望。

沙滘营大罗排的围垦队员黎广权就感叹，当时每日一斤米外加腐乳的饭菜总是填不满空空的胃，"饥饿感让我每天收工后都去海边抓虾蟹，但希望总是落空"。

蔬菜不能从顺德运来，只能靠自己开荒种植了。刚上岛，还没开荒，哪来的蔬菜？唯有天天咸鱼、腐乳拌饭。

勒流营的围垦队员江伦考仍记得很清楚："每日三餐，早上腐乳加白饭，中餐一盆黄豆拌几滴油，五十多个肚子空空如狼似虎的男人排队打饭，轮到我的时候，就只能看到黄豆，一点油沫星子也看不到了。"他还说，"我们初来时，看到茅坑里满是蛔虫，很奇怪，后来想一想，（我们用咸鱼下饭）那些咸鱼用杀虫药喷洒过，吃下去的咸鱼把肚子里的蛔虫都打下来了"。

"根本没什么吃的，腐乳也很难有，有时只是盐水拌饭"，吴玖月回忆说，"天气寒冷，又潮湿，蛇鼠虫蚊多，蚊子多到一堆一堆的，晚一点吃饭就得放下蚊帐，把饭端进蚊帐里吃"。

"当时从顺德到横琴的粮食运输船一个月才来一趟，这样一个月下来，很多时候就无肉无油，往往是腐乳加番薯。可能现在大家无法想象，当时我一个月吃75斤大米，体力活，重力活，我只能把顺德家里交公粮的定额配给粮食也用上了，无油无菜，只有吃饭吃饱，一天中，早上半斤米，中午一斤米，晚上一斤米"，黎子流回忆说，"中心沟荒凉，但很多老鼠，围垦队员们是见一只捉一只，捉到老鼠如获珍品，是改善伙食的一个好方法。估算一下，顺德的围垦队员在中心沟吃了超过一万只老鼠"。

住宿的茅棚是由先头部队搭建好的，十几平方米，二十几个人挤住在一起。据黎广权回忆，刚上岛时，睡的是"竹棚"，高3米，半截竹子插在地里，竹床搭在上面。竹棚一般靠在大、小横琴山边搭建，一来可以避风；二来这里土地较硬，将来好就地建房子。而茅棚屋一到暴雨季节就漏水，围垦队员戏称是"水帘洞"。

交通出行也很不便。当时的中心沟还没有桥跟陆地相连，连条路都没有，到处是一人多高的芦苇以及红树林。出行、开工一般都是扒小艇。有时炊事员要去采买，早上4点多钟就得出发，划几个小时船，再走路到珠海湾仔去采购。

一切，全靠艰苦奋斗，自力更生。

"前哨战"

这是一场没有硝烟的"战斗"。

围垦指挥部高速运转，从容应对，组织3000多名围垦战士坚决打赢这场"海岛前哨战"。

一是抓思想，天天读、天天讲。组织干部群众反复读"老三篇"，请当地老农讲岛史、家史、个人血泪史，请驻岛部队"钢八连"讲艰苦奋斗的光荣史，进行革命传统教育；同时，天天表扬好人好事，使得"好人好事有人夸、坏人坏事有人抓"。

二是挖泥开河。顺德人虽熟水性，但也只是熟悉河涌，与大海、海滩打交道还是第一次。从顺德带来的工具、设备不适用，河床越挖越淤，人越陷越深。没办法，民工们就拿出自己的木桶、脸盆、饭盆，一桶一盆地把淤泥运走,又在齐腰的淤泥中挥刀斩除咸水树,硬是奋战 25 天,开挖出 5000 多米通往西堤的交通河,以及 5 个泊船码头。

三是劈山开路。凭着一双手,在花岗岩岩石上一锤一钎地打炮眼,炸石劈山,碎石筑路,在横琴岛上开挖出 9000 多米的人行通道。

四是挖井取水。经过艰难寻找和挖掘,打出了 55 口可用的水井,基本解决了数千人的饮水问题。

五是开荒种菜。清野草,斩杂树,填坑抬地,开垦出 50 亩地,种上各种蔬菜。

核心组会议

1971 年 1 月 18 日至 21 日,围垦指挥部党核心组召开扩大会议,解决思想上的问题,部署工程规划。

参加会议的有各营党总支、各连支部书记共 50 多人。会议开了 4 天,分三阶段。会议学习了元旦社论,听取县革委会副主任郭瑞昌传达顺德县委二次扩大会议精神及县委书记阎普堆同志的指示,开展大学习、大总结、大讲用、大批判。

会议发动到会同志反复讨论研究修改,制定了"大战七一年"的工程规划。全部工程为:"一堤",即西堤;"一站",即牛角坑水力发电站;"两岸",即大、小横琴西堤两岸;"三塘",即大横琴 1 个、小横琴 2 个,共 3 个避风塘;"四码头",即大横琴 1 个、深井 1 个、小横琴 2 个,共 4 个码头;"五河",即小横琴 3 条、大横琴 2 条,共 5 条河;"六路",即大、小横琴各 3 条,共 6 条路。全部土、石、沙共 35.5 万立方米,其中,土方 21.5 万立方米、沙方 9 万立方米、石方 5 万立方米。

会议提出,按总人数的 75% 出勤率,组织三个"歼灭战":

第一个"歼灭战"是"前哨歼灭战",解决"三塘""四码头""五河""六路"。调动 70% 的劳动大军(2240 人),共做土、石方 11 万立方米,为全堤"主攻战"铺平道路,预计在春节前基本结束。

第二个"歼灭战"是海底铺沙"战役"。春节后至 2 月底,调动 60% 的劳动大军(1920 人),以速战速决的战术,完成堤底铺沙 50%,共做沙方 4.5 万立方米,为 3 月份迅速投入沙、石、土混合"大会战"打下基础；另机动调配11%的劳动尖兵悬崖炸石1万立方米，以确保底沙稳定。

第三个"歼灭战"是全面西堤"进攻战"。3月份开始，调动100%的劳动大军，分沙、石、土、闸四路大军齐参战，形成合堤的"大会战"，力争完成迎"七一"，为建党五十周年献礼，并实现当年围垦，当年种植，当年收成。

以上规划是根据每人每天完成运泥1立方米、运沙0.8立方米、运石1立方米、炸石1立方米来部署的。

会议还要求大家自觉改造世界观，解决态度的问题，要求干部要到工程第一线去，参加工程"大会战"劳动，带领民兵以"只争朝夕"的精神投入到围垦战斗中去。

会议还就围垦的一些政策性问题进行了研究。

围垦政策

1971年1月21日，顺德县革委会生产组下发文件，明确关于围垦中心沟工程一些政策性的问题。

文号为"（71）顺革生字第1号"的文件，是印发《围垦中心沟工程一些具体问题的意见》的通知。通知写道，关于围垦中心沟工程一些政策性的问题，县围垦工程指挥部拟定了一个意见，县革委会生产组原则上同意这个意见。通知认为，这是一件新的工作，我们还缺乏经验，为了慎重起见，先行印发给各公社和有关单位参照执行；如有不当之处，希及时提出意见，以便进一步修订。通知发至各公社革委会，县农村、工交、财贸、计划战线，粮食公司，财政局革委会，县革委会政工、办事组，河道整治办公室、围垦工程指挥部。

由县围垦工程指挥部拟定的意见首先明确了工程费用的来源渠道。围垦珠海县横琴岛中心沟是集体围垦，集体耕种，民办为主，国家帮助。因此，工程费用采取三条途径解决：①工程中所需的劳力、资金、器材主要由大队和生产队组织筹集解决；②工程中所需的一部分现金开支，如有些大队、生产队确有困难，由所在公社先借支解决，待围垦收益后归还；③其中的新建水闸、排灌站，由县进行适当投资。

意见对一些具体问题提出了解决办法。

一是贯彻合理负担政策。围垦期间所用的劳力、资金、物资筹集，公社之间、大队之间、生产队之间进行平衡核算负担，待围垦后统一按所占面积平均分摊，多退少补。

二是工具的解决办法。船艇工具由参加围垦的生产队自行组织，要求每4个民工带1只小艇，每30人配备1艘5～10吨大船，每公社1艘电船（60匹马力以上），其余的机动船、风钻机、碎石机及发电机等大机具向县有关单位借用包修，毁坏折价赔偿，工程结束后还回原单位。其他船艇由指挥所组织维修，木材由指挥所统一安排。

三是参加围垦民工的报酬问题。体现民办方针和按劳分配、多劳多得的原则，既承认差别，又要避免悬殊。由公社按中上水平统一平均标准，以大队为报酬计算单位，生产队付钱，每月5号由大队筹集汇到指挥所。民工每月以"五好"社员为基础和根据"比政治、比劳动、比贡献"的"三比"进行"死级活评"的政治评分，出勤一天计一天，工分每月存账，年终结算，多领少不动，同时参加队内实物分配。民工粮食补助，除带足自己原来的指标外，暂时由国家平均补贴够45斤，将来自力更生，自己动手解决。补贴部分按劳定等，按等定量，多劳多补，定量到人，集体办食堂，自行安排，结余归己。伙食每人每天由原生产队补助3角钱。合作医疗记回原大队账。

四是抽调人员的工资及补贴问题。围垦工程中所抽调各条战线单位的国家干部、职工、技工仍属在职围垦，在原单位领取工资，按制度发给住勤费。技工补助按民工标准。抽调集体单位的干部、职工、技工的工资及补助问题，哪级抽哪级解决，属公社企业的可参照国家企业处理，医疗费记回原单位账。国营船工在原单位领工资，外勤补助按河排工地标准。属集体单位船工的工资，外勤补助由所抽单位负责。有关工资、住勤费、技工补助，一律在当月5号由原单位汇到指挥部。

五是明确围垦后耕地分配原则和经营方针。围垦后面积按参加围垦劳力分配为主，但在一个大队之间因特殊情况无参加围垦的个别队，可在互利原则和条件许可下适当分给面积，以利粮食自给。围垦后实行"大队联营，独立核算，盈亏自负"的经营管理方针。为了加强领导，县成立民办农场，社设分场，以核算单位组成生产队，核算单位在未自给前，场员工分福利按围垦期间的办法处理，自给有余的，则留作积累，进行基本建设、扩大再生产或按劳分红，缴回原生产队。

六是围垦土地的征购问题。根据国务院农业税法规定，围垦地按生荒处理，免征购5年。

围垦政策由围垦指挥部提出，并得到顺德县级层面的认可和试行，可谓从实践中来，到实践中去。围垦政策的明确，为围垦中心沟工程的实施提供了政策保障。

岛上第一个春节

1971年1月27日，围垦队员迎来上岛后的第一个春节。

春节，是中国人合家团聚的传统日子。而远在荒凉的海岛，让围垦队员倍增思乡之念，几乎每个围垦队员都要求回顺德过春节。

县革委会决定春节不放假，围垦队员不回顺德，在岛上过年，过完春节马上开工。

但是，如何解决围垦队员的思想波动呢？

2016年，在佛山市顺德区图书馆录制的中心沟围垦口述史中，黎子流如是说："我也没有太多的理由说服他们，我只有一个解释，'你们是年轻人啊，我家里还有老婆和两个儿子，我也不回去，我在这里过年，我们所有领导都在这里，我们一起欢度春节，有什么呢，同甘共苦'。"

为了把握冬春交替时节这个围垦工程实施的有利时机，指挥部的领导和围垦队员全都留在中心沟，度过了在岛上的第一个春节。

上岛一个月

1971年1月底，围垦队员上岛一个月，围垦"前哨战"取得初步胜利。

围垦指挥部在一份报告中写道：

> 民兵团成立以来，我们遵照毛主席关于"人民群众有无限创造力"的教导，用毛泽东思想武装广大民兵、干部，依靠群众开地劈山战海洋，一个多月来，工地上从无到有，从有到逐步完备，从荒脊到

炊烟四起、电灯闪耀。过去是鹤立鸟聚之地,今天是民兵歌声、操练声、广播"东方红"声、炸石爆破声响彻云霄之地;悬崖崎岖的野岭变成了纵横交错的大道。3000多民兵奋战一个月,胜利完成了工程的"前哨战":挖河5条,掘井70个,建起了10000多平方米的130多座茅房,点亮了近1000颗的电灯,两岛形成了一片一片的新村;还开辟了6条小公路和3个船坞,垦殖了110多亩荒地,种上菜,实现边围垦边生产,柴草已自给,蔬菜将自给,并向油、糖、粮部分自给进攻中。

3000多围垦民兵来自各社、队的一家一户,现在初步结成了一支"三化"的边防围垦战斗连队,大兴"三八"作风,坚持工间读、班后会、讲用会、天天操,两三千人仅10分钟就能集中起来,"四好连队""五好战士"在围垦炼人的大风大浪中正在成长,最近初评,"五好战士"达1120人,"四好连队"占50%。

——顺德县围垦工程指挥部:《贯彻县委委员二次扩大会议的情况报告》(佛山市顺德区档案馆馆藏资料,1971年1月)

在特殊的年代,或许报告中有夸饰的成分,如"点亮了近1000颗的电灯"就可能有些夸张,中心沟实现通电是多年后的事情,利用机器发电也非日常用电。

当然,该报告也没有回避存在的问题,如"存在无政府主义、不服从指挥和派工、违反边防管理现象,有个别人到处乱跑上山采药卖高价、讲黄色故事、变相赌博、谩骂干部、攻击污蔑社会主义制度等";同时,埋怨情绪也有滋生,"怨后方不支持,怨下不听话,怨上不帮助,怨别人不拍档"。甚至,还出现了梁××"破坏军民团结、侮辱妇女"等错误行为。

该报告还提出当前亟须解决的四个问题:①领导班子配备问题。全团妇女民兵占三分之一,但团部没有配备抓妇女工作的干部;营连领导班子弱,目前营部(公社)的领导全是一般干部(杏坛梁桂厚、均安梁建民、沙滘赖能添、龙江陈胜、勒流廖志妹),没有公社革委会副主任或常委。②关于医生问题。已到职医生仅有2人,没有跌打的、女性医生是大问题，一千多妇女不喜欢找男医生诊疗，三千多民兵仅两名医生诊病，医生忙得不得了。③调度挖泥船问题。塞堤大会战即将打响，工程急需的抓斗式挖泥船尚未到位。④六棱钢和浮船问题。二三月份需大量炸石，但用来做钢钎的六棱钢尚未到位；海上工程需要浮船指挥、救生、宣传，希望调度顺德县内遗弃的浮船（渡车船）前来支援。

"站稳脚跟"的大难题

中心沟位于大、小横琴岛之间，呈东西走向，东与澳门氹仔岛、路环岛隔海相望，西临西江的出海口磨刀门。而顺德的围垦任务，就是在大、小横琴两座岛之间的西侧筑起长约 2 公里的西堤，将一片汪洋拦腰截断，围海造田。

大、小横琴岛之间的这一片海域，涨潮一片汪洋，退潮一片淤滩。据先行上岛勘测人员测量，此处平均水深 2 米，南面大横琴岛一侧最深处水深 4 米，靠近岛屿的浅滩水深也在 0.8 米以上，涨潮时则深达 1.5 米。

这还只是水面上的距离。水面下呢？那是淤泥，厚度至少二三十米——据 20 世纪 80 年代钻探勘探，堤基附近淤泥层深达 60 米。潮水退去时，泥滩露出，但人无法在上边站立，一不小心整个人还会陷入而被吞没掉。

要在这样的汪洋、淤泥上筑堤，首当其冲的难题就是，如何让堤有个基础，让大堤在柔软的海底淤泥上能够"站稳脚跟"。

怎么办？

吸取其他地方以往围垦的经验教训，工程组给出的对策是：垫沙。在海底堤基垫上厚厚的一层沙子，增强淤泥的承载力，同时又能滤水，利于未来堤身的自然沉降和稳定。

经过测算，西堤铺沙任务是：长 1900 米、宽 22 米、厚 1～2 米，总铺沙量约 9 万立方米。

如此大量的沙子从哪来？

找遍 23 平方公里的大、小横琴两个岛以及海滩，目标锁定在大横琴岛南面的深井湾，此处距西堤约 10 公里。

围垦指挥部把堤段铺沙任务划给各营，然后再分划给各工程队（以生产大队为施工基层单位），实行"四包"：包地段、包规格、包质量、包完成时间。

铺沙"大会战"

1971年2月10日，正值元宵佳节，西堤铺沙"大会战"正式打响。

按照指挥部要求，每个营出动2～3艘机动拖船，各工程队出动1～2艘载重10～15吨的大船，每艘大船配备4～5名围垦战士，并配套草艇2只。

围垦指挥部直属连连长孔超来记得很清楚，十天里起码有七八天去取沙筑堤。每天，200多艘运沙船从各营区码头起锚，经过约1个小时的海上航行，到达10公里外、位于大横琴岛南面的深井湾取沙点，近2000人负责挑沙上船，一个人一个上午来回四五十次，挑担海沙四五千斤。

谢光林也回忆道："上午挖沙上船，中午在船上开伙，午饭后返航，到达抛沙地段后又要将沙卸下，抛完沙时间已是下午四五点。若遇退潮期，沙船经常被打沉，或者搁浅在淤泥滩上，只能跳进齐腰的淤泥里推船，或者等到涨潮水位高了，才能撑船或用小艇将沙转运，往往要到晚上八九点才收工。"

每天开工的时间也不确定，看到涨潮、船能行了就开工。基本上，每天的工作时间都超过了10个小时。

载沙船到采沙点停泊在深井湾，面向浩瀚的南海，"无风三尺浪，有风浪滔滔"。船颠簸摇晃，给挑沙增加了难度，常常一个不慎，就会连人带沙栽倒。

"要到深井去挑沙，浪很大，船一飘一荡的，挑着一百几十斤的沙走在吊板上，站都站不稳，很危险，一不小心就会掉进海里。要讲技巧，只能硬顶上。"龙江营官田排的陈少红回忆道。资料也记载了当时的情况：

> 在海面抢运海沙，经常遭到突如其来的风浪袭击，把船艇打翻或打沉，人也摔在水里，最多一天翻艇沉船100多次。有时因潮退水位不够，就在泥滩上推船前进。虽然这样，但大家不仅没有向困难低头，而是干劲更大。小艇沉了，又翻回来，重新战斗。五营三连指导

员黎英允同志就是这样一个好典型……在堵塞西堤铺沙大会战中,发扬"一不怕苦,二不怕死"的革命精神,带头驾小艇劈波斩浪,抢运沙石,既当指挥员,又当战斗员,自己驾的小艇被浪打翻了,捞起来又继续战斗。在黎英允同志带领下,全连掀起了你追我赶的热潮。

——顺德县围垦工程指挥部:《顺德县围垦中心沟的情况和体会》(佛山市顺德区档案馆馆藏资料,1971年5月)

劳动环境的恶劣还不仅于此。当年围垦队员,五营三连四排的黎广权回忆道:"上岛头几个月,我每日的主要工作就是划着3米长的小艇,将海沙、泥土运到位于磨刀门水域的西堤处抛撒。记忆最深刻的是蚊子,虽然是冬天,但河滩上蚊子太多了。头两个月,我大腿以下的皮肤一直肿胀,抓挠多了就发炎、溃烂。后来,受样板戏《红色娘子军》的启发,我找来两条破布做成绑腿,小腿才慢慢地消肿。上岛那年,我才15岁。"

黎子流也曾忆述:

我到沙滘(那时还叫沙滘,不叫乐从)去锹泥,因为海上很多不知什么蜢,叮到人很痒,女同志穿着衣服(还好一点),我们男的都是赤膊上阵,痒得受不了。这个时候,赖喜英(曾任顺德政协主席)的父亲赖能添(现在已去世了)在沙滘营做总指挥,他说用发电用的柴油搽一搽手脚才去锹泥(可防虫蜢)。哇,一出太阳,晒得焦了,脱皮了,又顶不住,但痒到自己又抓不到,两只手都是泥怎么抓?这些事只有当事人知道,在这么艰辛的条件下筑堤,生活也很艰苦,应该说这是人们很难想象得到的。

——黎子流口述。佛山市顺德区图书馆:《曾经的飞地——中心沟》(音像)(2016年5月)

虽然劳动时间长、强度大、环境恶劣,但"大会战"的现场每天都红旗飘飘,口号震天,广播里传出的歌声高亢嘹亮。围垦战士用精神的力量鼓舞着自己,咬紧牙关坚持。

铺沙"大会战"持续了45天。如果按每人每天挑沙4500斤计算,

1个围垦战士45天内挑的沙共计202500斤。

1971年3月20日，西堤铺沙工作完成，用沙近3亿斤。

烈士长眠

1971年2月12日凌晨，参加铺沙"会战"的一艘运沙船沉没，4名围垦青年牺牲。

铺沙"大会战"刚刚打响的第二天（即2月11日）下午，勒流营龙眼工程队一艘满载海沙的船返航，在途经大横琴岛二井山嘴海面时，因为拖运机船发动机机械故障停机，沙船被海水冲离岸边约200米，只得抛锚停航（一说是退潮水干抛锚），等待涨潮。此处面临磨刀门出海口，风急浪大，海况复杂，历史上曾有不少船只在此翻沉，被当地群众称为"鬼门关"。

入夜，海上风势更急，海浪更大，危险一步步逼近，可船上5名围垦青年却浑然不觉。若是有海上航行作业经验的话，此时应果断抛沙减载，并派人轮流值班，密切观察海面动态，以防不测。然而，5名青年都是20岁上下，尽管熟悉水性，但毕竟那是在顺德的内河，对于航海的知识和经验则是一片空白，对海洋的"古怪脾气"和危险一无所知，再加上白天十分劳累，晚上在船上做饭吃完后又困又乏，在毫无防备的情况下，他们沉沉睡去。

风急浪高，满载海沙的运沙船不断涌进海水，积少成多，本已吃水很深的船只不堪重负，沉船事故发生了。

2月12日凌晨2时许，船急速下沉，船舱进水，5名青年被冰冷的海水惊醒，慌乱中落水。

茫茫大海，急浪滔天，5名青年在海里挣扎逃生。

带队的也是最年长的龚国恩指挥大家往3公里外的大横琴岛三塘、四塘的方向游，但风浪压过来，懂水性也没用，怎么游都还是在原处，只会后退，没法前进。

在体力渐渐不支的情况下，队长指挥大家向大海方向游去。

他们中的4人，向深海里游去，结果离岸越来越远。风浪越来越高，他们筋疲力尽，加上冰冷刺骨的海水侵袭，最终溺水身亡。他们分别是：

龚国恩，24岁。

伍兆祺，19岁。

郭牛祥，19岁。

吕全仔，19岁。

4人均是勒流龙眼人。

唯一的幸存者名叫郭辉仔，他落水后向大横琴岛方向漂游，途中遇到一条渔船，被渔船上的一对新会籍父女搭救，幸免于难。经由他的叙述，人们得以了解事故发生的经过。

"天都已经黑了，又冷，风又猛，我们把船停靠了煮饭吃，没想到它会沉。如果有经验肯定把它撑到对面的堤坝，只有1000多米。大家都睡着了，因为冷，盖着棉被，温度大概七八度，北风七八级的样子，很冷……东一个西一个，各自游，我自己拿棉被，其他人拿床板，全都被冲散。他们就向横风游过去，我游的是底水底风……"

清早，沉船的消息传到工地，引起震动。围垦指挥部黎子流等领导率领三四只机动船组成搜救船队，开赴出事附近的海面寻找失踪者。

驻扎在岛上的海军也出动了。

经过昼夜搜救，终于在磨刀门出海口三灶岛岸边找到了龚国恩、伍兆祺、吕全仔3名年轻战士的遗体，但是郭牛祥的遗体一直没有找到。

围垦指挥部及时向顺德县革委会报告。为减轻前方压力，县革委会决定将善后工作交由县河道整治办公室负责处理。遵照家属意见，围垦指挥部领导历尽艰辛，千方百计将遇难者遗体从横琴运回大良，经化妆处理，在顺峰山火葬场召开庄严而隆重的追悼大会。会后，由家属将遗体运回勒流龙眼山安葬。

同时，县革委会决定：①按规定由县民政部门负责发放抚恤金；②死者家属享受烈属待遇，其父母由龙眼大队负责赡养终老，其弟妹由龙眼大队负责供养到成年；③部分家属因拆建房屋缺乏杉材，由县木材公司负责提供购买指标。

2月24日，为缅怀战友，总结教训，围垦指挥部召开团、营、连干部会议，及时消除事故的消极影响，鼓舞士气，号召全体人员化悲痛为力量，以更大的决心和勇气，以更周密的安全措施投入接下来的围垦"战役"。

龙眼之痛

勒流公社龙眼大队首批参加中心沟围垦工程的 43 名队员名单如下。

第一生产队：梁桂添、陈福全、龚国明、梁佩玉。

第二生产队：伍兆祺。

第三生产队：李锡坤、陈根基、梁桂洪、郭松柏、梁有银、李润彩、黄仕莲。

第四生产队：郭九珠、郭松元、郭辉仔、郭牛祥、郭银榴、郭引弟。

第五生产队：陈洪胜、龚国恩、郭洁珍、吴肖金。

第六生产队：伍时锡（勒流下放知青）、潘带女、梁带弟、李玉珍、何执妹。

第七生产队：梁妹妹、吕金南、吕淑玲、周顺松。

第九生产队：余栋成、余伟林。

第十生产队：罗赞辉（大良下放知青）、吕用舒、吕全仔。

西华生产队：梁德明、黄永喜、梁如宝、梁爱群、梁玉玲、梁顺弟、张桂霞。

龙眼排与邻近的众涌排、南水排、锦丰排组成连队，由龙眼排的郭九珠任连指导员。

郭九珠带领同村的一班青年人登上了横琴岛，但是龚国恩、伍兆祺、郭牛祥、吕全仔的牺牲，特别是他的侄子郭牛祥最终遗体都没有找回来，成为他一生的心头之痛。

2017 年 4 月清明时节，说起侄子郭牛祥，已经 72 岁的郭九珠说："我带他们出去，却没能带他们回来！"

这句几十年后的白发老人之语，让人心生悲壮沉郁之感。

中心沟围垦工程是一个战天斗地的人类与大自然搏斗的伟大壮举，围垦队员前赴后继、不怕牺牲的精神，是值得后人学习的。

与龙眼排同属一个连队的众涌排前后有三批围垦队员进驻中心沟。他们的部分名单如下。

第一批：罗秀渠、卢礼元、曹四根、卢碧坤、黎伟舒、周启森、杜顺森、罗玉颜、潘振强（广州知青）、黄玉坤（社会青年）。

第二、第三批：罗炳发、罗艳珍、黄玉坤、罗结心、江伦邦、罗燕娇、卢秀员、何彩云、罗桂兴、黎慎昌、何七仔、黎慎忠、卢应全、卢间好、卢利行、卢耀荣、卢惠芬、卢裕星、黄实强、周棉开、卢敬祥、卢结贞、卢燕红、卢进开、江伦考、潘琼珍、卢惠芳、卢敏来、袁少芬、卢雪贞、卢君武、卢明发、曹兆彬、卢奀仔、卢伟雄、卢伦荫、卢桂荣、卢国来、黄仕贵、卢宝弟、卢洪章、欧惠明、卢考联、卢兆登、卢敏康、张惠金、周捷莲、黄月仙、卢鸿章、卢汝成、江伦建、江建志、何国明、何国景、江永泰、江世通、卢泽林、江乾佳、卢锦香。

打响"西堤第一仗"

1971年4月，筑西堤"战役"打响。

西堤的设计规模是：堤面宽3米，内坡1∶2，外坡1∶0.5，堤顶高程为珠江基面以上2.7米，每米堤段需用泥土28立方米，总土方量是10万立方米。

若是在家乡顺德，筑这样规模的堤围对围垦队员来说可谓小菜一碟。然而，在中心沟，则面临"四难"：

一是海上作业，环境恶劣。每天潮汐涨退两次，涨潮时一片汪洋，最大水深超过3米；退潮时一片淤滩，人也不能站立。潮起潮落，非风即雨。另外，狭窄的施工场地也是一个制约。

二是堤基不牢，容易滑坡。淤泥厚度超过30米，承载能力差，尽管采取了铺沙固基的办法，但当堤基到达一定高度时，容易发生滑坡。

三是取土距离远，工效低。筑堤用的泥土沙石须到一两公里外的山边坦地开挖，费时耗力。

四是受土质影响，施工难度增加。海滩土质特性是"水干一把刀，遇水一团糟"，对水下施工极为不利。

全无在浮泥软底的淤滩上筑堤的实践经验，更无历史资料，面对重重困难，顺德围垦团指挥部、营指挥所深入群众，向岛上的农民请教，调查水流规律，召开战前分析会，广泛听取各方面意见。

恶劣的环境等客观因素无法改变，唯有从人的思想、意志、智慧上挖潜——咬紧牙关，迎难而上，实干加巧干。

"土钢筋"

针对堤基松软、土质糟糕的难题，顺德围垦人员吸取和总结其他地方施工教训，创造具有顺德特色的经验成果，这最大的发明就是"土钢筋"——茛柴。

茛柴，即茛草和树枝。茛草，又名茛菪，多年生草本植物，花紫黄色，结蒴果，有毒。树枝，则是特指红树林的树枝。红树林是热带、亚热带海湾、河口泥滩上特有的，以红树植物为主体的常绿灌木或乔木组成的潮滩湿地木本植物群落。

茛柴大多生长在淤滩、海坦上。为什么顺德围垦人员会盯上茛柴？因为它能起到"土钢筋"的作用，将泥土拉紧成块，并能增加承载力，使堤身整体缓慢沉降，扎根在淤泥底，固本强基。

那么，用茛柴会否给堤围带来漏水后患？实践证明，筑堤初期，的确有漏水现象，但随着堤围不断加高培厚，其垫层不断沉降，当堤身成型时，茛柴已被深埋在淤泥底层，厚度超过3米，再加上"一层茛柴一层泥"的创造性发明，消除了漏水现象，顺德人找到了在深淤软底筑堤的"钥匙"。

于是，除后勤人员外，围垦人员以工程队为单位，被分成两路兵马，一路兵马割茛伐树，一路兵马选址挖泥。

割茛伐树的地点在大横琴的反修湾、牛角坑、三塘、四塘及小横琴的万利围附近海滩，那里有大片野生的红树林。斩下的树枝按每把长2～3米、直径0.25米的规格捆绑成束，用船运往堤基备用。

一时间，海滩上镰刀、锄头齐上阵，海面上船艇穿梭，"挥刀斩茛银锄落，顶风劈浪运柴忙"成为当时最好的写照。然而，在荒凉的海滩上斩树，蚊叮虫咬，在茫茫大海上运送茛柴，顶风破浪，其艰辛之处难以形容。

另一路人马则扒艇到山脚附近的坦地选址挖泥砖。泥砖每块重20～30公斤。

当茛柴和泥砖分别运到，则按"一层茛柴一层泥"堆叠，茛柴加泥砖的厚度一般控制在半米左右，连叠四层。

在那个物资匮乏的年代，没有钢筋，没有混凝土，而茛柴和泥砖就成了顺德人对付大海、筑堤修坝的"土钢筋""土水泥"。

当然，还有沙，还有石，一层一层铺，一层一层叠。

经过八昼夜的连续奋战，赶在大潮来临之前，一条长1.9公里、宽10多米、高2米的堤坝终于基本成型，犹如蛟龙出水。

"隆大包"

按照西堤施工方案，当堤基筑至涨潮时仍露出水面1.5米高程（珠基）时，即换用纯黏土加高培厚。

但随着堤坝不断加高，堤基荷载不断增大，堤坝开始自然下沉收缩。

为确保堤坝能正常下沉，工程组发布命令：死水位周期（潮水涨少退少，潮差小，分别从农历每月初八、二十三日开始，每个周期约7天）适当加泥，保持堤身稳定；生水位周期（潮水大涨大落，潮差大，分别从农历每月初三、十八日开始，每个周期约5天）则巧妙利用潮水的浮托力，加快施工的速度。

这种摸准大海的"脾气"、科学施工的办法，使得西堤工程按设计方案稳步推进，胜利在望。

然而，意外还是发生了。

一夜之间，均安营负责施工的大横琴堤段300多米堤身突然下沉了1米多。

这就是群众口中的"隆大包"现象。

经工程技术人员现场分析鉴定，确定为基础滑动所致。

围垦指挥部果断决策，一面责成均安营全体围垦人员加班加点，突击抢修，一面迅速抽调其他营区人员支援，协助运泥，其支援完成的工作量由均安营在其他工程任务中补偿。

一场与潮水抢时间、争速度的竞赛由此展开，终于赶在潮涨期来临前将下陷的堤段完好复型。

炸石专业队

在修筑土堤的时候，为防风浪冲击，要抛石护堤，还要在堤外同步插竹阻挡海浪的冲击。

竹的问题好解决，难的是石。没有石场，石要自己爆。

爆石需要队伍。围垦指挥部统一部署，指派工程组两名得力干部负责，指导杏坛、勒流、龙江、均安、沙溶分别成立炸石专业队，每队人数50～70人，各专业队均委派正副队长。

爆石需要技术。参加围垦的人员均来自农村，没有炸石作业经验和技术。于是就从县太平石场抽调潘尧、高盛帮同志任技术指导，举办各种类型学习班，教围垦队员学会看石纹、选炮眼，学会轮大锤、打炮眼，学会装雷管、引爆炸石……

爆石需要确保安全。围垦指挥部制定爆石操作规程，从炮眼的深度、装入炸药的数量、雷管的长度、引爆技术的操作、炸石人员的走位，到哑炮排除的步骤等，都做出详细规定；同时，建立各项领取、运送、使用雷管炸药的规章制度，雷管由顺德县公安局负责从顺德押运至围垦指挥部，指挥部建立专门仓库，按公安条例保管使用，设专人保管登记造账，日日清点上报，所有领用手续必须有单位负责人、主管领导、保卫干部、经办人签字认可后，保管员方可按单发放。在那个特殊的年代，必须确保雷管、炸药掌握在可靠人的手里。

爆石需要打炮眼。大、小横琴山都是花岗岩，特别坚硬。在花岗岩里打炮眼一般是使用风钻机，但受当时条件所限，顺德整个围垦队伍都没有风钻机，只能靠双手一锤一钎地凿。即便是用合金钢打制的钢钎嘴，打不上三几下就会弯曲，有些则打崩、打裂。"石头硬，比不上我们为革命围垦的骨头硬。"队员们三人一组，一人握钎，两人轮锤，轮番作业，往往连续锤打三四个小时才能打成一个1米左右深的炮眼。

爆石需要面对死亡的威胁。由下面一段材料可见一斑：

在战斗中，五营爆破排一马当先，战斗在顽石上，特别是排长黎时，处处以身作则，艰苦工作挑在肩，危险工作跑在前。在一次爆破施工中，炮声过后，有一个炮眼过了几分钟还未爆炸，大家判断很可能是哑炮，为了不误进度，当时他走下爆破地点检查，后面的战士也跟着，当他走近爆破地点时，发现炮眼的导火线在冒着烟燃烧，眼看就要爆炸，战士生命安全受到威胁。在这千钧一发的关键时刻，他不顾一切，一个箭步冲上去，用手拉出了燃烧着的导火索，战士们安全地脱险了，一场严重的事故排除了。

——顺德县围垦工程指挥部：《顺德县围垦中心沟的情况和体会》（佛山市顺德区档案馆馆藏资料，1971年）

该档案资料还显示，五营爆破排43名队员在排长黎时的带领下，"打石进度从每人每天0.2立方米提高到0.5立方米，最高突破1立方米"。

头顶烈日，上晒下蒸，汗如雨下，队员们凭着双手一锤一钎，硬是保障了全堤的用石需要。

每天的中午11时和下午5时，中心沟两岸万炮齐轰，这是专业炸石队统一的引爆炸石时间，任何人不得靠近。

所幸的是，在长达两年时间的爆破炸石中，从未发生过重大伤亡事故。近300名炸石专业人员最后都平安回归故里。

整个西堤铺砌块石共3.8万立方米，全都是围垦战士一锤一钎、用汗水和生命的激情"雕刻"出来的。

"厚沙垫底，茛柴固堤，插竹防冲，抛石护坡"这十六字诀，是顺德人发明的在浅海淤滩筑堤的一套"土办法"，它化蛮荒为文明，使软土成坚堤，生动体现了顺德人实干加巧干的开拓精神、吃苦耐劳的奋斗精神。

"双代会"

1971年4月26日至5月1日，围垦指挥部首次召开"双代会"进行总结表彰。

"双代会"是指"活学活用毛泽东思想先进单位、积极分子暨'四好单位''五好战士'代表大会"。出席大会的共324名代表，是经过各营连讲用，充分发扬民主评选出来的。此外，还有驻岛解放军、珠海县围垦指挥部、湾仔公社、大横琴派出所、大小横琴大队、向阳村生产队等单位的共31名代表参加会议。

大会由围垦民兵团副政委谭再胜致开幕词，民兵团长黎子流做4个月来的工作报告，顺德县革委会副主任郭瑞昌在闭幕大会上做总结报告，围垦指挥部党核心组成员廉禧奎致闭幕词。

6天的会议期间，共有13名代表在大会上讲用，21名代表在各营讲用。大会评选出11个富有先进性、典型性、广泛性的先进单位标兵和27名积极分子、"五好民兵标兵"，掀起比、学、赶、超的高潮。

获评标兵的部分单位和个人是：三营党总支、五营三连、勒3电船、顺交1船、一营五连"四好炊事班"、四营三连"红色娘子军排"、三营爆破排、三营卫生站、支农青年梁晓青、"五好民兵标兵"陈敬早和陈杰元等。

郭瑞昌在大会总结报告中号召："发扬一不怕苦、二不怕死的革命精神，革命加拼命，苦干加巧干，奋战3个月，完成西堤大坝欠缺的沙方32100多立方米、土方67500多立方米、石方5800多立方米的筑堤任务，土方10万多立方米的挖河任务，以及建水闸倒浮箱的任务，特别是木工、铁工要认真组织，大挖潜力，打人民战争，跟上工程的需要。除此之外，5月份，各营连要从长远着想，订计划，立即行动，做好防风准备。早种作物在人力许可条件下，要抗旱苗，力求有种有收，实在不行也要准备早种番薯或其他作物。"

慰问演出

1971年4月26日，顺德县委、县革委会慰问团首次到中心沟围垦工地慰问和检查指导围垦工作。

正值围垦工地首次"双代会"召开之际，时任顺德县委第一书记阎普堆率领县委、县革委，10个公社党委、革委、五大战线党委、革委以及县文艺宣传队、电影队共60多人的慰问团，深入工地进行慰问，检查4个多月来的围垦工作，并对今后的工作做出指示。

关于领导慰问，时任围垦指挥部总指挥郭瑞昌回忆道：

> 当晚无处住宿，茅寮还有蛇威胁，常委们就在靠近指挥部常开会之露天地上打铺睡觉。为了加强保卫工作，临时加设岗哨，并通宵发电照明。半夜时分，岗哨见到有蛇蠕动时，就大声报警，惊扰了这些

本来就有几分恐慌的县领导，无法安睡。

——郭瑞昌：《横琴岛围垦》（未出版）（2003年3月）

进行慰问演出的是顺德县文艺宣传队。这是一支专业文艺团体，全队20多个成员，个个"一专多能"，吹、拉、弹、唱都能来一手。

关于首次慰问演出，当年参与慰问演出的队员、后来曾任顺德文化馆副馆长的何亮回忆道：

> 首场演出安排在指挥部附近的篮球场。场侧有一个土台，平时多作开会之用，球场也就是整个工地最宽敞的集会场所——自然也是理想的露天"剧院"了！宣传队从指导员、队长到队员，齐心协力地把一大块厚幕布用粗竹竿加小滑轮凌空支起，就成了舞台后景；幕前就是表演舞台区域，幕后留稍窄空间，摆上几副桌椅，也完成了后台化妆间的布局；台前左右各竖起一支碘钨灯，那就是演出的全部灯光；最简便易搭的还是更衣室：用一大块打补丁的旧幕布，绕着后台旁边的几棵树来个围绑就大功告成啦。
>
> 舞台的一切都极显简陋，不可避免地体现出那个年代的艰苦特色，然而人们的热情却没有受到丝毫影响。晚饭后，围垦农工们稍作洗漱，搬起小板凳，排着队唱着歌，精神抖擞地集中到球场，很有秩序地按照各公社、大队的位置坐好，静候演出开始。宣传队员们也受到感染，敬意油然而生：真不愧是响当当的"围垦战士"啊！
>
> 宣传队的节目表演形式多样，短小精悍，比如样板戏选场（段）、舞蹈、小粤剧、小话剧、合唱、独唱、器乐独奏、相声等……
>
> ——何亮：《送艺轶事》（见梁景裕等《用青春托起的土地》，人民出版社2005年版）

慰问演出持续了约两个小时，掌声和喝彩声不断。演出结束时，围垦指挥部副指挥黎子流现场向大家宣布："以后县宣传队每年都将来中心沟慰问演出一次！"

全场掌声雷动，欢呼雀跃。

散场后，宣传队员们紧张地拆卸舞台装置，收拾好各类设备，翌日，他们又将要奔赴新的演出地点——大横琴岛。

大横琴岛上驻扎着龙江和均安两个营1000多名顺德围垦战士，还有世代居住在岛上的珠海兄弟村民，他们也很期望能看到来自顺德的精彩演出。

没有车辆运送演出装备，就算有也没法直接运到演出地点。宣传队的小伙子、姑娘们，就用手搬肩扛，足足走了两个小时，将演出用的灯具、乐谱架、乐器、音响、道具、幕布、绳索、服装等，搬到了演出地点。

晚上，大横琴岛上洋溢着嘹亮的歌乐声，飘动起优美的舞步。掌声欢笑声在围垦战士和珠海横琴村民中响起，大家共同度过一个美好而难忘的夜晚。

从此，每年秋冬之交，顺德县宣传队都带上一台新编排的文艺节目，到中心沟围垦工地进行慰问演出。每次，都是县委派车将他们先送到珠海的湾仔，然后转乘机帆船到中心沟。

同时，县文化局及其下属的县文化馆、图书馆、新华书店、电影公司等部门单位，也经常送去精神文化食粮。

"海上长城"

自筑西堤"战役"4月打响后，每天出动逾千只船艇投入施工，3000多名围垦战士顶烈日、战狂风、挨冷雨、斗恶浪，吃尽西堤冷餐，经受风雨考验，连续奋战5个月，砍运近1000万斤茛柴，抢、挖、搬、运27万多立方米泥砖，铺砌块石3.8万立方米，一条长1.9公里、高4米（高出滩涂）的大堤，如"海上长城"，屹立在中心沟西岸。

在筑堤施工过程中，工程组陈佬、胡铨强、钟立新等功不可没，他们既当技术指导员，又当战斗员，日夜奋战在工地第一线，严把质量关。

海堤建成后并非万事大吉。筑堤不易，维护更难。据监控点测算，堤坝每月平均自然下沉约0.2米。为确保堤围安全，围垦指挥部决定，以工程队为单位，哪里下沉哪里加土，沉多少加多少，长年累月，坚持不懈，加固维护的工作连续几年不间断，直至整个大堤稳定下来。

而海堤还得经受强台风的考验。

1971年8月22日，一场强台风袭击工地，海堤损失4000多立方米。于是，从8月底起，连续3个月，围垦战士日夜奋战，抢修西堤。"海上长城"再次屹立于中心沟西岸。

"蘑菇惊魂"

1971年8月，龙江营发生一起蘑菇中毒事件，20多人生命危在旦夕。

大小横琴岛上有近千种植物，其中，山稔、油光仔（被称为"革命果"）等野果，蘑菇等菌类，常常成为围垦战士口中的美味。

这天，龙江营有一群战士在大横琴山采摘野生蘑菇煮食，食后当晚20多人出现中毒症状。

指挥部领导到了，卫生站的医生到了，发现情况危急，靠卫生站的医疗条件根本对付不了，必须马上送到附近医院抢救。

然而月黑风高，海上风浪骤起，交通船马力小，颠簸大，很不安全。

人命关天，时间就是生命。关键时刻，指挥部果断决策：请求驻岛部队支援。

横琴岛上，驻扎着边防部队，南海前哨"钢八连"、"红七连"、九连等，与三千多顺德围垦人员建立了"军民一家亲"的鱼水情谊。围垦大军甫一踏上中心沟，立即就得到驻岛部队的大力支持。他们帮助围垦民兵团开展民兵拉练、实弹射击等军事训练，向民兵团传授部队管理经验，开展政治、军事、国防教育活动及文娱、体育联欢活动，还在工地放映电影，丰富围垦队员的文化生活。在工地因台风而缺水缺蔬菜的时候，还将自用的淡水、自种的蔬菜及时送往工地。逢年过节，围垦指挥部也会组织人员到驻岛部队慰问。

接到指挥部求援信息后，驻岛部队首长立即派出炮艇驰援。

在解放军指战员的大力协助下，20多名中毒青年被火速送到湾仔医院。

经过急救，20多条年轻的生命渡过危险，平安回营。

一场"蘑菇惊魂"，化作一曲军民鱼水情的佳话，在横琴山川大地上广为传扬。

造闸

按照规划要求，西堤要建造总孔宽30米的大型水闸一座。

水闸的功用是防洪排涝、引淡排咸。要实现中心沟造田垦殖的目标，修建水闸是关键。

没有大型的机械，在淤泥海滩上如何现场浇铸一座大型的水闸？答案是：没有办法。

不过，再大的难题，也难不住顺德人。

借鉴新围垦区的建闸经验，围垦指挥部研究决定：选择坦地，先预制浮运闸，然后拖送沉放。

预制场选在万利围西边靠近小横琴山脚下，那里的坦地较开阔，土质较坚实。预制场距闸址约1.5公里。

按照设计要求，西堤水闸设5孔，每孔宽6米，中墩4个，边墩2个，闸体总高6米，属钢筋混凝土结构。这样一个庞然大物，要从预制场拖运到西堤闸址，还必须建造一个大型混凝土空箱来承托。

经测算，这样的空箱需长38.2米、宽14.2米、高4.7米。空箱的下半部与闸体的上半部须浇铸成一个整体。

早在1971年3月，西闸下半部预制工程就开始进行。

工地技术总监由县水电局严维炽担任。他为建造水闸可谓呕心沥血，逐渐锻炼成为围垦工程组得力干将，为围垦事业立下汗马功劳。

首先是开挖预制场。预制场高程必须控制在珠江基面4.5米以下，土方开挖深度超过5米。因靠近山边，积水难以抽干，含水量饱和的淤土开挖起来难度极大，时不时还会因为边坡滑动造成无效劳动。

负责开挖预制场的是勒流营指挥所。没有现代化的工具，只能靠锄头、铁锹开挖，再用人力一桶一桶地装运，队员一身泥一身水一身汗，劳动强度可想而知。据测算，民工一天到晚的平均工效，还不到0.6立方米。

勒流营每天出动300多人，克服重重困难，经过一个多月的奋战，预制场终于开挖成功。

其次是碎石。浇铸混凝土预制闸需要1000多立方米的碎石，但碎石设备奇缺,只能靠手工。

仍然是老办法,"大打人民战争"。将任务分到个人,人人动手,全员上阵,超额有奖。

硬是靠着铁锤、钢钎,靠着结满老茧的双手,共用10000多个劳动工日,备足了所需的1000多立方米的碎石。

最后一道难题是弯扎钢筋和装订模板。由于参加围垦的人员大多来自农村,从未有过建筑工程经验,只能边学边干。围垦指挥部从顺德县内建筑单位抽调技工担任师傅,带领大家弯扎钢筋和装订模板,在实践中练就好本领。

经过3个多月的日夜奋战,闸体下半部施工任务终于完成。

这是一座大型浮运闸,其规模、吨位,在当时的华南地区排行第三。

然而,这只是"万里长征"走完了第一步,更大的困难和挑战还在后头,运闸座闸能否成功才是真正的考验!

开挖航道

要运闸,首先得有航道。

从山边的预制场到闸址约1.5公里都是海滩,一般高程在珠江基面负1.5米左右。没有天然航道,需要在淤泥滩上人工开挖一条运闸航道,并且要转一个90多度的大弯。出于节省工程费用考虑,航道又不能开挖得太宽、太深。

最后的结论是,需人工开挖一条长1500米、宽70米、深2米的航道。

不仅如此,航道的尽头座闸处,除挖够座闸深度外,还要进行填沙处理,厚度需达1.5米,填沙后坦底高程需控制在珠江基面负4.5米以下。这一项工程无法用人力施工,工程组决定租用佛浚2号铰吸式挖泥船施工。

经过一个月的日夜奋战,航道开挖和闸基处理顺利完成,累计完成挖泥土方210000多立方米,填沙900多立方米。

航道开挖出来了,但这并非风平浪静的航道。由于地处南海边缘,经常出现四五级大风,而且因为筑了西堤后,外海流入中心沟的潮水从原来进水面 2000 多米，一下变为只有 200 米左右，水流速度从原来的只有 0.3 米/秒，一下增至 0.9 米/秒以上，最大流速达 1.8 米/秒。

这对于重达 1300 吨的闸体拖运来说，难度不可谓不大。

前车之鉴

兴建大型浮运闸是顺德水利建设史上的第一次尝试，不但没有建闸经验，更从无运闸座闸的实践。

不懂就学。一是派出去，二是请进来。

连队以上干部和施工员被派到番禺去学习拖运座闸经验了，中山、珠海有关领导和工程技术人员被请进来传经送宝了，然而，最刻骨铭心的一课，是实地参加珠海东堤运闸座闸"战役"。

那是一次折磨人的、可称为失败的经历。

珠海东堤水闸采用的是"浮力对浮力"的方案，即单凭机船拖运控制，而浮运闸在强水流冲击下又难以控制，结果，在东堤闸址三进两出，险象环生。当时，珠海运闸出动 3000 匹马力的拖船，但是因为没有计算、掌握准确风向和潮水涨退时间，潮水一涨，水一反流，就把水闸推离行进路线，3000 匹马力的拖船拉也拉不回来。

水闸无法在预定闸址定位，两次被冲离闸址数百米外。

其中一次，水闸搁浅在路环和氹仔岛之间的海中，浮箱断裂。

最后，唯有请海军炮艇支援，历时三天三夜，方将水闸勉强坐落东堤。

前车之鉴，后事之师。教训不可谓不深刻，稍有差池，将可能导致前功尽弃！

群策群力

浮闸体积大（预制部分长 38.2 米、宽 14.2 米、高 4.7 米），吨位重（约 1300 吨），吃水深（2.51 米），既无舵又无动力；再加上风力猛、水流急、航道窄、弯度大、距离远，如何避免东堤拖闸座闸的失败教训，在涨潮的短短时间内把浮闸顺利拖运到预定地点，并在平流时安全座闸，不能不费一番思量，以求万全之策。

一是知己知彼。组织专业队伍进行实地勘测，每天定点测量，掌握航道风向、风压、流速以及天气、潮期变化等第一手资料，并进行系统分析。摸清现有拖运能力、钢缆、绞架家底，同时争取县属有关单位的协助和支持，备好拖闸用的钢丝绳、机船和必要的工具，为运闸座闸提供物质保障。

二是发动群众出谋献计。围垦指挥部坚信，"群众是真正的英雄""人民群众有无限的创造力"。为此，"从群众中来，到群众中去"的工作方法在制定运闸座闸方案中得到了充分体现。由下列一则材料可见一斑：

> 这次座闸方案制定的过程就是相信群众、依靠群众、发动群众的过程。为了使座闸方案立于不败之地，我们在两个多月前就把运闸座闸问题交给群众讨论，发动广大干部、民兵、船民、工人和技术人员参加专业会议。从水闸启动、拖运方法、转弯摆正、定点定位、威亚①交接、防风防漏、放水座闸等等，逐个反复加以研究和讨论。很多同志都提出不少合理化建议。如二、三营施工员梁木根、周岸然同志提出，在水流急的情况下，为了解决机船马力小拖不动、拉不住的问题，主张在离闸200米的航道两边加设砂石桩墩，并安装绞架予以固定。佛浚挖泥船的广大职工主动提出，利用自己两只机械挖泥船的4条钢桩作转弯使舵和固闸定位之用。总之，从运闸到座闸的每一个细节，不少群众都提出了很多合理化建议，"从群众中集中起来，又到群众中坚持下去，以形成正确的意见"。我们经过这几上几下，三番五次把群众意见加以比较分析，综合提高，在"去伪存真，去粗取精"的基础上，开始研究方案制定。在制定方案的过程中，我们除集中力量注意解决主要矛盾外，也注意问题的每一个细节。方案制定后，我们又反复地把方案交给群众讨论修改，使方案更符合客观实际。实践证明，我们制定的运闸座闸的方案是正确的，是经得住考验的，主动权是掌握在我们手里的。
>
> ——顺德县围垦工程指挥部：《关于围垦工程第一座浮运闸座闸情况报告》（佛山市顺德区档案馆馆藏资料，1971年11月11日）

---

① 威亚，即钢丝绳。

思想保障

在那个特殊的年代,"政治挂帅"是必然的。

硬仗面前,围垦指挥部"狠抓路线教育,提高对座闸战斗伟大意义的认识"。上述同一份材料中的另一部分可谓打上了浓浓的时代烙印:

"只有坚定正确的政治方向,才能激发艰苦奋斗的工作作风。"为了做好座闸的思想准备,我们一方面组织广大干部、民兵、船民反复学习毛主席关于"中国应当对于人类有较大的贡献"的伟大教导,引导大家认识这次座闸战斗是捍卫毛主席革命路线,为毛主席争光,为伟大社会主义祖国争光的一场硬仗,是落实毛主席"备战、备荒、为人民"的伟大战略方针的具体行动,是建设政治海连防和围垦炼人学大寨的重大步骤。另一方面广泛组织群众针对一些人有畏难情绪、迷信专家、依赖机械等思想,深入开展革命大批判,树立敢想、敢干、敢闯、敢革命的精神,狠批"见物不见人"的错误思想,树立"人定胜天"的信心。由于加强了思想和政治路线方面的教育,提高对座闸战斗伟大意义的认识,全团上下,政治空气浓浓的,好人好事多多的,战斗士气足足的。顺交1号电船全体职工表示:"无主拖,我们来负责。"油船职工范忠同志表示:"无人熟悉装绞交,我来干。"三、五营民兵表示:"设置砂石桩墩的艰巨任务,我们来承担。"施工员梁木根、周岸然为加固绞交桩垫,带病潜入水下,捆扎威亚。一、二、五营战士在运闸座闸战斗前夕,为了抢时间,争进度,确保水闸顺利运出预制场,冒着寒风冷雨,抢挖预制场堤口。一营15位战士为确保顺运15号机船投入拖运闸战斗,3次同淤泥、潮水搏斗,安装车叶。建华10号船长胡荣和顺运15号船长黄耀洪,主动承担机船的指挥工作。

——顺德县围垦工程指挥部:《关于围垦工程第一座浮运闸座闸情况报告》(佛山市顺德区档案馆馆藏资料,1971年11月11日)

时隔数十年,透过字里行间,我们仍然感受到顺德人那敢想、敢干、敢闯、敢担当的精神气质。做好了人的思想工作，热情和勇气被充分激发起来，人的潜能和精神力量爆发出来，这种能量是巨大的，面对运闸座闸的困难和挑战，也就有了思想上的保障。

敲定方案

在综合工程师黄国显、郑联卿，施工员梁木根、周岸然，船长胡荣、黄耀洪等几十位同志的意见后，围垦指挥部终于敲定了运闸座闸的操作方案。

谢光林在《中心沟围垦回忆录》中记录得很详细：

> 为了解决久拖不动拖不住这个主要矛盾，一方面，采取"蚂蚁娄大象"办法，按照重量一吨，配置一匹马力要求，抽调食品进出口公司建华10号（350匹马力）、顺运15号（180匹马力）等100匹马力以上的拖轮10艘（合共1300匹马力），由建华10号做主拖，在其船首两旁分别斜放一艘百匹拖轮，以船首顶住建华10号轮，用车前倒后办法，帮助主拖校正航向。闸体角每个角位各放置一艘百匹拖轮，前头摆成"八"字形，后面摆成倒"八"字形，权充闸体船舵之用。"左前右退，左退右前"、车前倒后用以调整闸体航向和转弯。闸后安排两艘百匹拖轮和一艘铰吸式挖泥船负责置后，控制浮闸前进速度。另一方面，在闸址附近航道两侧和堤头两边，预先打桩抛石筑墩，各安装固定绞关（共四台），用实力（桩墩植根泥土中，所装固定绞关接力强于机船拉力数倍）对浮力（闸体在水流冲击下出现的强大浮力），实行退潮期顺流旋转进闸址、平流放水座闸的方案。根据要求，浮闸进入闸址前要旋转90度角，此时，闸体控制交由佛浚2号船负责，靠挖泥船上的两条大钢桩深深插入泥土中，发挥"定海神针"作用，将浮闸控制定位，所有拖轮撤离现场，再通过绞关转换，将浮闸定位控制权交给岸上绞关承担。为防不测，闸址前方也安装一艘大型抓斗船，靠十个大铁锚固定，当出现涨潮迹象（万一来不及在平流时座闸涨潮便开始，水流逆转），闸体会出现反向流动，此时，则利用抓斗船上的大型绞关

将浮闸控制定位。

——谢光林：《中心沟围垦回忆录》（未出版）（1999年8月）

真可谓丝丝入扣、环环相扣，将运闸、座闸过程中的每一个细节、可能出现的问题和解决办法都考虑周全。

这个方案，集合了群众的智慧，体现了顺德人团结、务实、求真、创新的精神，以及实干加巧干的作风。

这又是一个错综复杂的系统工程，涉及方方面面，牵一发而动全身，任何一个小小的差池，都可能导致全盘皆输。

坚强领导

方案再完美，也须人执行。要将运闸座闸方案付诸行动、顺利实施，没有坚强领导和统一指挥，是不可能完成的。

早在运闸座闸战斗打响前20天，顺德县革委会即派出傅宝源、容志强、黄国显、郑联卿、谢光林等多位同志前往中心沟协助工作，还明确要求参加围垦的公社需派出两名副社长以上领导干部亲临中心沟坐镇指挥。

围垦指挥部核心组成员郭瑞昌、黎子流、谭再胜、梁华、陈佬、廉禧奎、李拾胜等形成坚强的领导核心；同时，专门组织一个有领导干部、船长、工程技术人员参加的运闸座闸指挥领导小组，实行集体领导，分工合作，各司其职。

领导小组下设12个专业战斗小组，分别是：起动拉闸组、出闸防风组、机船拖运组、堤口绞关组、护闸落闸组、水桩墩固定组、通讯联络组、宣传鼓动组、安全保卫组、医疗救护组、生活后勤组、后方支前组。

各个战斗小组分别配有干部、民兵、工人和技术人员，做到统一指挥，统一行动，任务明确，措施落实，形成一个坚强的战斗集体。

为检验各战斗小组的作战能力和协调情况，围垦指挥部在运闸座闸的前两天组织了一次模拟演习。演习时，将船艇扎成与浮运闸规模相近的船排，按既定的方案予以操练，对存在问题及时研究处理。

沧海横流

1971年11月1日，农历十月初八，"决战"的日子终于到来了。

一大早，全体"参战人员"静静地忙碌开了，各项准备工作有序地开展。

海水被引进了船坞，预制场成了码头。一双双眼睛急切地盯着渐渐涨起的水位。

上午8:20，水位终于到了水闸启运的标志线。按照原来设想，此时的水闸应是被海水浮托起来，可以启运了。

然而，浮运闸纹丝不动。

大家都愣住了。所有的数据、草图都反复推敲过，以为是万无一失，却没想到还没开始，就来了个当头一棒。

问题出在哪儿？同一个问题在许多颗脑袋里回旋。涨潮期有限，只有短短的两小时，错过了有利的时机就可能一败涂地。时间等不及，耗不起。

总指挥郭瑞昌看了看水位，又看了看左右的战友，急得叫了一声："共产党员在哪里？"

"在！"黎子流挺身而出。

"在！"黎英允应声而上。

另一名战士也站了出来。

三人二话不说，脱掉外衣，扑腾扑腾地跳进冰冷刺骨的海水中。

忘掉了冰冷，忘掉了危险，他们潜入数米深的水中，摸遍四个闸角，都没发现任何障碍，也没发现任何损坏。

他们静静地待在水里仔细观察。所有人都目不转睛地盯着他们。

对了，现在的水流还不够急，不够猛，浮力还不够！他们松了一口气，奋力游上岸。

站在寒风凛冽的海边，顾不上全身冻得发紫、冷得打战，他们高声说："只是浮力不够，不用担心！是浮力不够，不用担心！"

所有的人都松了一口气，场地上气氛又活跃起来了。

时间一分一秒过去。难道干等着？"战机"稍纵即逝，时间就是胜利。

指挥领导组立即召开战地会议，听意见，详分析，细研判。大家形成共识，因为闸身重、坐落时间较长，加上水流不急不猛，浮力不够，导致水闸不能自动浮起。要跟时间抢进度，唯一的办法就是"大打人民战争"。

指挥领导组果断决策，组织人马下水拖闸。

100多名共产党员、民兵迅速集结，跳入冰冷刺骨的海水里，按照指令，有序地游向四个闸角和闸身，借助水流风势，心拧一股绳，劲往一处使，硬是用人力将水闸一点点撼动起来。随着浮力的增大，水闸终于缓缓地浮起来了。

不到20分钟，浮运闸终于可以启运了。

沧海横流，方能显英雄本色！

运闸

11月1日上午8:20开始，运闸"战役"正式打响。

浮运闸是个庞然大物，长38.2米、宽14.2米、高4.7米，重约1300吨，吃水深2.51米。一眼望去，就像一艘不可一世的威武战舰。

预制闸的大型空箱部分是"舰体"，呈灰白色，上写毛主席语录"一定要根治海河"七个大字，在大字下方，又写有一行文字："群策群力，奋战六十天，完成堵口合龙工程！"

预制闸的上部是五孔混凝土水闸，如同船舰甲板上的门楼。

闸顶上，设置着此次"战役"的总指挥台。这里是"战役机器"的大脑，"前敌"指挥司令部。

浮运闸上，红旗猎猎，人影幢幢。

在浮运闸的四周，十多艘机船已组成"联合舰队"整装待发。

航道上插着红旗、竹竿，以便判断航道方向、水深、风力、风向。

各战斗小组人员早已各就各位，3000多名将士严阵以待。

现场总指挥是郭瑞昌，他手持喇叭，全神贯注。站在他旁边的是佛山地区疏浚队的队长。

一声令下，水闸启运！

浮运闸被平稳地拖出船坞。

浮运闸正前方，是担任主拖任务的建华10号拖轮，350匹马力。在建华 10 号的船头，又各有一艘百匹机船斜顶着，辅助主拖校正航向。

在闸体的四个角，各有一艘百匹拖轮，前拉后顶，充当起闸体船舵的角色。

在闸后，两艘百匹拖轮和一艘铰吸式挖泥船负责置后，控制浮闸前进速度。

整个运闸现场人声鼎沸，忙而不乱，不同的"旗语"信号交相传递。现场指挥郭瑞昌、黎子流指挥若定，用手提喇叭发出一个个指令，让"战役机器"有条不紊地向着预定方案运转起来。

要转 90 度弯了，按原计划此时要用 3 艘机船在闸前拖，用 4 艘机船在闸两旁拉和顶，用 2 艘机械挖泥船在闸后拉尾校正。为保证 2 艘挖泥船在航道中心摆得正，另外又配备 2 艘机船做校正之用。

由于闸身大，航道转角范围小，水流和风力都从闸的旁侧压来，稍有疏忽，水闸就会有被压在航道一边而搁浅的危险。

十多艘机船的协调配合，众多威亚的复杂交接，也考验着指挥官和战士们。

在指挥官的统一指令下，广大围垦战士个个勇敢沉着，紧密配合，忙而不乱。

一条条威亚拴好、交接好，一艘艘机船协同作战，要向前的向前，要后退的后退，要向左顶的就向左顶，要向右拉的就向右拉。

由于方法对头，措施得力，仅用半小时，闸体就顺利转弯了。

运闸"战役"仍在继续。座闸的最后"决战"还在后头。

座闸

按照预定计划，浮运闸赶在退潮期运到闸址附近。

在这里，闸身要做一个 90 度的旋转，然后，再被拖到闸址沉放。

这一转，意味着闸身要正面朝向退潮的海水急流。弄不好，东堤闸身被冲走搁浅、浮箱断裂的惨剧就会重演。

凡事预则立，不预则废。针对东堤惨剧缘于"浮力对浮力"的教训，顺德围垦指挥部采用的是"实力对浮力"的方案，早早就在闸址附近航道两侧和堤头两边预先打桩抛石筑墩，各安装固定绞关（共 4 台），形成

4个固定实力点。

旋转时，闸体控制交由佛浚2号挖泥船负责，靠它上面的两条大钢桩深深插入泥土中，发挥"定海神针"作用，将浮闸控制定位，所有拖轮撤离现场，再通过绞关转换，将浮闸定位控制权交给西堤岸上的绞关承担。

同时，闸址前方（西堤外海处）也有一艘大型抓斗船，依靠它的十个大铁锚固定，利用它的大型绞关将浮闸控制定位，以防不测。

经过六个多小时的紧张战斗，浮运闸顺利到达沉放位置，经工程技术人员检查鉴定，符合设计标准。指挥台发布命令：放水座闸！

11月1日下午2:40，西堤座闸成功。

关于座闸，围垦指挥部在给县革委的报告中有描述：

> 固闸座闸是一场紧张而艰巨的战斗。浮运闸安全到达闸址后，由于潮退关系，中心沟内流入外海的水被闸身挡住一部分，堤口水流速度迅速增大，风凭水势，水助风威。在这种情况下，各种机船和各个绞关都要经受严峻的考验，发挥应有的作用，把闸身稳拉住。与此同时，水闸还要旋转90度角，从14米迎水面变为38米迎水面。为了打好座闸战斗，取得运闸座闸决战胜利，全团上下，从指挥员到战士，都更加注意每个细节，工作更踏实，行动更迅速。负责测流速的同志一丝不苟，认真负责，及时而准确地报出堤口水位和流速；负责交接威亚的同志，不管风吹浪打水流急，多次冒着生命危险，以最敏捷的动作，用最短的时间把威亚接好拉紧；负责绞关控制的同志，不折不扣地接受指挥命令和指示。为了座闸战斗的胜利，有些同志带病坚持工作，危险关头冲在前；有些同志把方便让给别人，把困难留给自己，主动承担责任；有些同志严守岗位，坚持连续作战十个小时，做到轻伤不下火线，落水不怕冻，受伤不叫苦。就这样，经过六个多小时紧张战斗，浮运闸安全到达预定位置并及时放水座闸，获得成功。
>
> ——顺德县围垦工程指挥部：《关于围垦工程第一座浮运闸座闸情况报告》（佛山市顺德区档案馆馆藏资料，1971年11月11日）

的确，座闸的成功离不开每一个个体的努力和团队协作。其实，就是放水座闸，也是相当考究的，须保证各个进水孔的进水速度保持一致，避免因快慢不一导致闸身倾斜而功亏一篑。

座闸成功了！3000多名围垦战士欢呼雀跃，整个大堤沸腾起来，不少人喜极而泣。在口述史中，黎子流说："在中心沟，我流过两次眼泪，一次是龙眼工程队淹死了四个人，一次是西堤座闸成功。"

近两年来为之付出的心血、智慧与汗水，终于有了阶段性的成果，首筑西堤，初战告捷。

牺牲

拨开历史的迷雾，在西堤座闸成功的背后，亦难掩一名围垦青年牺牲的伤悲。

谢光林在回忆录中写道："一件极为不幸的事故又发生了。龙江仙塘工程队从大横琴出发，撑船前往小横琴搬运物资，横过西堤水闸时，船体被涨潮急流扯向闸墙，船上一青年（容奇镇知青）慌忙跳水，撞墙遇溺，壮烈牺牲。"

2017年6月19日，在龙江官田村康炳明的家中，康炳明说：

> 西堤座闸那天上午，我们是负责用船运载沙石的，工作布置是我们运载沙石的船艇排好阵列，当水闸坐下时，我们就按序抛下沙石固基保闸，当时在座闸的前后水面上停泊着密密麻麻一大片满载沙石的大小船艇。关于左滩排的容奇知青杨洪章的牺牲，我们都知道是当时水闸拖到座闸位置下沉时水流开始变得湍急，沙石船被水流推向闸身，船上的人就用竹篙撑顶闸身，以免沙石船撞向水闸，但杨洪章是知青，可能不太熟悉船上竹篙撑顶的技巧，当他用竹篙用力撑向闸身时一下子竹篙滑脱，人就跌落水中了。当时水闸下沉了一半，是最关键也是最危险的时刻，虽然有人落水了，但大家注意力都在座闸上面，无法分身他顾，只是祈求他被水冲走从另一个地方浮上来，就有生还的希望。但是，杨洪章跌入水中被卷入水底，而现场密密麻麻的船成排成行，导致他浮不上来。水闸座好，

当天下午我们龙江营各连队就出动不少人去寻找他,但直至第二天中午才在距东堤不远的水面上找到他的遗体。过了几天,指挥部在中心沟为他开了追悼会。

——康炳明(采访实录,2017年6月19日)

黎子流在口述史录制中说:

围垦一共死了5个人,有一个本来可以避免的。东堤①座闸后,就在小横琴放电影,他从大横琴过来。队长率队坐船过来,当时堵口的时候还没有坐好水闸,潮涨潮落有出有入,棚架搭在那里,(船)被(潮水)吸过来。相隔一百米整艘船被吸过来,有五六个有经验的,一碰到水闸马上拉住棚架跳上去,剩下那个好像是广州的知青②,好像姓杨,他不懂,跳水,水下有一条大杉撑住底架,他整个人撞过去,撞死了。

——黎子流口述。佛山市顺德区图书馆:《曾经的飞地——中心沟》(音像)(2016年5月)

2018年3月18日,86岁高龄的黎子流清晰地叙述说:

"谢光林和康炳明两位同志所说的都不对,他们两个都不是事件亲历者。虽然我是围垦指挥部总指挥,但我一直是投身在围垦工地第一线上的。

"当时西堤水闸座闸成功,为了庆祝,就在小横琴万利围团部广场放电影。龙江左滩排的杨洪章等5个队员从大横琴撑船过来睇电影时,船距西堤水闸100米外就被涨潮的潮水吸入没有安装闸门的水闸,当船横向撞向水闸的排栅时,船上的其他人跳起抓住竹栏,但杨洪章可能没经验却跳下水中。

"西堤座闸成功,但5个闸门还没有安装,潮水依然进进出出。潮水

---

① 应是西堤——编者注。
② 应为容奇镇知青——编者注。

的威力有多大？当时东堤座闸时，3000匹马力的拖船都拉不住，把千吨重的水闸冲去澳门，闸身也开裂了。

"悲剧发生，他们立即上报指挥部，也就是上报到我这里。作为指挥部成员，我们的责任重大，我亲自带队和龙江营治保主任蔡光全开船去搜救失踪的杨洪章。第二天，终于在西堤外的滩涂上找到了已经遇难的杨洪章。当时是见到有几个当地的渔民围在滩涂上，我们赶过去就见到杨洪章的尸体背向上、脸朝下，浮在淤泥滩上。海水咸分高，浸泡一天，尸体已经肿胀得很大了，参与寻人的年轻人心里害怕又有点顾忌，不敢动手打捞尸体，我就和治保主任蔡光全下去拴绳索，和他们合力把杨洪章的尸体打捞上船。

"经初步检视，尸身中间被严重压瘪，我判断杨洪章跳下水时刚好夹在木桩与船之间被挤压遇难的。这可想而知当时潮水的冲击力是非常大的。事故发生时是涨潮，海水涌向闸内，但我们是在西堤外的滩涂上找到尸体的，所以，我们判断尸体是被冲进了堤内，又在退潮时被冲出堤外的。"

黎子流继续说："人已经死了，悲剧也已经发生了，虽然都过去了，都成为历史了，但我们要还死者一个明明白白，我们不能把死难者忘记。我也是带队之人，是部队建制，我是民兵团长，带着几千个年轻人出去，我是有责任带他们回家的，回不来的，我一直忘记不了。在西堤外的淤泥滩上找到肿胀尸体的那一幕，场面太悲催了，以前大家多次对我的访问，我都不愿意把那场景说得太具体，只用几句话带过去，其实我的心一直痛着。"

这真是一个悲剧，刚刚座闸成功，正在庆祝时却发生了伤亡事故，加上2月份在铺沙"大会战"刚刚开始时4名龙眼排青年人的牺牲，多少会影响围垦队员的士气，工地上也就流传开了不同的事故版本。这也可想而知当时围垦指挥部面临多么大的压力。

这是一个残酷的现实：围垦是艰难的、危险的，又一条鲜活的、年轻的生命献给了围垦事业。

让我们铭记他的名字，他就是来自容奇镇的一名知青：杨洪章，30岁。

连同 2 月牺牲的 4 名青年，顺德为围垦横琴中心沟，不但付出极大的人力、物力和财力，而且还付出了 5 条年轻的生命。

当年，在小横琴山下，离顺德围垦工程指挥部原址约 1 公里外立起了一块纪念碑，上书"为革命献身"几个大字，永远纪念当年牺牲的围垦队员。

逝者已矣，他们的牺牲也突显中心沟围垦工程的危险与艰巨，突显干部与队员在面对危急时刻的大无畏精神。

护闸

西堤座闸成功后，围垦指挥部马上部署下一场"战役"：乘胜追击，打赢护闸固闸这场"仗"。

首先，沉箱护闸。成立专业攻关小组，将 14 个分别长 7.4 米、宽 4 米、高 1.7 米的预制混凝土空箱沉放在水闸四周：前后各放 5 个，四个角落各 1 个。其作用是减缓潮水风浪对闸体的冲击。

空箱沉放过程也遇到不少波折，但比起座闸来则轻松多了。

接着，抛石护闸。在闸体前后抛石防浪，规模为长 40 米、宽 30 米、高 1.7 米。

1000 多只农艇来回穿梭于闸址与山脚之间，3000 多名围垦战士齐动手搬运大石，热情高涨，场面壮观。

仅 3 天时间，就完成了抛运石 4000 多立方米的任务。

最后，完成后期施工。按照设计要求，西堤水闸上部还有 3 米闸体及闸顶公路桥、开关提吊架、闸门等局部工程，是待座闸成功后才安排施工的。

马不停蹄，加班加点，克服了重重困难，经过 3 个月左右的时间，后期施工任务才告完成。

堵口断流

1971 年 11 月 15 日，在座闸成功的两个星期之后，西堤堵口断流"战役"打响。

按照工程施工方案，在西堤水闸座闸位置，预留了一左一右两个缺口,共60米。接下来,就是发起"强攻",堵口断流。

由于东、西堤同时围筑并都预留了缺口,每日两次的涨退潮进出中心沟的潮水,一下子从这窄窄的缺口和通道灌进涌出,流速从0.3米/秒猛增到1.7米/秒,预留缺口的水深也从1.5米左右变为六七米。堵口断流的难度不可谓不大。

围垦指挥部发出号令,实施"强行进攻""速战速决"的战术,集中人力、物力,以大无畏的革命精神,与汹涌的潮水展开"肉搏",坚决打赢最后的"歼灭战"。

首先,以大、中、小石块混合垫底,加强基础的稳固性。

其次,选择在低潮期,用茛柴加泥砖强行成堤,堵口断流。

最后,固基培堤,在堤基两侧大量抛填海沙碎石,防止堤基滑动,在堤上用泥砖加高培厚,直到堤坝稳固。

大量的土石方和茛柴树枝,靠的全是小艇木船运送,凭的全是一颗红心两只手。

风急浪猛,日晒雨淋,3000多名围垦战士却个个斗志昂扬,精神百倍,全情投入。仅用7天时间,运送沙石1.5万立方米、茛柴30多万斤,奇迹般地完成西堤堵口的任务。

至此,顺德负责筑西堤建西闸的任务圆满完成,为横琴中心沟围海造田立下头功。

500米的陷落

1971年12月初,西堤有500米的堤段下沉陷落。

黎子流对此记忆犹新,他回忆道:"难度最大的第一步就是筑堤,我们以为很快,筑了半年成形了,准备开庆功大会,第二天早上起来一看,不见了一米多,像火枝[①]一样会拧的,沉缩一米,这时候我们才觉得下面是淤泥,40米以上,竹竿肯定触不到底。"

据黎子流介绍,在海中筑堤,表面是筑成一条堤,其实是筑了四条

---

① 舞火枝是一种过年民俗。

堤，先筑好水下一条（铺沙），然后左右各一条（抛石），最后水面一条（铺石和土）。

祝捷

1971年12月23日，西堤首期工程祝捷大会召开。

会场上悬挂着大幅的毛主席像，一条长长的横幅上写着"顺德县民兵围垦中心沟首期工程总结会"。

顺德、珠海的有关领导，岛上驻军的领导出席了祝捷大会。主席台上，珠海县革委会副主任卢思谋，驻岛解放军代表杨政委、大队长袁求云等领导在前排就座，围垦指挥部各公社带队领导也在主席台上就座。

郭瑞昌在大会上做总结讲话。3000多名顺德围垦青年，从1970年12月中下旬上岛，到1971年12月底筑成西堤，短短一年间，共用近100万斤莨柴、3.8万立方米块石、20多万立方米土方。

会后，与会领导与顺德围垦工程指挥部的领导共40人合影留念，留下珍贵的历史资料。

【历史小插曲】37斤重的大蛇

筑堤时，需炸山取石抛在莨柴上，稳住莨柴，巩固堤基。一条大蛇被爆破声惊吓，爬出蛇洞，盘卧在西堤口工地附近的山冈上，被沙滘营4名民兵捉住，足有37斤重。在沙滘营驻地茅寮前，4名民兵托着数米长的大蛇合影，照片现存于时任围垦工程指挥部指挥的郭瑞昌处。

4名民兵捉到大蛇后，问郭瑞昌如何处理，郭答派两名战士用麻袋装上搭乘公共汽车把大蛇送到顺德县革委会办公组。但革委会办公组的人见到大蛇不知如何处理，也不敢收下大蛇。无奈，两名战士把大蛇又带回横琴。大蛇无法饲养也无法保管，这下战士们有口福了，把大蛇剐了，蛇血蛇胆泡酒，有酒有菜，请郭瑞昌去共同享用，场面相当热烈。

【历史小插曲】充满敌意的葡国艇

　　来往于湾仔和横琴岛的交通船,是中心沟围垦人员常乘坐的。那时常可遇到葡萄牙武装警察艇和我交通船并行的情景,直到小横琴山嘴后才分开各走西东。葡国艇是对我交通船的监视,那时我国与葡萄牙没有外交关系,而葡萄牙是大西洋军事集团国家,当时对我国是不友好的,其行为充满着敌意。

　　——郭瑞昌:《横琴岛围垦》(未出版)(2003年3月)

第四章 转战东堤

1972年年初，顺德负责的西堤告捷，珠海负责的东堤却告急。珠海再次求援，佛山地委书记孟宪德亲赴横琴岛召开顺德、珠海两县联席会议，决定将东堤任务交给顺德。

3月，顺德围垦大军转战东堤。5月，东堤堵口截流成功。然而，当月暴雨大风侵袭，二度崩堤。三堵决口后，6月暴雨再袭，水淹万利围。

下半年，"试种"提上议程，"分地"问题凸显。8月7日，佛山地委在广州召开会议，研究顺德、珠海两县围垦土地划分问题。9月7日，顺德、珠海两县召开"分地会议"，形成"九七会议纪要"，中心沟围垦面积20000亩除1500亩划给大小横琴大队外，其余按顺德三分之二、珠海三分之一划分。随后，顺德全面接管东堤，抢修水闸，加高培厚。

11月8日，第20号强台风正面袭击，东堤第四度崩决。经50多个日夜堵口复堤，海潮终于被驯服。

11月17日，中心沟首次分地，顺德参与围垦的5个公社106个大队都分到了土地。

西堤、东堤建成，"围"的任务初步完成，"向海要田"的目标初步实现，"向海要粮"的目标仍需努力。

1972年的围垦任务

1972年1月，顺德县召开围垦工作会议，确定了1972年的围垦任务和相关政策措施。

会议明确，1972年的主要任务是"围、种、建"。

"围"是开垦种植的前提，西堤亟须加固，东堤工程也要去帮，否则中心沟内汪洋一片，会令上一年的"战斗"成绩前功尽弃。开春大部队上岛后要立即打一个以围为主、帮"东"固"西"的"战斗"，要将县、社、队原来围垦的机船、机帆及40艘民船、40艘大队船、大部分的小艇投入东堤工程，预计需要10万立方米土、石、沙方，用劳动工日25万个，力争在4月至6月份3个月解决战斗。

"种"是开垦种植，要求垦殖土地4000亩、造林500亩，收入12万元，实现3000多人粮食自给3个月。具体是上半年以开发山坡和生荒地为重点，下半年以垦殖中心沟为主。计划晚造插咸水谷3000亩，水草200亩，果、粮、油间种250亩，造林育苗500亩，香大蕉20亩，蔬菜地25亩（不算食堂菜地），淡水养鱼10亩，并适当发展生猪、"三鸟"养殖，筹建渔船和小工厂，预计需要投放劳动工日25万个。

"建"是基建，解决垦殖和稳产高产的主要矛盾——缺淡水问题，以及海岛战备、防台风暴雨袭击的问题。首先是兴建以蓄淡、引淡洗咸为主的中小型水利工程，与山塘水库、挖塘打井、灌溉发电、河道交通相结合，其中，牛角坑电站分两期两年建设，先蓄水，后发电。其次是兴建3000多名民兵的避风房屋3000平方米，以确保全体社员在台风暴雨袭击下的生命安全。预计需要约30万立方米的土、沙、石方，用劳动工日20万个。

会议研究制定了具体措施，要求加强领导，公社必须有常委领导定期上岛，大队必须有领导直接参与，各级领导班子要在春节前落实。要求各条战线按照需要从人力、物力、财力方面确保"支前"，如工交战线要派出干部，在工地设电力、机械维修站；财贸战线要在中心沟增设生产资料购销部，生活资料、副食按县标准及时供应；医疗战线要设中、西、内、外科，增设中草药供应，大力培训赤脚医生；交通运输战线要按计划解决机船、民船及运输，航运部门须切实解决顺德至横琴、横琴至湾仔的班船；宣传战线要培养工地电影队伍，固定放映机，县宣传站派出创作、编导人员到工地辅导；等等。

会议初定开春上岛人数2500人，上岛时间为2月20日开始，2月底完成，并做到上岛人员老、中、青结合，其中，"老"占10%，"中"占30%，"青"占60%，原来上岛者尽可能优先录取。

春节休整

西堤的筑成,特别是西闸的座闸成功,成为轰动一时的特大新闻。佛山地委书记兼革委会主任孟宪德亲自带队,组织各县、公社领导参观西堤,给围垦人员带来很大的鼓舞。

转眼,春节马上要到了。艰苦奋战了一年,围垦战士也该回家与亲人团聚过年了。

1972年2月13日,年二十九,黎子流最后一批离开工地。

事隔多年,在广州市市长任上退休的黎子流重游中心沟,对笔者等人谈起那一次回顺德的经历,仍然记忆犹新:

> 过年放假,我最后一批离开工地。那天,是年二十九,我背着铺盖回到大良,时间已经是晚上八点多钟。回家里勒流还要走两个小时,太累了,确实走不动。不想到朋友家去,怕打搅人家,旅店也找不到住处。正在为难,忽然想到中心沟工程指挥部在街上有一个小小的值班室,就到那里看看。窗户内黑灯瞎火,里面空无一人。平常有一个老头在那住下的,临近过年,估计是回家忙乎了。门前有一道不高的围墙,我试了试,一翻身,爬了过去。打开窗扇,手伸进去,摸到门闩处,将门打了开来。进了屋子,狭小的空间,摆放着一副木板床,一张木桌,一张木椅。没有电灯,桌面上有一包火柴,一盏煤油灯。划着火柴,点亮灯,将自己的铺盖在床上展开,放下蚊帐,躺在床上,很快入睡。第二天,一早搭上载客的自行车,回到家里。那时,家家户户杀鸡宰鹅,乡村路上飘着香味,人们忙忙碌碌,准备过大年啦!

——黎子流(采访实录,2004年10月10日,于中心沟)

然而,春节期间黎子流也没有好好休息,开春上岛的组织发动、人员审查、班子配备等工作一点也马虎不得。考虑到临时突击的任务,故动员和做好边防手续的要达到5000人。

经过短暂的休整,元宵节前后,由顺德5个公社组成的围垦大军又奔赴横琴中心沟了。

这一年，佛山地区下达顺德的上岛人数为2000～2100人，由于组织发动工作做得好，3月上岛人数已达2785人，大大超过了原定计划。

船艇方面，共有机船14艘、民船57艘、大船71艘、小艇614只。

刻不容缓，只争朝夕。"围、种、建"等几大任务还在横琴中心沟等着他们。

西堤竣工表彰大会

1972年3月，围垦指挥部召开西堤竣工总结表彰大会。

会场就是1971年元旦围垦工程誓师大会的旧地万利围，时隔一年，近3000名围垦将士再次壮怀激烈。

主席台因陋就简，一张长方桌一摆，上面放一个热水瓶，桌后摆几张椅子，围垦指挥部指挥郭瑞昌、副指挥黎子流和各公社带队营长或教导员在主席台上就座。背景是大幅的国旗和毛主席像。郭瑞昌做总结讲话。

会上，一大批在围垦中成长起来的优秀单位和个人受到表彰：

取得围垦炼人双丰收、成为工地树起来的一面"红旗"的勒流黄连排；

在铺沙"大会战"一马当先、在运闸"战役"中跳入冰冷海水摸排情况的五营三连指导员黎英允；

火线入党、由普通女青年成长为排长和营妇女主任的胡妹；

杏坛卫生站医生、被誉为围垦工地上"白求恩"的严桂珊；

……

榜样的力量是无穷的。一批新上岛的围垦人员受到了感染和教育，热情澎湃。这其实也是一场动员会。

西堤竣工了，东堤又如何呢？

人们把目光又投向了那一方水域。

两县联席会议

1972年3月10日，在横琴岛上，珠海、顺德两县联席会议召开。

佛山地委书记兼革委会主任孟宪德前来视察围垦工程，主持会议。

孟宪德是一位南下干部，经历过抗日战争和解放战争的战火，此前曾担任共青团中南地区副书记、中共广东省湛江地委第一书记、中共广东省委常委。后来，他还担任过农垦部副部长、国家水产总局局长。2013年在北京逝世，享年91岁。

孟宪德已是多次前来视察围垦工程，他对顺德筑西堤、建西闸的成就看在眼里，对珠海筑东堤的进度隐隐不安。

东堤2.08公里的修筑勉强成型，但高度不够，涨潮时海水可以漫过大部分堤面。全堤南北段堤面高低不平，靠近大横琴岛山边的北段640米只达到约1.5米的高程，靠近小横琴岛山边的南段1200米只达到1.2～1.5米的高程。全堤没有防浪墙，在强风暴潮袭击下，随时有崩堤的危险。

而且，东堤预留缺口一直没有堵住，依然是一个开阔的口子，波浪翻涌，奔流不息。

据估算，东堤仅完成13.185万立方米的土方、2.96万立方米的石方工程，远未达到规定的工程标准。

应该说，珠海围垦战士也是十分积极的，发挥出了最大的能量，令人敬佩。

但是客观原因也明摆着，当时的珠海只是一个人口12万的县，围垦队伍势单力薄，抽调到工地的人员总数不足800人，实际参加筑堤工程的劳力不足500人，投入的工具、船艇也不够。

相对于顺德约6倍投入的人力、物力与财力，珠海方面捉襟见肘，后方深感是个"无底洞"，前方则士气低落。

正是在这种情况下，珠海县委向佛山地委报告，请求顺德接管东堤扫尾和东闸改造事宜。

孟宪德正是为此事而来。会上，他概括介绍了目前中心沟的形势，并向与会者转达了珠海县委的意见：在中心沟长期的合作围垦过程中，珠海县委领导对顺德人民的工作作风极为赞赏，希望东堤的接替工作由顺德县来完成。为了围垦大局，佛山地委反复研究，征求了各方尤其是顺德县委的意见，最后决定还是把任务交给顺德，原因有二：①顺德围垦大军人心齐，经验丰富，战斗力强；②新的大潮随时可能袭来，要找其他人力根本不现实。

最后,孟宪德说:"现在到了一个'决战'的阶段。一切行动听指挥,要集中优势兵力,打一场'歼灭战'。为尽快完成中心沟堵海任务,顺德要全力以赴,协助珠海堵截缺口。"

顺德人顾全大局,毫无怨言,无条件地接受了这一光荣而艰巨的任务。

转战东堤的重任,就这样落到了顺德围垦大军的身上。

烽烟滚滚唱英雄

一场文艺演出拉开了帷幕,表演的是工地文艺宣传队的姑娘小伙们。

"烽烟滚滚唱英雄,预备——唱!"

> 烽烟滚滚唱英雄,四面青山侧耳听。
> 晴天响雷敲金鼓,大海扬波作和声。
> 人民英雄驱虎豹,舍生忘死保和平。
> ……

起头唱的,正是接替郭瑞昌担任顺德围垦工程指挥部指挥的黎子流。

郭瑞昌清楚地记得,《英雄赞歌》这首歌是黎子流亲自教会工地文艺宣传队队员唱的。

郭瑞昌对这位顺德土生土长的"拍档"印象深刻:他主动要求驻扎在勒流营,同第一线的围垦队员同吃同住同劳动,既是指挥员又是战斗员,经常是一身汗水一身泥巴,在紧张的奋战当中,往往光着上身,只穿一条牛头短裤。他能干能吃苦,而且脑瓜子灵活,透着水乡人的灵气,喜欢写写画画,唱唱粤剧,是工地上真正让人心服口服的干部。

做思想政治工作、鼓舞队伍士气,黎子流也是一把好手。大唱"抗美援朝"《英雄赞歌》,正是学习英雄冲出战壕、不怕牺牲的精神,激发围垦战士克服和战胜困难的勇气的一个好办法。黎子流一句一句地教工地文艺宣传队的队员们学会唱《英雄赞歌》,并提议举办了这一场战地文艺演出。

"我们的王成，是毛泽东思想哺育成长的战士，是顶天立地的英雄，是特殊材料制成的人……"

高昂的歌声，激情的朗诵，深深地打动着围垦战士的心。

即将离别中心沟，到佛山地区粮食局任局长的郭瑞昌，抑制不住心中的激动，挥笔写下《大唱英雄赞歌》：

> 英雄赞歌声，响彻排连营。
> 歌颂众英雄，英雄在心中。
> 敢登山下海，踏浪战海风。
> 艰苦环境下，争做新英雄。
> ——郭瑞昌：《横琴岛围垦》（未出版）（2003年3月）

战东堤，固西堤

1972年3月中旬，顺德围垦大军投入1800人参加东堤战斗，另外1000人继续加固西堤，同时备耕抢种。

转战东堤，意味着要到离西堤7公里外的东堤劳作，光是从最近的驻地走到东堤，也要一个多小时。

开辟新驻地，迫在眉睫。

> 根据转战东堤的任务，开辟五塘驻地，新搭和修理茅棚达5000多平方米，新开水井13个（加上原有的77个，共达90个），以保证民工的食宿安全。在施工方面，爆石、取沙都做了妥善的安排，核心组主要领导成员和各营主要干部都亲自到前线指挥战斗，发现问题及时采取措施，力争做到不死一个，不烧一屋，不逃一人。
> ——顺德县围垦工程指挥部：《关于当前围垦工程的情况报告》（佛山市顺德区档案馆馆藏资料，1972年4月4日）

"不死一个"是针对1971年5人牺牲的教训而言；"不烧一屋"是针对驻地茅棚偶尔发生火灾而言；"不逃一人"则是针对中心沟距对面的澳门仅70米，要防止外逃事件发生。

短短 3 个星期，各项工作按计划如期推进，取得了"战东堤、固西堤、备耕抢种"三大"战役"的初步成果：

> 根据毛主席"要抓好典型"的教导，培养和总结了二营开展路线教育的经验，及时召开了现场会议，从而有力地促进了各项工作。战士们起早摸黑，顽强战斗，焕发出冲天的革命干劲。到 4 月 1 日止，东西两堤共完成抛沙 8895 立方米、下石 2365 立方米、运土 7550 立方米，工程进度比原来设想大大加快。
> 在种植方面也做到大挖潜力，周密安排，到 4 月 3 日止，总计种下的作物有菜地 68 亩、旱粮 65 亩、花生 60 亩、水稻 10 亩、甘蔗 25 亩，并贮备柴火达 50 多万斤。做到工具自己带，艇烂自己修，蔬菜自己种，柴火自己打，计划自己掌握，困难自己解决。
> ——顺德县围垦工程指挥部：《关于当前围垦工程的情况报告》（佛山市顺德区档案馆馆藏资料，1972 年 4 月 4 日）

确实是自力更生，艰苦奋斗。这也就是黎子流常常挂在嘴边的一句话："一颗红心两只手，自力更生样样有。"

然而，现实的困难又是实实在在摆在面前的。

东闸水闸出险须抢救，东堤堵口也必须赶在洪水台风到来前完成，否则错过季节将会造成非常被动的局面。

生活上，物资供应困难。在上述报告中还有这样一段："鱼肉因运输问题每月只能一次，变成有时大镬煮，有时吃腐乳，而且商业部门去年办的小食店至今不予复业，民工感到生活单调，所以，一有机会出公差便想方设法抓鸡买狗。"

在报告的第三部分，详细列举了"需请示县委解决的几个问题"：

> 一、由于珠海水闸出现新的情况，我们今年不得不转战东堤，为了两县的团结和保证围垦任务的完成，我们认为这是义不容辞的，但这个任务要完成，却带来新的经济问题。经初步计算，为完成东堤任务，我们必须增加开支 46.2 万元（其中县要负责 12 万元，社、队则

要开支34.2万元)。这笔经费来源何处,希县委指示解决办法或报地区请示。

二、上岛一个多月,战斗已打响,但各战线单位原已表态承担的支援却未付诸行动,如药材店既未筹办也无人过问,电机工、电讯维修人员原定三月中旬来岛却至今没有消息,小食店目前仍关门停业,物资供应运输船未有落实,东方红拖拉机一部也未有着落,等等。这些都亟盼从速解决。

三、战东堤必须利用水情,掌握战机,因此必须要有发电机照明和广播,但据说调机单位诸多条件不愿拨出。

四、原定由交通运输部门设立横琴至顺德乡渡一艘,但目前毫无音讯,民工探家休息无法安排。

五、目前干部对上岛补助标准反映十分强烈,因民工补助标准是9～15元,如按省有关条例,干部到外县而且是上岛应有9～12元补助的规定,但我县财政部门却按甘竹滩(标准)一律处理,只发给6元。他们不体察岛上生活条件,且物资价格均比顺德昂贵。因此,干部补助应照9元办理,不能与甘竹滩一律规定。

另外,干部工资调整问题,原政工组说派人来搞,但目前各地已处理完毕,工地该调整的却未有人过问。

以上问题均如实向县委报告,希能召开有关部门会议,逐件落实解决。

——顺德县围垦工程指挥部:《关于当前围垦工程的情况报告》(佛山市顺德区档案馆馆藏资料,1972年4月4日)

的确,这些都是实实在在的困难。

但困难归困难,任务归任务。该怎么干,就怎么干。

在尽力争取上级和各方支持的同时,顺德围垦将士全力以赴投入到更艰巨的战斗中去。

学先进,比贡献

1971年4月21日至24日,围垦指挥部领导组召开首次扩大会议。

参加会议的有各营党支部全体成员，营部政工组全体干部，各连、排主要领导及辅导员，妇委会成员，团支书等300人。会议用两天时间开展政治学习，用一天时间总结交流经验，用一天时间研究制定东堤堵口方案。围垦指挥部党核心组成员曾文做政治学习辅导报告，围垦指挥部指挥黎子流做工作总结报告，政委谭再胜做关于东堤堵口的发言，党核心组成员梁可珠做关于安全保卫的发言，11个先进集体和个人在会上做了经验介绍。

黎子流在总结报告中说，自3月9日党核心组扩大会议以来，在地、县首长的亲临指示、关怀和鼓舞下，围垦工地出现一个劈风斩浪战东堤、你追我赶拼命干的战斗局面，共完成沙方17000立方米、土方21500立方米、石方3282立方米。

黎子流提出，奋战60天，多、快、好、省地完成围垦首期工程，为"种""建"打下基础，迎接县、社、队三级领导亲临指导的祝捷大会的召开。

会上，树立了5个典型，分别是：四营上村大队"红色娘子军排"、三营在围捕偷渡犯中勇敢战斗的民兵、一营海凌排、五营教导员赖能添、二营黄连排女战士萧凤仙。

领导组专门发出通报，号召全体围垦战士学习他们的先进事迹，迅速掀起学先进比贡献、抓革命促工程的新高潮。

他们的事迹还在《横琴通讯》第二期上刊登。

会议决定，从4月30日开始，采用集中力量打"歼灭战"的办法，用3天的时间堵口断流，用10天的时间加高培厚，力争在6月初完成东堤"战斗"任务。

抢救黄长安

1972年4月23日，四营（均安营）围垦战士黄长安在挖沙中因塌方被巨石压至重伤，生命危殆。

正值围垦工程指挥部领导组首次扩大会议的第三天，而围垦工地上挖沙炸石等工作也同样火热进行。均安公社沙头大队的黄长安在小横琴下村附近挖沙时，被塌方塌下的巨石压伤胸部，鲜血直流，生命垂危。

这是一位年仅20岁、今年新上岛的围垦队员，出身贫农，家中两位哥哥正在部队服役。为了抢救黄长安，横琴大地上演了一曲动人心弦的生命赞歌。

第一时间，围垦工地的医务人员当场对黄长安进行了救护，抢得宝贵的生命之机，随后，马上送回团部医疗室抢救。因大量失血，出现休克，团部决定即送珠海救治。

这边厢，搭载伤员的"顺围机1"船正驶向湾仔，那边厢，围垦指挥部已与驻岛部队取得联系，并经由驻岛部队与珠海县委及有关部门取得联系。

当伤员运抵湾仔，珠海县委已派车候接救护，迅速转入湾仔卫生院输血输氧。当晚9时，伤员被送往香洲医院，解放军168医院派来的外科副主任曹公远已在等候。经会诊，认定为肺裂，需紧急手术救治。

手术于次日一早进行，开刀后发现，其肺左上部破裂6厘米。手术后，成立专门抢救小组，安排特医特护，共输血2200毫升。

术后，病人虽有发烧及化脓，但在医务人员细心护理下，至28日，已能吃饭。不到半个月，病人渐趋恢复。

自始至终，围垦指挥部由军代表李茂基在医院照料一切。

对黄长安的抢救过程，体现了顺德、珠海两县人民和军队之间团结战斗的深厚情谊。在给顺德县委的一份报告中，围垦指挥部党核心小组详细记录下点点滴滴：

> 当伤者到达湾仔时，湾仔公社党委书记、武装部部长亲自开会动员，准备输血。转送香洲后，（珠海）县委书记黄林玉、副书记凌伯棠、县武装部政委等亲临医院，主持开会会诊，下达命令全力抢救。县委常委黄萍同志在医院亲自督战，通宵达旦。珠海卫生战线提出："要血，我们想办法找，要药，我们下令调。"结果，多次派车往中山挑选输血员，不断派人与公社联系调用红霉素等抗菌药品。一连几天，珠海县首长多次亲临病房探望、慰问，医生护士日夜二十四小时值班护理。解放军168医院外科曹副主任到达后，反复会诊，反复研究，彻夜不眠，第二天天一亮就立即动手进行手术抢救。

——顺德县围垦工程指挥部党核心小组：《关于对黄长安同志抢救工作的报告》（佛山市顺德区档案馆馆藏资料，1972年5月9日）

4月28日至29日，顺德围垦工程指挥部党核心组黎子流、曾文和军代表李茂基专程到香洲看望慰问黄长安，接着到珠海县委、香洲医院革委、解放军168医院、湾仔公社党委、卫生院登门感谢，分别致感谢信。

据医生分析，黄长安日后有一定后遗症，可能会形成轻度残疾。于是，当黄长安5月被转回顺德疗养时，围垦指挥部建议由公社或县对其今后的工作和生活做适当安排照顾。

堵口截流

1972年5月4日，东堤堵口截流"战役"打响。

各项准备工作都已做足。东堤预留缺口的现状、水流速度和冲刷情况等等，早已摸清摸透，并进行了详细分析。总结西堤堵口的成功经验，东堤堵口的施工方案也已缜密制定。

仍然是采用人海战术，实干加巧干。集结优势兵力，实行大面积进占实地，莨柴开路，速战速决，先截流，后加固。

困难比起西堤堵口更大了。

此处面向珠江口十字门水道，水流更为湍急，最大流速超过2米/秒，水深达6～7米，潮水汹涌澎湃，险象环生。

小艇无法靠近，机船也难以施展威力。

面对更为恶劣的环境，顺德、珠海近4000名围垦战士团结拼搏，分工合作，联合行动，按预定方案，强行堵口。

首先，抛石垫底。

然后，当石基露出水面时，马上实施"莨柴+大石"方法，施工人员用长竹竿抵住莨柴往水下压去，再用块石压住莨柴。

最后，迅速用泥、沙加高培厚，迫使海水断流。

于是，淤滩砍伐红柳枝（莨柴）、山上炸石、坦地挖泥、海边取沙、海上运沙船穿梭，东堤上更是热火朝天，全力冲刺堵口截流。

经过四天三夜的连续奋战，东堤闸体两边缺口终于被堵住了。

大、小横琴岛终于连在了一起，两条合共 4 公里的大堤将海水挡在堤外，中心沟约 14 平方公里的水域终于围成了。

向大海要粮的目标，近在咫尺。

全体围垦战士喜笑颜开，欢呼胜利，激情满怀。

东堤第一次合龙后，参与东堤堵口截流"战役"的 100 多名珠海上岛民工全部撤走，剩下的工程将由顺德围垦大军独立完成。

二度崩堤

天有不测之风云。

抢运土沙石加固截流堤段的战斗还在紧张进行，胜利的喜悦还未退去，一场暴雨却不期而至。

这一下就是几天几夜。围内水位暴涨，堤外风急浪涌，刚刚合龙、根基不稳的东堤岌岌可危。

由于中心沟被东、西两堤围住，大、小横琴两座岛上的雨水顺势倾泻而下，中心沟的集雨面积达到 32 平方公里（其中，山地占 19 平方公里），围内顿成泽国。

成堤不久、"脚跟"未稳的截流堤段，终于被大水冲垮。

前线指挥部重新部署，动员干部战士重新投入战斗。

经过连续奋战，截流堤段又粗具规模，胜利在望。

然而，此时已进入高潮期——由于潮汐关系，潮水每月有两次大涨大落，每次持续 7～8 天。

祸不单行。一场 6 级以上的大风又正面袭击东堤，卷起近 1 米高的海浪，又一次冲垮了堤坝。

两堵两崩。有人叹息，有人动摇。

当夜，指挥部紧急开会，分析形势。

会上形成共识：问题不是人力不够，不是方法不对，主要是遭遇天灾，大家不能泄气。

黎子流最后总结，在目前情况下，更要满怀信心，以更加坚强的意志和毅力，战胜困难，赢得胜利。

要么不做，要做就要做成。顺德人认准了的事，不成功不罢休。

三堵决口

经过反复动员，重新集结力量，第三次东堤堵口"战役"迅速打响。

这又是一场硬仗。顶着大风大雨，流汗又流血，往往是一天奋战十多个小时。

谢光林在回忆录中写道：

> 经过反复动员，重新集中力量，以更大的决心和勇气投入更为艰巨的战斗中去。就这样，又经过几天奋战，不少干部、群众在堵口段流下宝贵的鲜血（这么大规模搬石堵口，损伤手脚在所难免），不少同志一身汗，一身水，一身泥，每天工作十多个小时，为堵塞决口贡献力量。当堵口截流最关键的时刻，第一个跳下水加茓护堤的是前线指挥部工程组组长陈佬同志；当水流最湍急的时刻，第一个冒着船毁人亡危险驾船冲入缺口的船主是大良水运站职工黄牛同志。广大干部、党员、团员、青年民兵在此次战斗中，个个冲锋在前，不怕牺牲，不怕困难，勇往直前。他们有些人带病坚持工作，有些人轻伤不下火线，表现出高度负责、任劳任怨、积极奉献的精神。可以这样肯定，没有前线指挥部坚强的领导，没有广大围垦战士勇猛战斗的决心和作风，没有干部群众坚韧不拔的斗志和毅力，没有参战人员的牺牲精神，怎么可能靠人力堵住决口呢？经过十多天激烈战斗，抢运近2万立方米土石方，终于获得截流成功。在战斗中涌现出不少可歌可泣的先进集体和模范代表，他们为顺德围垦中心沟事业立下汗马功劳。再回顾过去的历史，我们不能忘记他们的功劳。
>
> ——谢光林：《中心沟围垦回忆录》（未出版）（1999年8月）

回忆录中提到的陈佬，同时也是顺德围垦指挥部党核心小组成员。他平时话不多，但关键时刻总是冲在最前面，以身作则，在工地上很有号召力。

除了陈佬、黄牛，还有不少人、不少事值得铭记：

一营（杏坛）五连女副指导员坚持挑重担，划艇扒泥，不甘人后；

二营（勒流）围垦战士洪顺桥挑沙运石，从不叫苦，任劳任怨；

四营（均安）三连三排女战士一人一艇，风里来浪里去，被称为工地上的"红色娘子军"；

五营（沙滘）小布排排长周英一马当先，冲锋在前，是围垦工地上英姿飒爽的女排长；

五营（沙滘）指导员赖能添吃苦耐劳，干劲十足，被战士们亲切地称为"老黄忠""活愚公"；

……

回忆东堤堵口，数十年以后围垦队员仍然记忆犹新："小艇被风浪打翻，就下水扶正再扒。有一天，曾翻艇100多次。"

1972年5月15日，东堤决口第三次被成功堵住。

后来，在黎子流的诗中有这么两句："二十个昼夜雨淋头，八百公里竞飞舟"，说的就是东堤堵口的事情。

一日三惊魂

1972年6月5日，龙江营遭遇"一日三惊魂"。①

上午8时，龙江营教导员陈胜接报：两名围垦队员扒艇往东堤途中，在中心沟主航道翻沉，生死未卜。

人命关天，素有大将风范的陈胜也甚为着急，马上派人前往出事地点搜寻。结果，发现两名翻艇落水人员已自行游到岸边莨树旁休息，安然无恙，虚惊一场。

中午时分，正在东堤指挥筑堤的陈胜又接报：龙江营部起火，快派人救援！

周围的人听后极为紧张。陈胜也十分着急，他心里清楚得很，驻扎在大横琴岛二井的龙江营部，与东堤相距少说也有10公里，远水哪能救得了近火？不等派人回去，火早就烧光了，派再多人去救也无济于事。

陈胜沉着地安慰大家：相信留家的后勤人员会处理好的，既来之，则

---

① 谢光林回忆录中将该事件的时间写成1972年8月。根据档案资料《关于下半年围垦工作计划的报告》〔顺垦（72）报字第004号〕，应为1972年6月5日。

安之，大家还是集中精神筑堤吧。

话是这么说，陈胜心里也很忐忑，唯有派人速回营部了解情况。

所幸，回报称，是一个工程队的厨房起火，经后勤人员及时扑救，营区安然无恙。又是虚惊一场。

下午5时，陈胜再次接到紧急报告：东堤出现险情，龙江负责的东堤段有100多米突然下沉，最大沉降超过2米！

陈胜此时就在东堤上，他清楚情况的危急：正值大潮期，此时初涨的潮水已可轻松漫过堤面，若到晚上10时左右，潮峰一来，东堤难保，若不抢修，形成决口，将前功尽弃。

龙江营的不少人看着劳动果实轻易被潮水吞噬，已经伤心地流下了眼泪。

不能让潮水有得逞之机！陈胜下令，全营人马加班加点，全力抢修，一定要在大潮峰值到来前修复堤段。

与此同时，陈胜派人向围垦指挥部报告，请求其他营组织突击队支援。

一场与时间赛跑的紧张战斗在高速进行。

天黑了，马灯挂起来，挑灯夜战。泥沙难成型，用草席包住，加固，加高，一刻也不能停。

一直夜战到晚上八九点钟，终于赶在大潮峰值到来前，筑好东堤段沉降的白鹤基。

当陈胜回到驻地，已是子夜时分。一日三惊魂，夜战白鹤基，已把他累得够呛。

处变不惊，指挥若定，足见陈胜的大将之风。

其实，这位与著名的农民起义领袖同名的龙江营领导，还是工地上公认的"酒仙"。大家都知道，他一日三餐无酒不欢，有酒则干劲冲天。前不久的连场暴雨，他放在工棚内的酒坛连同鞋袜被水冲出老远，酒被倒了个精光，害得他晚饭无酒下肚，整个晚上辗转难眠。

水淹万利围

1972年6月，又一场连日暴雨袭击中心沟。

围垦队员一面严密巡查保大堤，一面投入救灾抢险。非常时期，万万麻痹不得。

此时，小横琴万利围已成泽国，山洪倾泻，农艇被冲入宿舍，衣服鞋袜漂浮于床。

在黎子流的笔下，是这样描述的："暴雨惊雷袭，倾泻浸床头"。

黎子流当时就驻扎在万利围内的勒流指挥所营区。一时间，勒流营几十个工程队的厨房炉灶全被淹没，柴草湿透，无法生火煮食。

难不成勒流营700多人就要饿肚子？

炊事员急中生智，想出一个不是办法的办法——

用斗车（俗称鸡公车）作灶，在湿柴上淋上柴油，生火做饭。700多人的"肚子问题"这才得以解决。这在顺德的烹饪史上，恐怕也是绝无仅有。

试种

东堤首期工程初步完成，西堤水闸每天正常开关，"围"的任务基本完成（后续还要继续培高和建防浪墙）。

"种"的任务被摆上了议事日程。

1972年6月15日，围垦指挥部向县委报告，雄心勃勃地提出下半年开始实施"六种""四养""一找"计划。

首先是"六种"：①种水稻，上半年试种了17亩，积累了一定的经验；下半年要求每个战士种水稻1亩，品种以当地的"咸粘"为主。各营下稻种13400斤，秧地面积约100亩，并于6月下旬至7月上旬插秧。②大种杂粮，如番薯等。③种经济作物，如莲藕、茨菰（即慈姑）等。④种蔬菜，每人一分地，以保证食堂供应和部分外销。⑤种水草，充分利用不利于作物生长的咸水地，以增加收入。⑥种树，团部首先带头育苗造林，培育的相思树和柠檬桉生长良好，上山试种的杉树和相思树成活率达70%～90%，要求各营自力更生，种树造林。

其次是"四养"：①养猪，要求每个排每年养4～5头猪。②养"三鸟"，特别是养鸭。③养鱼，利用营区附近的小水田试验养殖，在咸水环境下，非洲鲫生长良好；同时，尝试挖塘进行淡水养殖。④养蜂，根据当地的经验，应该可行。

最后是"一找"，即大找副业，主要目标是筹建县、社中等规模的船队出海捕鱼。

然而，"六种""四养""一找"的计划实施起来却未尽如人意。

据统计，1972年的垦殖面积2000亩，试种水稻1600多亩，因咸害只剩500多亩，收成17万斤稻谷，收入却是一片空白；牲畜、"三鸟"等数量和收入也是一片空白。

究其原因，①"围"的尾巴工程并未完成，尚需投入大量的人力物力；②暴雨台风等恶劣天气频繁光顾，对播种及秧苗、水稻生长都造成影响；③排灌系统未完善，引淡排咸解决不了，咸水环境下水稻难有收成，大多只能是"有得种，没得收"。

看来，"种"的任务没有那么简单。

然而，摆在眼前最迫切的问题，就是"分地问题"。

分地问题

1972年8月7日，佛山地委在广州召开会议，研究中心沟围垦耕地处理问题。

佛山地委孟宪德主持会议，佛山地委张焕新及顺德、珠海两县负责人参加会议。

会议再次明确，中心沟围垦耕地约20000亩，按"三分之二归顺德，三分之一归珠海"分配。

关于耕地的处理意见，会议研究出两个方案：①从五塘起，靠近东堤段（约6000亩）由珠海垦耕，靠近西堤段（约14000亩）由顺德垦耕；同时，顺德、珠海两县一起搞好中心沟后续工程。②珠海县所占的耕地，现能耕多少就耕多少，余下可给顺德县垦耕，待顺德县1973年负责围垦马骝洲海滩时，再从马骝洲耕地中如数给回珠海县（即中心沟的三分之一耕地面积减去大小横琴大队所提要求耕地面积的余数）；珠海县完成原来分工负责的堤段工程任务后，今后中心沟新的垦耕工程任务和管理维修等，均由耕种单位负责。

两个方案，交由两县回去研究、协商，取得共识后再确定采用哪一个方案。

8月15日，珠海县委常委会对方案进行研究。8月19日，珠海县革委会召开各公社（万山、担杆公社除外）革委主任座谈会。会上，珠海县革委会主任王林玉传达了佛山地区召开的珠海、顺德两县座谈会精神，与会人员进行研究，一致同意采用第二个方案。该会议形成了会议纪要，文号为"珠革字（72）第070号"，从中可了解到一些细节：

> 对于分配给我县应占有的约6000亩耕地的安排问题，各公社都把征求贫下中农的意见做了汇报，除湾仔公社的大、小横琴两个大队要地1500亩左右外，其他公社都表示不在中心沟要地。三灶、南水、小林等几个公社都计划在本公社范围内围垦，不远耕到中心沟去。前山、下栅、唐家、香洲等公社都认为暂难组织力量垦耕。因此，除大、小横琴要地1500亩左右外，余下的同意给顺德县耕种，待顺德县今后在马骝洲给回我县耕种时，再把所占面积合理分配给有关社队垦耕。
>
> ——珠海县革命委员会：《关于中心沟耕地处理意见座谈纪要》（珠海市档案馆馆藏资料，1972年8月24日）

座谈纪要还以附表形式明确了珠海各公社在中心沟耕地分配中应占面积数额。（表4-1）

表4-1 珠海各公社在中心沟应占耕地面积

单位	原定上岛人数（人）	应占耕地面积（亩）	备注
香洲	44	220	①耕地分配原则是按原定各公社应上岛人数比例进行分配。②此数是初步方案，暂按总面积6075亩分配的，平均每劳力占5亩。
南水	45	225	
三灶	70	350	
小林	110	550	
前山	301	1505	
唐家	120	600	
流仔	82	410	
南屏	181	905	
下栅	262	1310	

座谈会上，与会人员对耕地处理、工程任务、互利报酬等问题取得一致意见。

当天，珠海县委向佛山地委报告［珠字（72）第032号］，明确提出按第二个方案处理。同时提出，中心沟施工中，曾占用和损坏了大、小横琴队的一部分蚝田，两队要求给回适当的耕地以补偿损失，具体补偿办法建议顺德、珠海两县会同当地共同商定；中心沟围垦工程任务原由珠海负责的堤段，争取于9月底竣工。

"九七会议"

1972年9月7日，珠海、顺德两县围垦工作会议在横琴中心沟正式召开。

随着"围"的工程初步完成、"种"的任务开始实施，与"种"最密切关联的土地问题凸显出来。

两县如何划分中心沟的土地？1972年3月，两县联席会议后因顺德转战东堤而产生的费用等一系列问题如何处置？这些都是摆在两县领导面前亟须解决的问题。

这一天，距佛山地委领导孟宪德在广州召集顺德、珠海两县负责人开座谈会刚好是一个月时间。这也是在佛山地委领导的主持下，两县双方坐下来商议研究解决问题的会议。

珠海参加会议的有凌伯棠、曹玉海、李义芳、莫任、唐炳坤，顺德参加会议的有左德良、黎子流、谭再胜、李拾胜、陈佬、钟立新、严维炽，驻岛部队代表杨副政委也列席会议。

会议主要研究解决：①中心沟围垦工程原珠海县负责地段移交问题；②围垦土地处理问题；③借用珠海工棚问题；④对顺德支援东堤堵口截流时开支的民船租金和粮食补贴问题；⑤荒山绿化的划分问题。

会议最核心的问题就是关于围垦土地的处理。双方商定，中心沟内围垦面积约20000亩，在总面积中划给湾仔公社大、小横琴大队1500亩，其余面积（约18500亩）按珠海三分之一、顺德三分之二划分，因珠海目前难以耕种，其应占有的土地面积由顺德垦殖耕种，待顺德县今后围垦马骝洲后，将珠海所应占的土地面积给回珠海。

会议明确，在中心沟内，除大、小横琴岛原老围范围正常可耕地外，即属围垦面积（包括蚝地、水草、1971年新筑小围），在划给大、小横琴大队面积1500亩中，已包括其围垦所得蚝地、水草地的适当补偿在内；耕地的划分办法，按尽量就地连片原则划分，由中心沟起至山边（向阳村、上下村、红旗村、石山村、三塘、四塘分片）。分地后，水利基建统一规划，按面积受益合理负担。

写成的该会议纪要被称为珠海、顺德两县的"九七会议纪要"，两县围垦指挥部分别盖章。

应该说，"九七会议"与1970年8月"清晖园会议"、1972年8月7日两县负责人座谈会议，其精神是大体一致的，即围成后按珠海占三分之一、顺德占三分之二的比例划分土地。

至于在总面积中划给湾仔公社大、小横琴大队共1500亩土地，也是各方都有共识的。造福世代生活在大、小横琴岛上的当地老百姓，对珠海大、小横琴大队原围垦所得蚝地、水草地做适当补偿，也是理所应当。

由一份档案资料可见，顺德县委领导阎普堆也曾做过指示，从有利于团结出发，两大队对土地的要求提出多少就给多少，愿要哪片就划给哪片。

关于"待顺德县今后围垦马骝洲后给回珠海"，是针对顺德下一步围垦大计，即继续围垦珠江口磨刀门的马骝洲而言的。然而，此事后来并未实现，1975年，正当顺德在紧锣密鼓地做围垦马骝洲前期工作，包括已完成勘测、规划、设计、制定施工方案、成立领导机构、分配围垦任务，县社两级指挥机构人员已上岛就位，大量的杉竹等材料已运抵工地，此时，广东省水电厅指示停止，原因是围垦马骝洲（即洪湾水道）与整治西江主要出海口磨刀门有矛盾。

而这，也为后来的两地双方争议埋下"伏笔"。

石山村会议

1972年9月18日，珠海县湾仔公社、大小横琴大队、顺德围垦指挥部负责人在大横琴石山村召开联席会议，就划给大、小横琴大队土地问题进行研究。

参加会议的有四方面人员：湾仔公社党委常委唐观胜，大、小横琴大队的生产队长，当地驻军代表杨副政委，顺德围垦指挥部黎子流、谭再胜等5人。

由于会前珠海县、湾仔公社并未能与大、小横琴大队统一好思想，会上，大、小横琴大队提出了一系列问题，而这些问题在会议桌上又解决不了，致使会议没能按预定方案做出结论。

大、小横琴大队在会上提出，中心沟围垦前，当地的石山村、上村、下村有大片蚝场，每年收入达6万元，同时，下村和三塘原来有水草数百亩已种下10年，现在这些地也列入围垦面积，等于他们受了损失。两县原本意思是，划给1500亩土地给大、小横琴大队，就包含了补偿损失。但当地村民认为，这些地不是马上有收入，解决不了补偿损失的问题。如果确实要以土地做补偿，那就一律要靠山边的土地，即大横琴要三塘山咀至西堤的靠山露面坦地，小横琴要五塘一带的可耕旱地，而不同意两县提出由山边向水沟直切的方案；如满足不了此条件，就不要地也可以，每年补偿蚝场的损失费。

大、小横琴大队还提出，土地划分后，水利费他们没能力负担。同时，如果顺德要搞水利排灌系统的话，环山沟一律要距旧堤脚（原三塘、五塘等原有小堤）20丈，主要是担心山上积储的淡水流入环山沟后对其土地灌溉没保证。

此外，还有山地划界造林问题，他们提出，划界后一律不准过界砍柴；还有交通保障问题，中心沟围垦后，对两岛到湾仔公社的交通造成不便；等等。

联席会议因此暂时休会。会后，顺德围垦指挥部回去做了研究，认为主要问题还是珠海县、湾仔公社与大、小横琴大队的沟通解释问题，"九七会议"定下划给1500亩土地就已经包含了给大、小横琴大队的补偿。而大、小横琴大队提出只要靠近山边的土地也不现实，首先是剩下深水的靠近中心河地段耕种困难，顺德参与围垦的各公社必定有意见；其次是将来山上淡水都要经过大、小横琴的地段，势必造成矛盾。指挥部意见还是要坚持"九七会议"定下的方案，土地划分要成片划分，每片都是由山边直切延伸到中心沟的中央河道，而不能沿山脚拦脚切断。

此外，水利规划问题必须有一个统一布局，在共同受益的情况下，珠海县也应负担水利经费，不然，既不利于生产，也不合理。

当天，顺德围垦指挥部即向顺德县委报告，提出上述意见，并且提出，在解决当地的土地要求后，应着手解决参与围垦的顺德各公社、大队的分地问题，以免影响冬种和明春的生产计划，希望县委统一组织县、公社的常委领导，尽快到中心沟一起解决顺德围垦土地的"分地问题"。

全面接管东堤

根据"九七会议纪要"的决定，原珠海县负责围垦的堤段，在1972年9月底按标准完成工程尾巴后移交顺德县全面负责。

换言之，东堤加高培厚和东堤水闸改造任务，全都落在顺德围垦大军身上。

虽然自1972年3月中旬起顺德围垦大军就转战东堤，参与到东堤堵口截流和加高培厚中去，但整个东堤已完成的也只是设计工程总量的二分之一。遇到大潮，部分堤段仍有过水现象出现，这样的海堤无法抵挡强风暴雨袭击。

再加上珠海浮运水闸出了事故，水浮箱断裂需处理；原水闸设计的混凝土"人"字门，因为不适应海浪冲击，也需改为提升式闸门。据估算，尚需钢材17.5吨、杉材25立方米、水泥40吨、焊条200公斤，费用预算5万元。

为尽快完成东堤施工任务，顺德围垦指挥部马上部署，在组织技术力量进行东闸水闸改造的同时，要求各营只保留一小部分人马继续加固西堤，而绝大部分力量则转战东堤，并且安营扎寨，食住在婆湾下村，发起东堤加高培厚总攻"战役"。

1972年9月中旬，东堤加高培厚"战役"打响。

增援的大部队到了东堤才知道，这里的环境比起西堤来更加恶劣。

一是风浪更大。五六级的大风、四五米高的大浪极为常见。取土运泥，在西堤是顺风，这里却要逆风航行，倍添艰辛。

二是蚝壳伤人。东堤周围的取土地段多是原来的蚝场，蚝死后壳埋在泥土里，锋利无比。而挖泥取土的围垦队员都是光着脚，经常被蚝壳割伤，血流如注。有些女青年"中招"后就疼得哭出声来。

时隔 40 多年后，在当年杏坛营围垦队员何宝茜的脚底和小腿上，仍能见到被蚝壳割伤留下的切口。当年，她年仅 21 岁。

有围垦队员粗略估计，顺德人在东堤加高培厚"战役"中流的鲜血，起码有几百升。

在恶劣的环境下，顺德围垦大军咬紧牙关，加班加点，力争在枯水期完成东堤加高培厚任务。

东堤加高培厚"战役"一直持续了 3 个多月，期间历经波折，共采挖运送泥砖 10 万立方米、大石 2 万立方米，终于让一条超过 2 公里的大堤屹立在中心沟东端。

按照"九七会议纪要"精神，由于面对澳门，从政治和技术人员配备有利于管好的方面考虑，东堤水闸管理移交延至 10 月底进行。

1972 年 10 月 24 日，珠海、顺德两县围垦工程指挥部正式签订协议，东堤及水闸正式全面移交顺德管理。

1972 年 11 月 11 日，珠海县革委会下发"珠革字（72）第 097 号"《关于撤销珠海县中心沟围垦指挥部的通知》，通知说："根据我县《关于中心沟耕地处理意见座谈纪要》的精神，现决定撤销珠海县中心沟围垦指挥部。"

遭遇龙卷风

正值东堤加高培厚干得热火朝天之时，一场龙卷风前来"砸场"。

参加围垦的队员时隔多年仍印象深刻，面对笔者的采访，他们七嘴八舌地"还原"了现场。

> 当时，中心沟共有 1000 多只小艇运泥运石来来往往，突然从东边刮来一阵狂风。开始大家没太在意，继续干活。哪知道狂风越来越猛，很快就变成了龙卷风。
>
> 这龙卷风好像是专门来跟我们作对似的，在东堤前发威，打了我们一个措手不及，几百只小艇被翻了个底朝天，上千人个个变成"落汤鸡"。

龙卷风持续了十几分钟，好像玩够了，自行撤退。

所幸没有发生人命事故，大家爬起来，满头满脸、全身上下都是泥巴都是水。大家你看我，我看你，都忍不住笑了。

随便洗洗脸，衣服也没得换，就又投入到劳动中去了。

——龙江官田围垦队员（采访实录，2016年10月30日）

一场龙卷风，只是掀翻几百只小艇，没有一人伤亡，也算是万幸。

暴雨也偶尔来袭。围垦队员们清楚地记得，一场从早下到晚的暴雨，使得后勤人员无法外出采购蔬菜，唯有盐水拌饭，勉强充饥。

四度崩堤

1972年11月8日，第20号台风正面袭击了中心沟，东堤受强风暴潮影响，又崩了。

虽然几经加高培厚，但东堤比起西堤来，不仅基础并未夯实，而且没有防浪坡墙保护，在强风暴潮袭击下，显得脆弱不堪。

一夜之间，东堤被冲崩了三个大决口，决口总长约200米。最大的一个宽达34米、深8米。

海潮在中心沟内奔涌呼啸。刚起床的围垦队员们一下傻了眼，不少女青年伤心地哭出声来。

都说"事不过三"，然而，这已经是东堤合龙后第四度崩溃。

这是一次沉重的打击，广大围垦干部、群众都没有思想准备。

连筑堤备用的大石也全都用完了，真是到了"弹尽粮绝"的地步。

"崩堤是暂时的，垦殖是根本。"顺德围垦指挥部党核心组及时召开扩大会议，统一思想，树立信心，重新制定施工方案，部署爆石堵口。

一定组织领导，二定参战人数，三定规模质量，四定完成截流时间。围垦大军上下一心，迅速投入到一场更为艰巨而复杂的堵口复堤"战役"中去。

堵口复堤"战役"

1972年11月中旬，东堤堵口复堤"战役"正式打响。

首先是爆石。此前一年多时间已爆石 7 万多立方米，把附近能爆的石山都爆完了，必须重找石场。经过半天的寻找，终于在三叠泉附近找到一个大石场，解决了材料问题。团营两级加强对爆石队的领导，成立爆石专业组，抽调得力干部专抓，增加爆石人数，日夜作战，做到人停工不停，保证有足够的大石供应。

此处的石头都是花岗岩，异常坚硬。爆石队员全靠双手一锤一钎地凿炮眼，三人一组，抡大锤的两人要十分小心，否则可能砸到握钢钎的手上。

据均安营的爆石队员欧阳平回忆，勒流营的一名队员就在打炮眼时被打爆一根手指头，后来不得不换工种。

其次是分兵作战，联合堵口。第一个决口由均安、沙滘营负责堵截，第二个决口由勒流营的一部分及杏坛营负责堵截，第三个决口由勒流余部和龙江营负责堵截。若力量不足，可报家乡公社党委请求增援。

同时，围垦指挥部还征得县委的同意和支持，要求参加围垦的公社党委第二三把手须亲临横琴中心沟工地坐镇指挥，加强对堵口复堤"战役"的组织领导。

围垦指挥部的工作人员则一律取消休息，全部深入工地一线协助动员组织，与广大围垦战士同吃同住同战斗。

时值霜降节令，风寒水冷。围垦队员每搬运一艇泥、石则汗湿一次身，还经常在刺骨的水里连续浸泡几个小时。

不少围垦队员因此患上风湿等病患，在下半辈子里备受病痛的折磨和煎熬。

东堤堵口复堤"战役"整整持续了 50 天，共抢运沙和土石方近 10 万立方米、茛柴数十万斤。

奔流的潮水终于被"驯服"，又一次向顺德人低下了头。

中心沟首次"分地"

1972 年 11 月 17 日，顺德县委领导、5 个参与围垦的公社党委书记和工地团营两级干部会议召开，确定中心沟第一次土地分配方案。

次日，顺德围垦工程指挥部发布《关于中心沟第一次土地分配的决定》（以下简称《决定》），将土地分配方案公布下发，要求各营按划给地段迅速落实到大队，以利于开展冬种和明春的生产规划。

该《决定》称，中心沟围垦工作经过一年多的艰苦奋斗，目前已基本完成首期工程，经初步测量，围垦面积9813.645亩（即大横琴从西堤至三塘冲，小横琴从西堤至五塘冲，预留沿西堤内侧100米为水利用地）。以最初分派各公社参与围垦的人数合共3200人为准，按平均每人应分面积2.891639亩分到各营，其中，一营（杏坛）参加围垦800人，应分2313.311亩，实分2433.325亩；二营（勒流）参加围垦700人，应分2024.147亩，实分2046.645亩；三营（龙江）参加围垦700人，应分2024.147亩，实分2128.775亩；四营（均安）参加围垦500人，应分1445.82亩，实分1283.625亩；五营（沙滘）参加围垦500人，应分1445.82亩，实分1360.875亩。此外，指挥部20.25亩、三营段原中心沟水位较深的地方140.6亩、中心沟航道水较深的地方200亩、三塘生产队199.55亩暂不分配，本次分地实分面积为9253.245亩。本次分配多或少面积的，在第二次分配时进行相应扣或增来实现平衡。

经过近两年艰苦卓绝的奋战，土地终于"到手"，接下来就是"要粮"了。

早在1971年7月19日，围垦指挥部的一份《关于建立中心沟"顺德县民办农场"》的报告就说，动员社员安家落户，扎根边防进行生产建设，落户人的探亲路费、房屋建设费由国家或集体负责，继续保留社、队给予的伙食补助，继续由国家供应口粮和食油。根据国家政策，对新围垦的土地在5年内免征农业税。

所以，分地后，各营都投入垦殖的新任务中，群策群力，试种试养，以实现"向海要粮"的目标。

年终总结

1972年12月底，围垦指挥部和各营所都进行了年终总结。

其中，顺德围垦民兵团（简称"顺围"）二营（勒流营）的年终总结对东堤堵口截流等记述详尽：

为了使水汪汪、白茫茫的中心沟早日变成良田，珠顺两县集中3000多名民兵，团结战斗筑东堤。两县指挥部在5月4日决定东堤堵口截流战役打响，其中我营出动500多名战士，出动机船2艘、大船民船20多只、小艇110多只参加堵口截流歼灭战。但因堤口深，水流急，石基不断下沉或被冲破，因而连续苦战28天，经过几次缺口、四次断流、五次抢险才胜利完成。两堤筑成后，海水让路，海滩变田成为现实，这在我县我社的历史上，写下了史无前例的跨县围垦胜利的新篇章。

但这次堵口的成功，真是来之不易。有好几次，当我们正在抢运石头来往穿梭于中心沟的时候，突然受到狂风暴雨、大雷的袭击，霎时间，中心沟里波涛汹涌，大、小横琴山欲倒，大雷暴响，山洪暴吼，震山震海。那时，一百米外就不见东西，四面黑沉沉的，连岸边和山影都不见，我们在海中无法辨别方向，战士们都争论起来，指东指西，但扒来扒去总扒不到目的地，有的甚至向反方向扒，有的则打圈儿转，许多小艇被打翻，有的被风打到石边撞烂了，大船也反锚了……我社机船水电一号的吕强仔、黄永象、梁洪基三位同志为了救护集体财产奋不顾身，保证了机船的安全。总之，在28天的战斗中，有19天是遇上风吹浪打雨淋，战士天天全身湿透，受着风雨寒冷的袭击，不少战士没有干衣替换，第二天只好把湿衣穿上继续战斗，特别是我营住地地势低，茅棚又烂透，因而在雨季期间经历了7次水浸茅房，连各排的炉灶都浸没了，战士只好在自己床上叠起炉灶，有的在小艇结炉煮饭吃，有的因没有干柴烧而买饼充饥……

例如，有哪里艰苦哪里闯、处处起模范作用的黄连排干部黄明仔和锦丰排干部吴洪章，战士们称他们是"火车头"；有革命干劲大、战斗魄力强的勒北排干部廖培全和勒南排干部莫虾仔，战士们称他们是"坦克车"；有人老心红、轻伤不下火线的大晚排干部卢叶珠，战士们称他是"硬骨头"；还有带病坚持工作不叫苦、事事以身作则的众涌排干部卢泽林……

——顺德县中心沟围垦指挥部勒流营：《顺围二营一九七二年年终总结报告》（佛山市顺德区档案馆馆藏资料，1972年12月20日）

【历史小插曲】失散兄弟的团圆

围垦的船民黄华到大横琴三塘队避台风。在当地社员家中受到热情接待。聊着聊着，忽然有人说："你同我们村一个人长得真像呀。"黄华一听，说："是吗？我本来有个哥哥，走日本仔①的时候，不知去了哪里。""那人就是走日本仔的时候，跟着大人来的，也姓黄。"大家又说。接着就有人去报信。不一会，把人叫来了。黄华同那人一见，都愣了。世间竟然有这样的事情。他就是黄华20多年前失散的亲哥哥！两人又惊又喜，如在梦中，抱头痛哭。旁边的乡亲邻里无不为之动容，潸然泪下。1943年，顺德有80多万人口。日本鬼子轰炸米市陈村，入侵顺德。顺德人逃荒、饿死、被杀死，失去几十万人。待到1949年中华人民共和国成立，仅剩人口3.8万人。这两兄弟的悲喜剧，是历史典型的一个小故事。

——沈涌：《堵口截流》（见梁景裕等《用青春托起的土地》，人民出版社2005年版）

【历史小插曲】不像领导的领导

1972年12月中旬，县委召开三级干部大会，通知围垦指挥部黎子流、谭再胜两同志到会。他俩经一天车船颠簸，于当天晚上七时到达县委招待所清晖园准备入住一晚。门卫见他们面庞黝黑，须发长长，身披麻袋衣，脚穿解放鞋，背挂草席袋（里面装着咸鱼），拒绝他们入住。无奈，两人只好夜宿同事家。

——谢光林：《中心沟围垦回忆录》（未出版）（1999年8月）

---

① 方言，指日本侵略时，百姓逃难。

【历史小插曲】30 多斤的大海鲈

勒流营副营长廖江宁一次收工时路经东堤水闸,走着走着,他和一个珠海民工的目光同时被闸门夹住的一条大鱼吸引住了。两人不约而同地跳下闸塘抓鱼。顺德人抓鱼头,珠海人抓鱼尾。稍有捉鱼经验的人都懂得,只有捉住鱼的头部才能控制鱼的挣扎。结果,顺德人获胜了。哗,好样的,足有 30 多斤重的一条鲜活大海鲈。当晚,勒流营厨房一片欢腾,所有工作人员都饱餐了一顿美味海鲈。

——何洪生:《再战东堤》(见梁景裕等《用青春托起的土地》,人民出版社 2005 年版)

第五章 垦荒种植

1973年至1979年，顺德围垦大军在中心沟这一片处女地上垦荒种植，将一片淤滩逐渐变成良田。引淡、排咸、挖塘、抬地、兴涵闸、开河渠、建石屋、砌防浪墙固堤，大搞农田水利基本建设，并试种、扩种、养殖等，年产稻谷从1973年的2万斤增加到1979年的30.2万斤，农产品及牲畜丰收，1979年全年经济收入达92万元，实现经济基本自足，在横琴中心沟再现桑基鱼塘、鱼米之乡的顺德"风情画"。

处女地

1973年的春天，横琴中心沟拉开垦荒种植的序幕。

此时的中心沟是一片处女地，水草密布，红树成林。

中心沟属过早围垦滩涂，大部分地面与珠江基面持平，个别较高地段也只在珠江基面0.2米左右，一部分面积则在珠江基面负0.3米以下。

中心沟围内60%被水覆盖着。其地势北高南低。东部淤沙较多，西部则多淤泥，甚至淤泥高过堤围。

相对来说，一营（杏坛）、二营（勒流）的地势较高，三营（龙江）、四营（均安）、五营（沙滘）的地势则较低，处于长期有积水的状况，只有退潮时才会有一小块一小块的地露出水面。

即便是露出水面的土地，也是被海水长期浸泡的咸土、黏土，种粮食也难有收成。

要让淤滩变良田，还有多少工作要做哪！

淤滩清表

1973年春,顺德围垦大军掀起了淤滩清表运动。

清表的主要任务就是割水草,砍伐清除红树林。

然而,这可不是一件轻松的活儿,付出不可谓不大。

水草长期泡在水里,而淤滩上人却站不住,稍有不慎即陷入泥潭,唯有借助农艇。有不熟扒艇的人(如知青),则干脆在烂泥滩涂上趴着蠕动割草。

红树林潮湿积水,有大量的蚊虫滋生,往往一团团如黑色魔鬼般缠绕,蚊叮虫咬无人能免,叮咬起来就是又红又痒起大包。受不了的,就用泥浆抹脸抹身,全副武装防蚊虫,仿佛原始部落里的"丛林战士"。

红树林里还有很多青竹蛇,被蛇咬也是司空见惯的事。对付青竹蛇,就是用竹竿将树一阵乱打,把蛇赶跑。

在浑水烂泥中砍伐树枝、挖除树头,那可不是件容易的事,队员们个个都成了泥人,累得够呛。

中心沟淤滩蚝壳遍布,被蚝壳割过的伤口被咸水浸泡,创口都是黑色的。

经过2个月的奋战,所有计划垦殖的处女地上的杂物都被清除,为种植作物打下了基础。

春耕

1973年3月31日,围垦指挥部党核心组向顺德县委报告春耕情况。

报告称,除了均安公社上岛稍迟外,目前在岛有2482人(含石角咀206人),杏坛、龙江、沙滘还派了常委到工地领导。3月份开展了"学雷锋见行动春耕抗旱立新功"活动。但连续50多天不下雨,堤外水咸,堤内返咸,水利设施未搞,饮水受到威胁,播下秧苗207亩因返咸缺淡水死去143亩,种下的旱地作物也死去部分。采取开沟挖凼、运水上田、从远达2公里处担淡水淋地、掺沙子下种等措施,插下禾田31.15亩,种下各种早熟作物和经济作物(甘蔗、木薯、芋头、花生、香大蕉等)653亩,水草连新带旧插下764亩,莲藕试种27.7亩,并开垦和整好678亩地待种；同时，还建立5个苗圃基地29人的专业队伍，育苗点播395亩。

报告也提出了请示县委解决的四个问题：①中心沟土地分配的问题。经长期协商，大、小横琴的6个小队坚持要山边以下、环山河以上的1500亩左右土地，实质是全得山上淡水，早有收益，威胁着下截5000亩土地的垦殖，并提出原来沟内水草地255亩永远不负担水利费用，要给予适当的经济补偿。②中心沟的商业体制问题。建议办好中心商店，社设代销或生产资料供应点。③化学肥料如何解决应有个出路。1973年论产配肥，县、社均无机动，亦无中心沟计划，建议报告地区、省委每年暂借20万斤化肥。④上岛人员问题。杏坛的龙潭、马齐、高赞，勒流的众涌、勒南，龙江的陈涌、乐观、坦田、世埠，均安的永隆、三华、南浦，沙滘的小布、葛岸、水藤、大罗，共16个生产队缺人较多，特别是小布大队只1人上岛（计划11人）。均安公社1971年、1972年均少来50人以上，工程被动，东堤150多米原缺口险段压力特别大，宿舍搬迁工作量大，所分土地的垦殖、水利进度慢，建议均安派一党委常委来抓一段时间。

春耕的劳动强度、时长也非家乡顺德可比。从谢光林的回忆录中可见一斑：

> 均安指挥所营区在大横琴二井。围垦民工每天清晨早饭后，便手拿工具，肩挑种子，启程翻山越岭，爬上牛角坑，经坑槽下山到牛角嘴，再到新分配的围垦地劳作，慢则一小时，快则半个小时。由于滩涂未固结，所有垦殖人员均在过膝的淤滩上插秧，时间久了，整个人均陷入泥潭中。为争取时间休息，有些战士干脆坐在淤泥滩上。均安地段从山脚到中心河有一公里长，距山脚越远，泥土越软，行动越不便，有时一个来回要花半个多小时。为节约往返营部的时间，他们中午在牛角坑附近就地起炊，中午稍事休息就继续奋战，直至下午四点收工，又翻山越岭，返回营地，冲凉吃饭，开会总结，日复一日，坚持不懈。其他营区民工劳作大体相近，他们每天与泥浆滚打超过七小时，为垦殖试种贡献力量。
>
> ——谢光林：《中心沟围垦回忆录》（未出版）（1999年8月）

固堤

1973年5月,一场浆砌东堤防浪石墙"大会战"打响。

东堤修筑时同步进行外坡抛石,目的是防止海浪冲击破坏。这种乱石护坡设施对于一般的风潮还可以应付,但遇到特大风潮则难以抵挡,护坡石容易被风浪冲走,土堤则危在旦夕。

为长久计,必须建造稳固的浆砌防浪石墙;否则,围内的生产无法保障。

"会战"选在垦殖的间隙,而且必须抢在台风季节到来之前完成。

指挥部成立东堤浆砌防浪石墙工程指挥所,由欧焯、谢光林任正副指挥,冯干辉、张权任技术指导,从北滘建筑队抽调一班砌石师傅担任技术监督,举办浆砌块石学习班。5个营区各选取一个堤段,每个工程队选派2～3名素质较好的民工参加培训,移走乱石、开挖基础、现浇混凝土底板、捣制砂浆、开线放样、浆砌块石等,师傅一一传授,民工边学边做。

参加完培训的民工就成了各工程队的师傅。各营工程队奔赴东堤,由指挥部供给水泥,工具自带,海沙自己搬,包地段,分散作业,任务到队,责任到人。

前线指挥所统一指挥,要求每隔20米开工一段,开工堤段亦控制在20米左右,以此解决场地挤迫问题,便于基础分割。同时规定,未准备足够的水泥和海沙则不得施工,一旦施工要一气呵成,尤其是基础开挖和现浇混凝土底板,不管白天黑夜,务必一天内完成。于是,挑灯夜战场面经常可见。

经过一个多月的奋战,现浇混凝土1000多立方米、浆砌石6000立方米,一条长达2公里、顶部厚度0.5米、高程达珠江基面3.2米的防浪石墙终于在东堤建成,东堤防御风浪袭击的能力大大加强。

有了堤防的安全,围内的生产便有了保障。

大排大灌

防咸始终是中心沟垦区农作物生产的大问题。

首先要把围里的咸水排出去。涨潮时，关闸顶水；退潮时，开闸放水。逐步使得围内滩涂显露在水平面上，使得耕作成为可能。

种植需要淡水灌溉。但刚围起来的中心沟没有排灌系统，怎么办？顺德人的办法就是，采用大排大灌方式解决。

雨季，在西堤开闸进水，将磨刀门外的淡水引进来，大量蓄水。而东堤则开闸排水，将咸水排出去。东堤与西堤的高度相差1米多，利用这个高度差，通过大排大灌，初步解决了排灌问题。

不过，这只是没有办法的办法。为长久计，当然是要在中心沟建设完善的排灌系统。为此，指挥部早制订了工作计划。

1973年早造、晚造

1973年7月10日，围垦指挥部生产组对早造生产等情况进行了统计。（表5–1）

据统计，中心沟上半年早造生产实收获稻谷21190斤（杏坛未收），早熟作物收获9243斤，捕鱼7470斤，养猪99头。

佛山市顺德区档案馆"顺德县围垦工程指挥部"的统计表显示，早造的收成并不理想，稻谷收成只有2万斤多一点，而沙滘营的稻谷收成只有50斤。

1973年12月1日，中心沟早晚两造生产实绩统计完毕，一年的垦殖收成一目了然。（表5–2）

晚造稻谷较早造猛增了50万斤，各类经济作物也各有斩获。在排灌系统未完善、在摸索中起步的首个年度的垦殖生产，多少让人有些安慰。

另据档案资料显示，1973年，勒流营试种水稻、水草、芋头、番薯等20多种农作物，共1400多亩，总产值为54000多元，人均收入达到100元；杏坛营开垦种植1680亩，农副业收入30000多元，人均收入近50元。由于掌握了关键技术，涌现出了一批"高产田"，以杏坛为例，南朗排水稻亩产超过600斤、甘蔗亩产12000斤、上地排番薯最高亩产3000斤、黄麻亩产500斤，新联排在万利坦地的木薯亩产6600斤。（表5–1、表5–2）

表5-1 1973年中心沟围垦区早造生产等情况

公社	上岛人数（人）				早造实收获				1-6月围垦开支经费（元）	目前超期未发工资大队名称、个数	农具待修理（件）	各大队支委任岛当领导队别、人数
	应上岛	现上岛	其中		稻谷（斤）	早熟作物（斤）	捕鱼（斤）	养猪（头）				
			党员	团员								
杏坛	690	663	53	66	—	793	3140	30	—	罗水、新联、龙坛、西登、光华、东村，共7个	92	杏坛、高赞、逢简、龙坛、昌教、南朗，共6人
勒流	592	559	39	59	8000	5230	500	35	32000.00	—	399	龙眼、锦丰、众涌、冲鹤、共4人
龙江	732	597	43	36	8590	—	200	10	6975.91	世埠、南坑、坦田、华海、东海、龙江、西溪，共7个	149	仙塘、东头、乐观、麦朗，共4人
均安	389	306	22	30	4550	220	130	3	2624.45	新华、南浦、沙浦、四皋、凌元、星楼、天连、仓门、新华，共9个	240	—
沙滘	335	309	30	60	50	3000	3500	21	30000.00	大罗、大闸、大墩、沙边、扬教，共5个	500	水行，1人
直属连	161	161	41	34	—	—	—	—	—	—	—	—
合计	2899	2595	228	285	21190	9243	7470	99		28	1350	15

表 5-2　1973年中心沟围垦区早晚两造生产实绩统计

公社	稻谷(斤)	花生(斤)	甘蔗(斤)	芋头(斤)	水草(斤)	木薯(斤)	玉米(斤)	豆类(斤)	番薯(斤)	黄麻(斤)	马蹄(斤)	猪(头)	三鸟(只)	牛(头)	羊(只)
杏坛	63950	50	—	3600	33000	380	60	—	122050	2920	70	17	—	—	—
勒流	105500	5356	23000	42400	123300	5550	300	183	588000	610	—	65	30	13	—
龙江	124200	656	—	13130	40200	23750	—	—	16250	—	—	24	37	—	17
均安	26750	60	500	3150	55450	7000	270	60	45300	—	—	10	120	—	—
沙滘	209650	40	40000	1100	11760	—	590	—	27420	—	—	8	—	4	—
合计	530050	6162	63500	63380	263710	36680	1220	243	799020	3530	70	124	187	17	17

引淡排咸

横琴中心沟东堤围外全属咸水,西堤围外也仅是每年4月至8月有西江洪水可以灌入中心沟内。

此处位于咸淡水交汇处,涨潮水咸,退潮水淡,尤其是每年农历十月至来年三月,降雨量小,西江水量锐减,海水咸度增大,属咸水期,严重影响农作物生长。

故解决引淡排咸问题是沟内种植的重大关键。

在佛山地区水电局工程师蒋洪涛主持下,顺德县水利工程技术人员深入中心沟实地勘测设计,出炉了中心沟垦区水利排灌系统规划报告,引淡排咸系列工程陆续上马。

涵闸与环山河

1973年10月,西堤大、小横琴涵闸正式动工,引淡排咸工程拉开了序幕。

大横琴涵闸位于大横琴山脚与西堤交接处,分2孔,每孔3米。该工程由谢光林负责指挥。

小横琴涵闸位于小横琴山脚与西堤交接处,分2孔,小孔宽3米,大孔宽4.5米。该工程由冯干辉负责指挥。

两座涵闸的工程预算费用共148212元,不包括民工工资。

根据规划设计,这两座涵闸是与大、小横琴环山河配套使用的。

大横琴环山河从大横琴涵闸起至东堤止,沿大横琴山势走向,长7公里、宽18米、深2米,其作用主要是引西堤外的淡水灌溉,同时蓄储大横琴山雨水,遇到暴雨则用做排洪通道。

小横琴环山河从小横琴涵闸起至东堤止,沿小横琴山势走向,长6.5公里、宽15米、深2米,其作用主要是引西堤外的淡水灌溉,同时蓄储小横琴山雨水,遇到暴雨则用做排泄通道。

1973年11月,大、小横琴环山河开挖。根据垦殖生产需要,先完成第一期分配土地河段,即大横琴环山河从大横琴涵闸起至三塘涌止,小横琴环山河从小横琴涵闸起至五塘涌止,长度分别为4.2公里和4公里。该工程采用集中力量打"歼灭战"的办法,仅用1个月时间便顺利完成。

大、小横琴涵闸工程则历时较久。该工程由顺德围垦指挥部负责供应水泥、钢筋、木材等主要建筑材料,各营分别负责开采沙、炸石、挖土、抽水、清渣、装订模板、弯扎钢筋、现浇混凝土、浆砌块石、回填土方等单项工程。经过一个冬春的奋战,工程于1974年4月1日完成。

排灌支渠与中心河

1974年3月,100多条南北走向的排灌支渠开工。

西堤外的淡水及大、小横琴山上的雨水汇入大、小横琴河,经由大、小横琴涵闸,再通过大大小小上百条的排灌渠,才能灌溉中心沟内的土地。

排灌渠位于各大队的土地分界线上,参加围垦的5个公社共有100多个大队,排灌渠就有100多条(两期土地共有200多条排灌渠,总长度超过200公里)。

排灌渠宽约3米、深约1米。相邻的两个大队共用一条排灌渠。

排灌渠与大、小横琴环山河相通,建节制闸控制;排灌渠与中心河也相接,安装水泥浮运闸控制。

中心河长7公里、宽50米、深2.5米,从西堤水闸起至东堤水闸止,其作用是通过东、西堤的浮运闸排水排咸,同时也是主要的水运交通河,是排洪主干通道。

经过50多天的开挖,100多条排灌渠建成了。

节制闸与泄洪河

1974年冬,沙滘涌节制闸和牛角坑节制闸开始兴建。

按照中心沟水利工程规划,大、小横琴环山河与中心河之间,在大横琴那边开挖牛角坑、三塘、石山3条泄洪河,分别称为牛角坑涌、三塘涌、石山涌,每条长约1公里、涌面宽8～12米、深2米;在小横琴那边开挖沙滘、勒流、五塘、下村4条泄洪河,分别称为沙滘涌、勒流涌、五塘涌、下村涌,每条长约0.8公里、涌面宽6～20米、深2米。这7条涌与大、小横琴环山河交界处建节制闸7座,孔宽3.0～4.5米。

鉴于沙滘涌节制闸地理环境复杂，经研究决定采用铰吸式挖泥船带水开挖基础，带水回填沙方，然后塞基抽水，现浇钢筋混凝土水闸底板，再砌块石成型，如此则能避免人工开挖淤泥基础的麻烦，省时省力还省钱。这是围内河涌淤泥滩上建闸的一种创举。该工程于1975年春建成投入使用。

与此同时，中心河、沙滘涌、牛角坑涌、勒流涌等泄洪河工程亦上马，由于这些地段不能塞基抽水，更不能人工开挖，故雇用顺浚2号铰吸式挖泥船施工，工程费用由顺德围垦指挥部申请拨款解决。经过一年努力，上述河涌全部挖成。

至此，中心沟围内，由中心河、环山河、泄洪河、排灌渠及浮运闸、涵闸、节制闸等水利设施组成的水利排灌系统基本建成，灌渠与环山河相接，排渠与中心河相通，排灌分家，环环相扣，达到要灌能灌、要排能排、排灌自如、引淡排咸、降低地下水位的目的，为垦殖增产增收打下基础。

抬地

1974年，中心沟抬地面积达2000多亩。

抬地，即抬高地面。在较低洼的地方坦地上每隔5米左右挖一条沟，宽约2米、深约1米，将挖沟的泥土覆盖在预留的地块上，这样虽然缩小约40%的耕地，但坦地普遍抬高0.5米，使得原来不适合种植经济作物的较低洼坦地风化，从而成为可以种植经济作物的宝地，而新挖的水沟又可以养鱼和种植茨菰、莲藕等水生作物。

这其实是数百年来顺德人的发明创造——桑基鱼塘的活学活用。

围垦指挥部率先发动机关干部、员工在农科站和西堤水利地进行挖塘抬地。政工股、保卫股、生产股、后勤股在完成本职工作之余，以股为单位，实行定任务、定人数、定完成时间，迅速开展抬地竞赛。指挥部高澄柏、欧焯、潘炳、陈冠清、伍子良、黄锦华、曾庆权、余永泉、谢光林、刘沛良、梁晓清等干部及全体员工全部参加挖塘抬地。

在指挥部的引领带动下，勒流、沙滘、杏坛、龙江、均安等指挥所也纷纷行动起来，迅速掀起一场挖塘抬高的热潮。杏坛、勒流、沙滘营"大闹"万利围，龙江、均安营"大战"大横琴山脚坦地。

时值冬季，冷空气频袭，气候干燥寒冷，挖塘抬地人员整天与泥水打交道，湿了干，干了湿，手脚爆坼，仍然忍痛坚持。为节省回驻地吃午饭的时间，干脆就在塘基就餐。

由于尝到挖塘抬地养鱼的甜头，后来各营还雇请铰吸式挖泥船队大挖鱼塘。

经过挖塘抬地，中心沟农作物及水产均年年增产增收，香大蕉、甘蔗、莲藕、"四大家鱼"等亩产可与家乡媲美。

1974年的收成

中心沟围垦成陆后，经过几年的抬地加固，桑基鱼塘的格局渐次形成，经过各种农作物和畜禽的试种试养，虽然还有失败的，但已有收成。

表5-3至表5-6是1974年中心沟围垦区的农副产品收成统计①。

另外，1973年造林1571亩、1974年造林2634亩，合共4205亩。

1975年2月9日，顺德县围垦工程指挥部发出通报，对1974年中心沟农作物高产地进行表扬。要知道，这些收成还是在恶劣的气候条件下取得的。《顺德县围垦工程指挥部工程报告》显示，1974年5月2日，大暴雨冲崩牛角坑桥；6月7日，1974年第5号台风袭击中心沟；6月11日，第6号台风袭击中心沟；10月9日至30日，22天时间面临"三风"（寒露风、21—22日强台风、24日霜降风和台风）、"二水"（10月12日起连续20天时间受淹积水、农历九月水位不高不低的禾虫水）。

建石屋

1974年至1976年，顺德围垦人员自力更生建起了100多座石屋。

从围垦开始到垦殖初期，中心沟所有驻地办公室、宿舍、厨房、食堂、仓库均为简易茅棚，几年过后已经塌了不少，没塌的也破败不堪，遇台风容易被损毁，遇暴雨则屋漏水淹，防火安全也再三敲响警钟。龙江营右滩排的竹棚就曾被烧成灰烬。

改建砖石结构营房，告别破败茅棚，是全体参加围垦人员的心愿。

---

① 参见顺德县围垦工程指挥部：《顺德县围垦工程指挥部工作报告》，佛山市顺德区档案馆馆藏资料，1974年。

表5-3 1974年上半年中心沟围垦区农产品收获表统计

公社	早稻 面积（亩）				花生		豆类		玉米产量（斤）	番薯产量（斤）	瓜类产量（斤）	大香蕉产量（斤）	水草产量（斤）
	已捕	有收获	咸死	产量（斤）	面积（亩）	产量（斤）	面积（亩）	产量（斤）					
杏坛	100	50	50	25000	4.0	200	20.0	2000	—	15000	20000	4000	—
勒流	200	130	70	60000	30.0	6000	18.0	1500	1000	35000	5000	2000	8000
龙江	400	300	100	80000	5.0	—	2.0	200	50	—	1000	100	20000
均安	219	100	119	20000	—	300	63.0	8000	120	—	3630	—	—
沙滘	100	6	94	500	3.0	—	30.0	1070	2500	8000	21000	500	—
农科站	10	10	—	3500	1.3	250	1.5	100	—	—	—	—	—
合计	1029	596	433	189000	43.3	6750	134.5	12870	3670	58000	50630	6600	28000

表5-4 1974年下半年中心沟围垦区各项作物产量及生猪数量统计

公社	垦殖总面积（亩）	晚造禾田（斤）	甘蔗（斤）	薯类（斤）	晚造花生（斤）	豆类（斤）	香大蕉（斤）	瓜类（斤）	芋头（斤）	黄麻（斤）	药材（斤）	水草（斤）	塘鱼（斤）	现有生猪存栏（头）	生猪总饲养量（头）
杏坛	2218.5	1000.0	365.0	400.0	0.5	30.0	10.0	10	33.0	50.0	—	320	—	128	188
勒流	2317.1	378.0	9.0	650.0	105.0	25.0	20.0	20	332.6	52.5	5	700	20	361	413
龙江	1653.8	982.0	2.3	220.0	2.0	20.5	2.0	15	40.0	—	—	370	—	28	54
均安	1425.0	887.0	—	416.0	5.0	25.0	1.0	5	16.0	—	—	60	10	38	43
沙滘	1144.5	818.0	—	161.0	—	7.0	1.0	3	37.0	0.5	—	120	—	61	87
农科站	13.6	8.5	2.2	0.7	1.0	0.7	0.5	—	—	—	—	—	—	27	28
合计	8775.5	4073.5	378.5	1847.7	113.5	108.2	34.5	53	458.6	103.0	5	1570	30	643	813

表 5-5 1974年中心沟围垦区水稻收成统计

指挥所/部	工程队	品种	面积（亩）	早造亩产（斤）	晚造亩产（斤）	备注
杏坛	龙潭工程队	包胎红	1.0	789	—	—
杏坛	南华工程队	珠海2	0.8	—	775	翻秋
勒流	勒北工程队	包胎矮	1.0	—	717	—
龙江	西溪工程队	包胎矮	0.3	—	750	—
龙江	旺岗工程队	包胎矮	3.0	—	657	—
均安	安成工程队	包胎矮	5.0	—	700	—
沙滘	葛岸工程队	包胎矮	1.0	—	620	—
指挥部	农科站	红梅早	0.5	—	555.1	—

表 5-6 1974年中心沟围垦区花生收成统计

指挥所/部	工程队	品种	面积（亩）	春花生亩产（斤）	秋花生亩产（斤）
勒流	东风工程队	—	1.70	—	344
龙江	南坑工程队	—	0.12	—	350
均安	天连工程队	细珠豆	0.40	—	500
指挥部	农科站	油号	0.40	385.2	—

围垦指挥部领导与各公社党委研究决定，充分发挥县属各部门和各公社大队的积极性，自力更生，自筹资金，自己动手建石屋。

指挥部率先行动，争取县财政投资兴建指挥部办公大楼、宿舍、厨房、餐厅、仓库、招待所，规划建房面积2500平方米。除抽调北滘建筑队崔林等几位师傅做技术指导、成立10多人的建房专业队外，其余所有杂工、散工，包括现浇混凝土等重体力活，均由指挥部干部员工义务完成。有时几十名干部员工一天之内要现浇二三百平方米的天面混凝土，从早晨到夜晚连续作战10个多小时，早餐和午餐每人一碗菜粥、两个肉包子，没有任何现金补贴。

各营部石屋工程陆续上马，各大队也纷纷跟随。拆除旧茅棚，兴建新石屋，大家热情高涨。为节约工程资金，各单位除雇请罗定石工打石砖、抽调几位建屋师傅外，发动岛上围垦人员自己动手，爆石、凿石、搬石、挖沙、运沙，除钢筋、水泥、模板、石砖等建筑材料花钱购买外，尽量做到材料不足自己找，散工、杂工自己做，多快好省兴建"安乐窝"。

经过3年的自力更生、艰苦奋斗，共建起100多座石屋，建筑面积达1800多平方米，围垦队员生活居住条件大大改善，面貌焕然一新，"座座石屋遍山沟"成为美好现实，为垦殖生产提供了良好保障。

"先代会"与"三级干部"大会

1975年3月10日，1974年中心沟"农业学大寨"先进单位、先进生产（工作）者代表大会召开。

围垦指挥部指挥高澄柏在大会上做工作报告，对1974年的工作进行了总结：

> 一年来，在固、种、建方面取得了较大跃进。一是固，固两堤，护二闸，整治渗漏阶段400米，浆砌防浪石墙800米，加高培厚两堤土方2000立方米，抛石护坦1000平方米，1974年度共完成土、沙、石290000多立方米。二是建，坚持大搞水、土为中心的农田水利基本建设，开河、挖沟、建闸、筑小围、整治土地，从根本上改变中心沟的生产条件，完成引淡排咸水闸2座，开挖中心河1条长1.5公

里、环山河 2 条长 8 公里、排灌支渠共 83 公里，建小型节制闸 40 座，筑灌区小围 6 条共 18 公里，整治土地 4000 亩，新建石屋宿舍、仓库共 2500 平方米，整治道路 20 多公里。三是种，开荒垦殖 8000 亩，新挖鱼塘 38 亩，植树造林 2600 亩，试种作物 20 多种，养猪 804 头，养羊、鸭一批，收获稻谷 132 万斤，甘蔗 380 万斤，茨类 60 万斤，花生、黄豆 4 万斤，芋头 32 万斤，干水草 50 万斤，总收入达 50 万元，为实现 1975 年垦殖 12000 亩，收入 120 万元，逐步实现经济自给、粮食自给、油肉自给创造了有利条件。

——顺德县围垦工程指挥部：《一九七四年中心沟"农业学大寨"先进单位、先进生产（工作）者代表大会工作报告》（佛山市顺德区档案馆馆藏资料，1975 年 3 月 10 日）

4 月初，顺德县围垦工程指挥部党组召开三级干部（扩大）会议。

围垦指挥部指挥高澄柏在大会上做总结报告，党组成员潘炳传达县三级干部会议和时任顺德县委书记黎子流的讲话精神，副指挥欧焯做《1975 年第一季度工作总结及下季度工作任务》的报告。会议期间，与会人员冒雨现场参观学习沙富工程队早造管理获得丰产的先进经验、指挥部农科站水稻和作物管理的经验，解剖了马齐工程队早稻为什么失败的教训。

会议期间，省委组织部时任副部长郑国雄和顺德县委领导亲临工地现场检查指导，听取了党组和各营支部书记工作汇报，冒着大雨检查工地的工程和生产情况，对当前工作做了指示。

大会决定，号召广大干部、民工学习以下同志的先进事迹：

赖能添同志，是沙滘营支部副书记，被群众称为"我们的好领导"。学习他在艰苦奋斗学大寨中，为革命勇于吃大苦耐大劳，事事以身作则的精神；学习他在平凡的工作岗位上，不为名、不为利、能上能下、从不计较的风格；学习他"一批二干三带头"的作风。

吴玖月同志，是指挥部妇委会副主任、保卫股干部、直属团支部书记，又是回乡社青。学习她顽强刻苦学习的钻劲；学习她几年来不怕打击讽刺，坚持斗争不息的革命精神；学习她"一跟二勤三主动"

的工作作风；学习她不分昼夜地艰苦奋战，为巩固无产阶级专政而积极工作的干劲；学习她身兼数职、勤勤恳恳地工作，连续几年被评为先进，今年又受到县、地、省妇联的通报表扬的先进事迹。

陈日全同志，是海凌工程队队长，被群众称为革命的"老黄牛"，今年61岁。学习他大干苦干、坚持五年流大汗的干劲；学习他身教重于言传，连续几年被评为先进单位、先进个人的先进事迹；学习他人错综复杂的阶级斗争中，带领民工坚定地走社会主义道路，（带领的队伍）近五年无出现一人外逃的经验；学习他敢于大胆试验，第一个打开中心沟垦殖甘蔗试验成功的局面；学习他把党的需要作为自己的志愿，一留再留，坚持五年从不叫苦的革命精神。

何彩虹同志，是勒流营妇女主任、政工、出纳、业余文艺宣传队队长。学习她身兼数职，从不叫苦，五年坚持战斗的干劲；学习她带头宣传毛泽东思想，狠抓意识形态斗争的决心；学习她不怕冷言冷语的打击讽刺，带头实行晚婚晚育；学习她一心为公、拾金不昧的精神。

李明森同志，是南浦工程队队长。学习他年老心红的带头人精神；学习他在短期内下苦功改变工程队的面貌的决心；学习他抓经济领域的斗争，狠斗分光食光集体产品的不良倾向的斗志；学习他努力当好班长，身不离劳动、心不离群众的作风。

梁惠颜同志，是"三八"商店组长。学习她学理论，身在柜台，一尘不染的好作风；学习她敢抓、敢管、敢于向不良思想倾向做斗争的革命精神；学习她提高服务质量、全心全意为人民服务的思想。

——顺德县围垦工程指挥部：《三级干部（扩大）会议的总结报告》（佛山市顺德区档案馆馆藏资料，1975年4月）

随后，全工地掀起了"学先进、赶先进、比贡献"的高潮。

增产增收

1975年7月23日，顺德县围垦工程指挥部党组向县委报告上半年工作情况，工程和生产实现较大幅度的发展。

一是整治东堤防浪墙工程，整治防浪墙长达1970多米，按正3.5米高的标准，花费6万元、6万个工日、1000吨水泥，全堤工程在7月底完成；西堤在去年全堤加高培厚正2.7米高的基础上，今年又继续完成外坡护石和按正3米高的石堤防浪墙，用石1400多立方米，全堤工程在7月底完成。二是建小型节制闸37个、沉箱桩52个。三是加高培厚围内小堤7473米，用土8412立方米。四是开挖环山河580米，共挖土4680立方米。五是建石屋8间，面积1422平方米；新建桥22座。六是春季造林4000多亩，养猪600头。七是开荒垦殖共12762亩，其中，水稻1943亩，花生963亩，黄豆202亩，芋头403亩，甘蔗400亩，水草2546亩，莲藕447亩，茨、麻、药、蕉等356亩，已放养鱼塘68亩、菜地200亩、中造播种1165亩，计划晚造播种3203亩。今年早造和去年早造几项作物同期对比有较大增产，例如，禾田去年早造有收成的596亩，总产189000斤，今年1943亩，总产615000斤；花生去年早造43亩，总产6750斤，今年种963亩，总产208990斤；豆类（黄豆、绿豆）去年种134亩，总产12870斤，今年种205亩，总产16000斤；水草比去年提早3个月有收成，今年已收获开边草650000斤，其中，黄连工程队计划收入开边草80000斤，收入达12000元。同时，出现一批高产田地，如沙富工程队稻谷亩产高达840斤，百丈工程队春植花生亩产高达400斤。其余甘蔗、芋头、中造禾田、莲藕等作物，目前生长良好，丰收在望。

——顺德县围垦工程指挥部：《关于中心沟上半年工作情况的汇报》（佛山市顺德区档案馆馆藏资料，1975年7月23日）

资料显示，1975年，中心沟水稻收成80万斤，甘蔗收成400万斤，水草收成80万斤，全年收入40万元。

1976年至1977年，廖荣初、林鉴松任顺德县围垦工程指挥部正副指挥。由于数年来持续不断的农田水利工程建设发挥功效，这两年的垦殖实现大幅度的增产增收。

1976年，中心沟水稻收成117万斤，较上年增产增收达46%；甘蔗收成888万斤，较上年增产增收达122%；水草收成120万斤，较上年增产增收50%；全年收入67万元，较上年增收达67.5%。

1977年，中心沟水稻收成119万斤，甘蔗收成1000万斤，水草收成182万斤，全年收入82万元，实现持续稳定增长。

1978年年末，周耀光、袁润桓分别接任顺德县围垦工程指挥部正副指挥。根据几年来的实践经验和教训，中心沟选择以甘蔗为主，粮草并举，林（果）、牧、副、渔齐发展的生产方针，提出垦殖万亩甘蔗的规划意见。

这一年，中心沟水稻收成70万斤，较上年减收49万斤；甘蔗收成2100万斤，较上年增产增收1100万斤；水草收成145万斤，较上年减收37万斤；全年收入90万元，较上年增收8万元。

1979年12月，顺德县围垦工程指挥部对1979年中心沟工程生产进行总结：

> 1979年，完成挖塘抬地土方391267立方米，挖塘17个，面积114亩，抬高土地288亩；新架设10千伏高压输电线路12公里，竖水泥杆142条；完成沙方550立方米、石方520立方米、砼（混凝土）160立方米；投放劳动力16350个劳动工日；开支工程费415361元；使用三大材料，水泥65吨、钢材8.5吨、木材40立方米。种植甘蔗面积2700亩，总产11750吨，平均亩产4.35吨，比1978年增收750吨；种植水稻面积380亩，总产302000斤；种植水草面积1890亩，交售给国家干草120万斤，平均亩产634斤，比去年减收25万斤。生猪总饲养量为1960头，平均每人1.6头，上市和自食870头，饲养耕牛、黄牛300头，山羊413头，三鸟、塘鱼数量也有明显的增长。花生、姜、芋收成较好，油、肉、蔬菜实现自给，蔬菜除自给外，还有小部分出口往澳门贸易。全工地经济总收入达928800元，超围垦以来总收入的历史最高水平，实现工地经济基本自给，完成县委今年给我们总收入90万元的光荣任务。
>
> ——顺德县围垦工程指挥部：《1979年中心沟工程生产总结》（佛山市顺德区档案馆馆藏资料，1979年12月23日）

实现经济基本自给,是中心沟围垦史上的一大进步。

1979年,顺德县委提出中心沟减员、保产、增收的要求,中心沟生产人员从2400人缩减为1000人。经过一年的努力,落实党的农村经济政策,健全劳动管理制度,实行"四定一奖"(即定人力、定地段、定产量、定成本、超产奖励)的办法,大队包干到工程队,工程队包干到作业组,层层包干,取得良好成效。如龙江指挥所,1978年,一些落后工程队一年的劳动收成人均只有89元,1979年,落实经济政策实施"四定一奖"后,人均年收入达到550元。又如均安、勒流两个指挥所,任务到组后,人均年收入650~750元,还有超产奖励,在超产部分提成40%~50%作为奖励,极大地调动了人员的积极性。

历年投入与产出

表5-7至表5-10是1971年至1979年中心沟的农田水利工程和生产收成等的统计①。

时代悲歌

横琴中心沟围垦工程是艰苦的,中心沟的自然环境、地形地貌比较特殊,南北夹峙,东西贯通,淤泥如渊,无风三尺浪,所以,珠海本地在成功围垦了平沙、红旗、白藤湖后,因人力、物力不足,导致无法完成中心沟的围垦任务。20世纪50年代至70年代,国内经济困难,国际环境恶劣,中国还处于农耕社会状态。在没有现代机械设备的条件下,顺德举全县之人力、物力,远赴百公里外,用人定胜天的气概,硬是在恶风恶浪中围出一片桑基鱼塘。

但是,横琴中心沟属于边防地区,一尺浅海之隔的澳门高楼林立,霓虹灯如梦如幻。上岛围垦的队员大部分是20岁上下的青年人,在顺德桑基鱼塘的环境中长大,来到荒芜之地,住在雨天漏水像瓜棚的茅草屋,日夜被无数蚊虫叮咬,地上蛇虫鼠蚁乱窜,有的受不了,有的动摇,有30多个小青

---

① 参见顺德县围垦工程指挥部:《围垦工地实力情况统计报告表》,佛山市顺德区档案馆馆藏资料。

表 5-7 1971—1979 年中心沟围垦工程量及效益情况

年份	完成工程量（万立方米）				使用三大材料			使用资金（万元）					使用劳动工日（万个）	围垦面积（亩）	垦殖面积（亩）	垦殖收入（万元）
	土方	石方	沙方	混凝土	水泥（吨）	钢材（吨）	木材（立方米）	合计	其中							
									国家投资	县投资	公社投资	大小队投资				
1971	47.00	3.80	9.30	0.10	1000	100.0	350	231.40	20.0	25.0	18.0	168.40	98.0	—	—	试种
1972	25.60	2.60	3.55	0.02	660	25.0	280	212.00	15.0	25.0	18.0	154.00	90.0	18273	2000	8
1973	22.60	1.00	0.38	0.01	200	15.0	160	220.80	15.0	26.0	17.0	162.80	90.5	18273	3000	25
1974	24.88	0.81	0.14	0.05	656	32.0	160	182.09	12.0	21.0	13.0	136.09	81.3	18273	6000	40
1975	37.19	1.23	0.54	0.12	780	5.0	100	183.20	7.8	16.0	13.0	145.40	91.5	18273	7500	67
1976	77.08	0.85	0.35	0.17	500	15.0	100	208.94	11.0	16.0	10.0	171.94	107.5	18273	8000	80
1977	26.27	0.80	0.21	0.03	1552	41.3	72	213.69	10.0	15.0	14.0	174.69	101.7	18273	8000	90
1978	83.99	0.32	0.12	0.05	520	33.6	227	138.75	5.3	31.6	12.5	89.35	66.6	18273	6689	92
1979	39.13	0.05	0.06	0.02	65	8.5	40	47.50	34.0	4.0	9.5	—	34.2	18273	4670	—
小计	383.74	11.46	14.65	0.57	5933	275.4	1489	1638.37	130.1	179.6	125.0	1203.67	761.3	—	—	402

表5-8 1971—1979年中心沟围垦区历年农产品收成统计

年份	禾田（万斤）	甘蔗（万斤）	水草（万斤）	收入（万元）
1971	—	—	—	—
1972	17.0	—	—	—
1973	45.0	30	20	7
1974	67.0	230	43	25
1975	80.0	400	80	40
1976	117.0	888	120	67
1977	119.0	1000	182	82
1978	70.0	2100	145	90
1979	30.2	2400	120	92

表5-9 1971—1977年中心沟围垦区历年畜禽养殖统计

年份	生猪存栏（头）	牛总数（头）	羊（只）	鸭（只）母	鸭（只）仔	鸡（只）
1971	—	—	—	—	—	—
1972	—	—	—	—	—	—
1973	—	—	—	—	—	—
1974	507	37	36	—	1700	—
1975	351	68	50	410	—	—
1976	1320	80	80	400	625	—
1977	1018	131	181	400	275	739

表 5-10 中心沟围垦工地实力情况统计报告

公社	在岛人数	在岛人员（人）				其中				机动船		船只		
		男	女	党员	团员	复退军人	40岁以上	40岁以下		数量（艘）	功率（匹马力）	民船（艘）	木船 大船（艘）	小艇（只）
杏坛	652	385	267	42	105	6	80	572		1	24	—	6	251
勒流	762	458	304	28	164	2	52	710		1	60	—	—	128
龙江	473	273	200	24	96	4	35	438		1	24	—	—	150
均安	368	257	111	21	43	7	33	335		2	75	—	—	92
沙滘	382	267	115	20	40	4	35	347		1	45	—	—	125
直属单位	215	172	43	49	69	13	44	171		7	166	—	2	7
合计	2852	1812	1040	184	517	35	279	2573		13	399	—	8	759

年哭闹着要回顺德老家。但是围垦队是军队建制，是不容许有逃兵的，所以，狠抓思想工作，表决心、树榜样是刚上岛一个时期的首要任务。

20世纪六七十年代，正是"逃港""逃澳"潮时期。在顺德选派围垦队员时，政审是很严格的，有港澳关系和海外关系的绝对不入选。但是，因承受不了生活艰苦，抵制不了物质享受的诱惑，在顺德参加中心沟围垦的上万名人员中，共有100多人偷渡去了澳门，另有一些人被巡逻的武装民兵截获后速送回顺德。

龙江南坑有一位姓黄的青年，趁运送材料之机藏在机船内，乘夜准备偷渡，被守卫黑沙湾的边防和巡逻民兵发现后，逃向山上藏匿。边防和巡逻民兵守山围捕了几天，偷渡人员饥饿难耐趁夜下山寻找食物被发现而中枪身亡。

据1972年9月5日顺德县战备办公室的报告，当时围垦民兵有2380人，虽然绝大部分有不怕苦、不怕牺牲的革命精神，但面对一水之隔的澳门，有的民兵战士还是经不住诱惑，当年被抓回的偷渡者就有13人，他们随后被开除出民兵队伍，押送回县交专政机关审查处理。此后的几年，偷渡现象一直未杜绝。

珠海、顺德及驻岛部队等各方严密联防，边防军派炮艇日夜驻守十字门，驻岛部队"钢八连"日夜驻守小横琴山脚，"红八连"日夜驻守大横琴山脚，顺德围垦指挥部分别在东堤与大、小横琴山脚交接处设哨所，大、小横琴大队民兵夜间巡逻，从湾仔至大横琴红旗村近20公里海岸线均有布防，形成军民联防布控，打击偷渡行为。

顺德围垦指挥部保卫组加强防范，规定不能单独一人外出作业、到东堤作业要有干部带队、晚10时后安排保卫班人员通宵值班等。保卫班由各村抽派立场坚定的先进分子组成，如官田排保卫班就有23人，值班时一般是二男一女或二女一男，背枪上弹（关保险），穿着水鞋，手持手电筒，每组轮流值守一小时，直到天亮。

思想上，将"港澳风"、资本主义狠狠批臭，用毛泽东思想武装头脑。"×××偷渡在港被刺死弃尸街头""×××偷渡在澳染梅毒无钱医治"等反面典型被大肆批判。当然，正面榜样也层出不穷，如勒流营数年无发现一人外逃，杏坛梁胜潮"小艇被风吹向澳门岸边都不上岸"，龙江黄耀辉"××三次引诱都不去",勒流卢富婵"××煽动都顶住",均安冯海潮"金钱引诱不动摇",杏坛5位民兵抓获3名偷渡者后拒绝对方的金戒指诱惑……这些正面典型的事迹被反复宣扬。

顺德县公安局派驻中心沟的保卫干部廉禧奎、梁可珠、梁冠清、伍子亮、龚连流、黄照兴、阮寿南、曾祥平、梁棉锦等人,花了大量精力用于反偷渡工作。

然而,在严防死守中,仍然阻挡不住先后有上百人偷渡,甚至还出现偷渡时被击毙的极个别案例。

为了刹住垦区的偷渡风潮,除了加强民兵巡逻保卫外,围垦指挥部还开展各种文化活动,以及安排适当的假期休息。

顺德围垦指挥部1976年8月15日《政工工作情况报告》显示,从1974年起举办政治夜校、文化室……每月逢八安排党团生活,每天进行工前学、工前操,逢五逢十开展文化生活。以营为单位,都成立了业余宣传队、各类球队、故事组、宣传报道组、读书小组、创作组,工地电影队每月到各营放映电影4~5晚。基本上每晚都有活动。

围垦队员每年安排3次大休,每次15~18天;每年在岛时间约300天。在岛每月休息1天,除去几十个雨天,每年实际劳动日约250天。除去后勤(岗哨、管理水闸、商业零售,以及种菜、养猪、饭堂)人员,实际参加垦殖人员2200~2300人。

偷渡,是一个社会悲剧。这本是不应发生的悲剧。直到改革开放起锚时,当邓小平来到深圳宝安当年偷渡客偷渡的地方时,不无沉重地指出,这不能怪他们,是我们的政策出了问题。

改革开放经济发展后,"界河"却出现了"回流"——此系后话。

一笔经济账

1978年9月2日,顺德县委报请佛山地委,要求增加中心沟围垦投资。

文号为"顺革发〔1978〕073号"《关于要求增加中心沟围垦投资的报告》反映,顺德干部群众对围垦中心沟意见很大,主要体现在以下三个方面:

一是投资大，负担重。从1970年冬至1977年年底止，围垦中心沟累计投放劳动力6603080个工日，投资总额1450多万元，其中，省、地投资只有90万元，仅占6.2%，而大、小队的投资达到1100多万元，占76%，平均每个农业人口负担32.23元。至1978年9月，工地仍有民工2500多人，仅一年的工资和旅差费的开支就要150万元，平均每个农业人口负担近5元。

二是效益慢，收入少。经过7年的工夫，中心沟虽已造地几千亩，但由于围垦过早，地势低洼，高低差异大，达到珠江基面高程0米至负0.2米的仅有1200亩，负0.3米至负0.4米的有1500亩，其余均在负0.5米以下，有1700亩还在负1.5米以下，暂时不能垦殖。这些新垦土地土质含碱量高，加上水源缺乏，未能充分引淡排咸，因而，各项作物产量不高，质量也不高。例如，甘蔗是"糖"蔗，用来榨糖，但因土地含碱量高，种出的是"咸"蔗，根本榨不出糖。更兼夏秋台风季节，雨量集中，往往造成涝灾。如1975年、1976年两年的八九月份，台风带来暴雨，围外涨潮顶托，围内渍水排不出海，稻田被淹11天之久，造成失收。所以，多年来虽已在部分土地上初步进行种植，但经济收入不多，7年来垦殖收入总共才220万元，仅相当于投资总额的15%。

三是续建工程大，还需大量投资。按目前情况看，要使中心沟在三几年内发挥垦殖效益，还需大量投资进行续建。主要是挖塘、造地，初步规划头三年要挖规格塘200个、1735亩，造标准地3630亩；同时，要架设10千伏高压电网，建成围内低压电动排灌站，完善排灌系统；此外，要兴建必要的交通运输船闸及仓库、民工宿舍等。工程完成后，才可能实现年产甘蔗2万到2.5万吨，塘鱼3400担到3500担的目标。但要实现以上规划，3年内共需再投放劳力142285个工日，工程费285万元，3年民工工资和旅差费450万元。这笔投资，社队确实负担不了。

算过上述这笔经济账，顺德干部群众认为，中心沟围垦工程确属一项不应由顺德搞而被迫搞了，不宜过早搞而又提前搞了的工程。这项工程拖延时间长，开支大，效益慢，收入少，大大地加重了生产队的负担，影响了集体分配，群众埋怨情绪很大。现在进退两难，骑虎难下。

经历过"文革"，在改革开放大潮涌动的前夜，顺德县委及干部群众对中心沟围垦工程有了新的认识。

的确，顺德为中心沟围垦付出了太多太多。

为此，顺德县委经过研究，报请佛山地委，拟采取如下三个办法处理：

一是由佛山地区接收中心沟围垦的全部工程及已造的耕地，今后全由佛山地区经营。7年来，由顺德大、小队投资的1100多万元全部由佛山地区如数退还顺德。

二是或改由佛山地区进行投资，顺德出劳力，3年投资286万元，按原定规划续建，今后全部费用不再由顺德大、小队负担。

三是在上级对上述两项解决办法未有批复之前，顺德只根据中心沟垦殖的收入情况，以自给为原则，留下少数人继续经营，县、社、队不再投资。

1978年12月，中国共产党十一届三中全会召开，中国开始实施改革开放，工作重心转移到经济建设上来。中心沟，也将承担起新的历史使命，踏上新的历史征程。

【历史小插曲】三塘大火

1973年春节前夕，大横琴大队三塘村发生火灾，全村仅有的10多户住房被烧。围垦指挥部接报后，立即组织1000多人的队伍前往救火。事后，又发动捐助，并出动300多人的队伍帮助受灾村民重建家园。经过15天的奋战，终于赶在春节前让灾民住上了新搭建的茅棚。

【历史小插曲】围垦第二代降临

围垦男女队员过的是集体劳动生活，难免日久生情。一天晚上，围垦指挥部保卫干事吴玖月接到电话，说均安营少了两个人，一男一女。吴玖月连忙组织人员查找，结果在后山腰的山坡上找到一个婴儿，身上绑扎着腰带，背上用枕巾垫着，蚂蚁已爬上身。原来，这是围垦第二代首度降生在横琴中心沟。因为母亲长得瘦小，劳动时扎着腰带，有了身孕也没被别人发现。时至今日，这位一出世就接受围垦队员拥抱的围垦第二代，也早已长大成人并拥有了自己幸福的家庭。

【历史小插曲】艰难回家路

　　参加中心沟围垦的干部,一般情况下三个月休假一次,若遇到特殊情况或返顺德公干,则是自己搭车船。那时交通极为不便,从横琴到大良,顺利者要一整天时间,稍有不测,则需时更长。有次返顺德,我们就碰过这样的情况:返顺德的人下半夜二时起床,行路到西堤水闸,乡渡于凌晨四时准时开出,由于大雾迷漫,机船离开码头不久便迷失方向,途中搁浅。为赶渡船凌晨两点起行,却遇乡渡开行不久在外海滩搁浅,那时正值退潮,船上男人脱下外衣,个个下水推船,女的则用竹篙撑船,船开马力,妄想驶回航道,哪知船体越推越难行,花了一个多小时,船身无法挪动半步,无奈,只得等待第二天涨潮。天亮一看,才知道船体向着小横琴山,明白推船费力的道理。按照当地潮汐规律,要等到中午十二点方能有水浮船。那时个个一身泥一身水,肚子又饿。船离岸七八百米,没有无线电通讯,指挥部领导难知船上人员处境。最后决定派谢光林徒步爬到西堤水闸,叫管闸人员煮十多斤米饭(没有菜),用农艇送到乡渡,解决了二十多人的饥饿问题。待到涨潮,乡渡得以继续前进,于下午二时到达湾仔,再去拱北。那时湾仔到拱北没有公路,更没有汽车,只能靠坐自行车,经羊肠小道,过南屏海。到达拱北已是下午四点,再坐从拱北到石岐的班车,直到下午六点多才到石岐,但此时从石岐开往顺德大良的尾班车已开出。结果,唯有在旅店投宿一晚,而客满无床位,就用帆布床在走廊睡,甚是满足。睡到天亮即匆匆到车站购票,直到中午才回到大良。此次回家,从横琴中心沟到大良,足足花了34个小时。

　　——谢光林:《中心沟围垦回忆录》(未出版)(1999年8月)

第六章　征　战　牛　角

1976年秋，牛角坑水库和发电站动工兴建。2000多吨水泥全靠青年突击队员肩扛上山，"实干加巧干"，顺德人解决了许多技术难题。1977年6月，水库和发电站工程竣工。引淡、排涝、发电，中心沟不再是"有得种，没得收"的"伤心沟"；铺设过海电缆，把光明带到了中心沟。牛角坑水库和发电站的建设，为横琴日后成为宜居宜业的城市，甚至为横琴开发日后上升为国家战略，打下了良好的基础。

"伤心沟"

1970年冬，三千顺德儿女奔赴珠海横琴。1971年筑西堤，1972年筑东堤，1973年垦殖试种，1974年扩种……

开始种菜，可三五七天种子全部死掉——不是被蛇虫鼠蟹吃掉，就是被咸水泡死。

种水稻，多瘪谷，亩产低，而且是典型的"咸水稻"。

种番薯杂粮，咸得无法存放。

种甘蔗，粗壮倒粗壮，但不是"甘蔗"，而是"咸蔗"。糖分少，运到神湾糖厂还得先脱盐再产糖，效益太低。

种水草，长势奇好，却只能用作捆绑咸鱼之类的草绳，薄利薄销，是门亏本生意。

据档案资料记载，1973年，只能种晚造水稻1800亩，亩产400斤；1974年，种早造水稻2145亩，却因插秧后缺淡水，有476亩秧苗全部死亡。

"中心沟，有得种，没得收。"辛辛苦苦围起来的中心沟，因为没淡水，变成了"伤心沟"。

牛角坑

中心沟位于咸淡水交汇处，涨潮水咸，退潮水淡。尤其是每年12月至翌年4月属于枯水期，雨量偏少，西江水量锐减，海水咸潮水位高，咸度大，严重影响农作物生长，对水稻早造中后期生长和晚造插秧工作影响尤其大。

早在1972年围固完成后，引淡排咸的任务就摆在顺德人的面前。历尽艰辛，围垦战士在不到两年的时间里，共开挖大、小横琴环山河工程长达8000多米，泄洪河6条，长4500米，排灌支渠51000米，西堤引淡涵闸2座。

但是，淡水来源仍未能满足农业用水的需要。

淡水是生命之源。靠近山边种菜种作物，作物长势喜人，颗粒饱满，香甜可口，就因为有天然淡水——山坑水。

大横琴岛上有个山坑，名叫牛角坑。

顺德人的目光锁定了牛角坑。

牛角坑位于中心沟南面大横琴岛山北侧，东邻三塘，与澳门氹仔、路环岛隔海相望，西邻深井、磨刀门出海口，南接二井，靠大横琴山脉，北接小横琴岛及中心沟垦区。此处属丘陵地区，四面皆山，山沟长达2.87公里，集雨面积达2.9平方公里，仅有两条小山坑出水，水头落差超过60米，是筑水库、建水力发电站的理想之地。

水电站

修建水电站一是防涝，二是发电。

早在1971年1月25日，顺德县革委会围垦工程指挥部就向县革委会生产组提交《关于围海造田中同时兴建牛角坑水力发电站的报告》，提出在围垦的同时兴建牛角坑水力发电站，否则即使围成中心沟，耕地也要受涝，县革委会提出的"当年围垦、当年种植、当年收益"的目标也难达到。但由于筑西堤、东堤工程艰巨以及人力、技术、财力等各方面原因，牛角坑水力发电站工程迟迟未能启动。

1974年7月25日,《牛角坑水库工程设计任务书》由顺德县水利电力局编制完毕,郑智聪同志负责工程设计,黄国显工程师审核并任技术负责人,袁润桓为行政负责人。

按照规划设计,牛角坑水库正常水位为73.4米,相应库容量为147万立方米,主坝浆砌块石重力结构,坝长100米、宽3米、高27.94米;副坝用粗砂、黏土构筑,坝长90米、宽2米、高7.4米;装配水轮发电机组125千瓦,年发电量49万度,可增加灌溉面积2000亩,需用土方1.5万立方米、干砌块石0.2万立方米、浆砌大石1.52万立方米、混凝土1660立方米、水泥2600吨、钢材19吨、木材100立方米、炸药6.6吨,劳动工日13万个,工程费用45万元(不包括劳力工资)。

这是一宗以防洪、灌溉为主,兼顾发电、蓄洪防冲的综合利用工程。设计采用洪水按20年一遇设计,200年一遇校核。工程的主要建筑物包括主坝一座、副坝一座、小型水电站一座。

"二林协议"

然而,牛角坑是珠海县大横琴大队的"地盘",怎么办?

时间来到1976年,时任中心沟围垦指挥部正副指挥的是廖荣初、林鉴松。

这是一对共事多年从没红过脸的"最佳拍档",在实事求是、灵活变通方面,两人更是心有灵犀,配合默契。

异样人有异样的思维——

清有李鸿章"割地求和",为国人所不齿,斥为卖国贼。今我为牛角坑水库大计,为中心沟围垦大计,来个"割地求禾",何如?

两人一商量,一拍即合。

林鉴松当即前往与大横琴大队书记林北添协商。"二林"商定:顺德中心沟围垦指挥部将中心沟东端婆湾地段划拨200亩围垦坦地给红旗村生产队,换取牛角坑水库用地使用权。协议书一式四份,长期有效。

指挥所、突击队

1976年7月1日,牛角坑青年水库电站施工机构成立。

经顺德围垦工程指挥部党组研究,成立牛角坑青年水库电站工程指挥所,负责该项工程的施工指挥和日常工作。

指挥所由林鉴松任指挥,冯干辉、叶鉴龙、伍惠琼任副指挥,成员还包括郭桂友、叶杰洪、梁兆和、何柳全、余炳添、陈汝成、韦应多、吕建平、冯伦胜等,共13人。指挥所下设政工、保卫、后勤三个组。各营相应成立突击队,设队长、副队长,配备政工宣传员、安全保卫员、施工员等,由指挥部授予各营突击队队旗。

随即,指挥所制订施工计划。

工程分两期实施。第一期工程筑坝储水、发电灌溉,装机容量125千瓦,灌溉面积2200亩,主坝浆砌石结构,混凝土隔心墙截渗,坝高10米,副坝暂不必筑,同时,建灌溉涵洞作二井禾田用水,总需工程量为:土方4.67万立方米,炸大石6000立方米,浆砌石5.007万立方米,混凝土833立方米,打2~4厘米石子500立方米、1~2厘米石子110立方米,搬运沙2800立方米,起运水泥700吨、钢材19.1吨、木材27立方米,劳动力工日共6.55万个,工程费用27.627万元,其余还需劈山开路、搭工棚仓库等。

分工

1976年7月9日,牛角坑青年水库电站工程指挥所对施工任务进行分工。

工程采用固定专业队伍与临时突击相结合的办法,实行农忙小搞、农闲大搞的原则。对其中工作量大、时间性强,又能"打人民战争"的分类工程,按比例分配任务到各营指挥所,由各营指挥所负责组织力量在规定的时间内完成。对专业性强的单项工程,则由各营指挥所按比例抽出人员组成专业队伍完成。

其中,将炸备用大石、碎石的任务分配给杏坛、均安两指挥所负责,从7月15日起,连续炸石五个半月,至12月底,每月平均完成石方1250立方米。将主坝两边清基炸截水墙部位和备沙任务及通往二井的灌溉涵洞工程分配给龙江指挥所负责。将主坝的砌石工程任务交由勒流、沙滘两指挥所负责,从7月中旬到10月中旬,主要负责修筑从拦沙坝通往山边的交通道路、修筑压力管至发电厂房的炸石任务,以及主坝东边挖基础土方和清坝基任务;10月中下旬(旱季)转入主坝砌石工程。各指挥所除上述工程任务外,其余起运水泥、木材、钢材和其他杂工则由各指挥所统一分配任务。

动工

1976年7月,牛角坑青年水库电站工程正式动工。

工地前线指挥由林鉴松同志担任,施工组长由冯干辉同志担任,政工组、保卫组、后勤组由顺德围垦指挥部主管该项工作的领导兼任,前线指挥所工作人员食住在工地,以方便联络。

开工当天举行了简短而朴素的誓师仪式。

320名青年突击队员个个精神抖擞,摩拳擦掌。他们都是从各个营抽调出来的精英。

从此,他们开始了日复一日的修水库建电站的工作。

早晨,经过一夜歇息,疲惫的年轻身体又充满了活力,匆匆用过早饭,从各自营部结队往牛角坑赶——过田头,跨河沟,走山路,翻松岭,最远的从营地到牛角坑要走上一个多小时。早上7点,朝阳初露,各路人马齐集牛角坑,由工程施工组的人分派任务。

中午,饥肠辘辘,吃的是"大锅饭"。每人每月的粮食供应量是40斤,难得吃上肉。午饭后,各营就在工地周围的松林里各自"扎寨"小休。

傍晚,拖着疲惫的身躯,分别结队回各自的营部。

晚上,吃完饭,洗个冷水澡,随即投入营部里的政治学习、开会、上夜校中去。时不时,就会有战斗片看,有文艺宣传队的演出,有军民联欢会。碰上没有集体活动,就自娱自乐——拉二胡、写诗、写日记、聊天。晚上9点(夏天则为9:30),按规定必须上床睡觉。

一觉醒来,迎接他们的又是紧张而艰苦的劳动:运沙、挖土方、炸石、砌石、现浇混凝土、爆石清渣、浆砌大石。

他们中很大一部分(约占四成)是女青年,但干起活来却没有男女分工的不同,再苦再累的活儿,女的一样干。

他们是青年突击队,条件再差,劳动再苦,身体再累,都咬紧牙关挺着。

肩扛水泥上山

工程需用2000多吨水泥，这些水泥千里迢迢从顺德水泥厂调运到中心沟拦沙坝——还好，有船可通过水路运输；然而，如何将这么大量的水泥从拦沙坝运到山上的牛角坑水库工地？

"刀仔锯大树！"①

顺德人有的是艰苦奋斗、白手兴家的勇气和能力。发动群众，化整为零，青年突击队员们硬是用肩膀、用双手，将2000多吨的水泥一包包扛上山去——即使是直线距离也超过2公里，何况还是崎岖的上山路。

背着100斤重的水泥，每天爬10多公里的山路上山。而这样扛着百斤重的水泥爬山每天要完成6趟。

6包水泥，每天的死任务。

也有硬朗的后生，硬是一个上午干完一天的活，下午躺在松树底下睡大觉。

也曾试过用拖拉机运水泥上山，走"之"字路，然而，山陡路险车无力，一次顶多也就运10包。

最终，还是得靠青年突击队员们的肩膀。

给山插上"门闩"

顺德全无修水库建电站的经验与实践，修水库建电站困难重重。

首先是筑主坝。想起来容易：只需在山坑出水处截流修坝即可。然而做起来却难：坝的两端，西面是石山，东面是土山，主坝如何与它们接合？

这的确是技术上的一道大难题。

然而，顺德人是聪明的，顺德人有的是智慧：将两端凿开，将坝基伸进石山、土山里面，让左右两山包住坝基——如同关上两座山大门，再插上一道坚固的门闩！

第一道技术大难题就这样迎刃而解。

---

① 即"蚂蚁搬家"的意思。

凿石引水

修水库建水电站必须要保证落差，落差不足则发不了电。为此，必须要在半山腰人工"凿石引水"。

说起来容易，做起来难。那石，可都是坚硬如铁的花岗岩岩石，却硬是让顺德儿女们一钎钎、一锤锤地凿低下去；实在不行了，就采用爆破炸石。

而无论是凿石还是炸石，都是十分危险的。山体陡峭，处理基础地段狭窄，一不小心就会滚下山去。最可怕的，则是碰上"哑炮"或别的意外。

沙滘营的何湛星遇到的不是哑炮而是脾气火爆的"急炮"。刚点着，导火索"兹兹兹"三下两下就烧完了，一声巨响，何湛星被一股巨浪掀翻在地，背部被炸伤，幸好，并无生命危险。

就是在这种情况下，顺德人硬是把石基凿低、炸低了2米。

防渗漏夹心墙

防渗漏，这是横在顺德人面前的又一道难题。

这回，顺德人的妙计是：筑一道"防渗漏夹心墙"。

夹心墙宽0.5米，用混凝土浇灌。夹心墙的两边都是砌石。

就这样，主坝防渗漏的问题让顺德人轻松"搞掂"了。

副坝则全部采用土方。大量的土方，全是青年突击队员们在附近山上一锄锄、一锹锹挖起来，一挑挑担到副坝上，一堆堆地夯实，最终筑起10多米的土坝。为防止海浪冲刷，又在迎水坡处浇上了混凝土。

人力卷扬机

要将水库里的水引到山下的水轮机发电，就要用到水压管。这些电站压力水管采用钢丝混凝土预制管道，成品从江门开平订购，总长度有170多米，每条重量超过1吨。

如何将这些笨重的管道运上山安装？要知道，稍有疏忽，就会发生管损人伤的事故。

实践出真知。早在修建甘竹滩水电站时，顺德人就发明了一个土办法，称为滚筒式"人力卷扬机"，上下借力，事半功倍。廖荣初总指挥等人是甘竹滩工程的亲历者、过来人，这回在牛角坑，林鉴松、冯干辉等人也来个如法炮制，用这土办法安全顺利地将压力水管运上山去；否则，在这坡陡山险的牛角坑，用人力三天也抬不上一根水管。

给电线杆穿上"鞋子"

顺德人巧妙多多，计策多多。

架设高压线电线杆相对于修建水库电站来说本不是件难事，可是在中心沟却又成为一道难题。由于千百年来的淤积，中心沟根本竖不起一根电线杆子。平时在中心沟用竹篙撑艇，只稍稍用力，整支竹篙都陷入淤泥里，更别说要竖起用混凝土制成的笨重的电线杆。

水电局一众工程师束手无策。

小小难题难不倒顺德人，聪明能干的顺德人用"裹足穿鞋"的办法"搞掂"了它：每根电线杆子底部用木框固定，加大底部的受力面，就像给"脚"穿上四四方方的"鞋子"，难题即刻迎刃而解。

这也就有了林鉴松副指挥在《参加中心沟牛角坑水电站建设有感》中的一句诗："架线立杆裹足固"。

实干加巧干，顺德人的成功之道。

铺设电缆

1977年年底，牛角坑水库电站与珠江电网联网。由顺德、珠海负责线路的架设，由佛山供电公司铺设过海电缆。

铺设电缆时，驻岛部队与围垦战士共1000多人出动。围垦战士顶着冷风在山上挖沟，挖得像战壕一样。

1000多人托举着粗粗的电缆，在瑟瑟风中站立长达四个半小时，却仍谈笑风生，高唱革命歌曲。

电缆从大横琴接到小横琴，采用举火通讯的方式，形成一条长长的火龙，火光映照着一张张年轻的脸庞。

1976年开工，至1977年年底，先后架设高压线路25.5公里、低压线路 20.1 公里，使牛角坑电站的电力分别输送到有关单位和东、西两座水闸。

光明来到中心沟

经过长达一年艰苦卓绝的奋战，牛角坑水电站第一期工程任务胜利完成（第二期主、副坝加高工程于 1977 年冬开工，1978 年春全面完成规划设计的各项任务，至此，牛角坑水电站宣告建成）。

用上自己发的电，这个日子成了中心沟建设者们的节日。

告别了千百年来岛上无电灯的历史，横琴岛上一片沸腾。

再不会黑灯瞎火，再不用点煤油灯，各营所有住房都用上了电灯，一片光明。

再不愁万亩新田无水灌溉，再无惧中心沟变"伤心沟"。大海出平湖，甘霖润心田。

抑制不住心头的激动，人们尽情地在灯光球场赛篮球、赛诗、开联欢晚会。

连小横琴岛上红旗村的村民们也欢天喜地：想不到顺围用上了电也没忘记我们，顺围的电我们也有得用，而且还不收一分钱。

包括"钢八连""红九连"在内的驻岛部队官兵也大赞："顺德公，了不起！"

然而，最感欣慰的，还是那些修建水库电站的青年突击队员们。

历史不会忘记，是他们，用火红的青春和辛勤的汗水，建起了牛角坑水电站。

他们，就是那光明的使者。

牛角坑水电站原定的名字就叫"青年水库电站"。

余音缭绕

时光流逝，数十年过去了，如今，我们已很难查找到那些青年突击队员们曾经闪光的名字。

他们，成了无名英雄。

再请看牛角坑水电站工程组组长冯干辉的经历吧：1973 年 6 月上岛，

一般人是3年一换，他却是为牛角坑水电站一待10年；1982年回到原单位南顺围第二联围工程管理所，1983年再上岛；1984年回来，1987年第三次上岛，任中南虾场开发区经理，直至1990年回顺德。

牛角坑水库成为顺德唯一的一宗水库工程。

1985年8月17日，广东省水利电力厅（简称"水电厅"）在给顺德县人民政府的《关于顺德县中心沟围垦农场归属问题的批复》（粤水电计字〔1985〕128号）中明确："大横琴乡牛角坑山地建有水库（蓄水面积二百亩）及水电站（装机容量一百二十五千瓦）各一座……根据'谁建、谁管、谁有、谁受益'的有关政策规定，经请示省政府，同意你县管理中心沟农场，在与当地划清边界范围的基础上，上述工程的经营管理权归属你县所有。"

1987年11月18日，广东省国土资源厅（简称"国土厅"）在《关于确定顺德县中心沟垦区与横琴乡土地界线的会议纪要》（粤国土字〔1987〕180号）第三点中明确："关于牛角坑水库电站用地范围：库区最高水位（即珠江基面正86.5米）以下，属顺德围垦指挥部管理使用；以上，属横琴乡管理使用。库区以下的引水渠、上山公路及其之间范围的土地由顺德围垦指挥部管理使用。"

由于历史原因，牛角坑水库电站工程兴建时未能按有关规程、规范进行地形测量、地质勘探及设计计算，故建成后在发挥防洪灌溉和发电等巨大功效的同时，也存在长期带病运行、屡现险情的情况，主坝渗漏较严重，曾多次被警告为"架在横琴岛人民头上的一把刀"。

1997年8月，顺德市水电局组织力量对牛角坑水库的安全进行全面的技术鉴定和设计复核，随后专题报顺德市人民政府立项处理。

2004年5月，牛角坑水库加固工程竣工。

如今，牛角坑水库和水电站仍然发挥着功用，并为横琴成为宜居宜业城市提供重要支撑。

最后，以修建牛角坑水库电站两位亲历者当年的诗词作结该篇章——

建牛角坑水电站
（调寄蝶恋花·粤韵）

何祖文

七月出兵征牛角，
劈山蓄湖要把青龙缚。
坑水山边比号角，
雄师挥戈斗顽石。
十万工日来投建，
千年睡牛定要把力献。
水坝起歌机响曲，
繁星闪跃从天落。

参加中心沟牛角坑水电站建设有感

林鉴松

围垦战士斗志高，"四化"征途绘宏图。
劈山开渠银河落，建坝筑堤出平湖。
架线立杆裹足固，水轮机动灭荒芜。
红灯绿艇传捷报，神将天兵伏波涛。

第七章 经营开发

随着党的十一届三中全会的召开,中国步入改革开放的新时代。顺德中心沟围垦大部队渐次撤回,中心沟进入经营开发阶段。

从小额贸易,到承包经营;从粗放养殖,到良种基地;从中外合资养虾场,到经济开发区;从权属纷争,到合作开发;从两市携手,到大计落空……

中心沟的开发经营,一幕戏份十足的"大戏",折射出中国20世纪八九十年代社会发展的斑斑足迹。

1970年至1980年,顺德横琴中心沟围垦指挥部的工作任务是由顺德县委、县政府直接安排和领导的,指挥部的领导成员由县委从县属单位中临时抽调干部组成。1983年,顺德县委、县政府授权县农村工作委员会(简称"农委"),把管理围垦区指挥部的任务交由县农委直接负责,指挥部的领导成员由农口线内安排。为了适应形势发展的需要,1986年6月,进一步成立了固定编制的正局级机构——顺德县中心沟围垦管理区,下设四个分公司,开发农业生产新项目。

据《顺德县中心沟围垦十九年来档案全宗说明》,1970年至1988年顺德中心沟围垦指挥部主要领导成员名单见表7-1。

表7-1　1970年至1988年顺德中心沟围垦指挥部主要领导成员名单

1970年	郭瑞昌、黎子流、谭再胜、陈佬、李拾胜、梁华、梁可珠
1971年	郭瑞昌、黎子流、谭再胜、陈佬、李拾胜、梁华、梁可珠
1972年	黎子流、谭再胜、陈佬、李拾胜、曾文、梁可珠

续表 7-1

1973年	黎子流、谭再胜、陈佬、李拾胜、潘炳、陈冠清
1974年	高澄柏、欧焯、潘炳、李拾胜、陈冠清、张翔
1975年	高澄柏、欧焯、潘炳、张翔、黄照兴
1976年	廖荣初、林鉴松、张驹、黄照兴
1977年	廖荣初、林鉴松、张驹、黄照兴
1978年	廖荣初、林鉴松、张驹、潘佐、黄照兴
1979年	周耀光、袁润桓、潘佐、黄照兴
1980年	周耀光、袁润桓、潘佐、黄照兴
1981年	戴青、麦文、严灿
1982年	麦文、严灿
1983年	麦文、严灿、容志强、梁棉锦
1984年	麦文、容志强、梁棉锦
1985年	冯维学、梁思桓、黄照兴、欧阳效根、梁棉锦
1986年	冯维学、梁思桓、黄照兴、欧阳效根、梁棉锦
1987年	郭祥源、伍于永、李自力、梁棉锦
1988年	郭祥源、伍于永、李自力、梁棉锦

大幕拉开

1978年春天，安徽省凤阳小岗生产大队恢复包产到户，在土地公有制基础上实行农村家庭联产承包制，包用工、包费用、包产量的负责制，把农民的责、权、利结合起来，推动中国的农业发展。

1978年12月18日至22日，中共十一届三中全会召开，拨乱反正，将工作重心由阶级斗争转移到经济建设上来，开启了改革开放的新时代。

1979年，珠海撤县建市。1980年8月，珠海与深圳、汕头、厦门同时成为中国经济特区。自此，珠海拉开了大发展的序幕，从广东南部一个默默无闻、经济落后的边陲小县，即将发展成为一个现代化的滨海城市。

珠海横琴中心沟也在中国经济改革大潮中进入一个新的阶段。

1980年9月，中央各省区市第一书记座谈会后形成了会议纪要《关于进一步加强和完善农业生产责任的几个问题》，肯定了包产到户是"联系群众，发展生产，解决温饱问题的一种必要的措施"。自此，全国农村开始推行包产到户，并随着农村经济体制改革的深入发展，逐步演变为包干到户的形式。

20世纪80年代，顺德实施农村经济改革，在农村实行家庭联产承包责任制。改革大潮涌动，中心沟亦不可避免地受到新体制的冲击。对于参加围垦的公社、大队、小队来说，中心沟围垦越来越成为经济上的"大包袱"。以1977年、1978年为例，中心沟每年亏损数十万元。为此，中心沟上岛民工逐渐减少。继1979年只剩下约1000人之后，1982年上岛民工只剩下563人，昔日热闹的中心沟渐渐沉寂下来。

但是，中心沟的经营开发也渐渐拉开了帷幕。

小额贸易

1979年，广东省革委会下发"粤革发（79）21号"文件，恢复宝安、珠海边境小额贸易。

该文同意，珠海的前山、南屏、湾仔、唐家、三灶、香洲等毗邻澳门的边境社队，集体生产的农副产品和海蚝业社队的海淡产品，在完成国家收购、派购任务后，可由县外贸公司代为出口，交由我驻港澳贸易机构指定的客户经营，所得外汇60%交国家，40%留归社队，用于进口生产资料和生活必需品。

文件列明，珠海县的河鲜杂鱼（指白鸽鱼、禾虫等）、土药材（指山金橘子等）、小杂豆（指红豆、绿豆、眉豆等）、草皮、禾草、禾草灰、盆花、塘泥列入边境小额贸易范围。文件还允许过境耕作的农民、渔蚝民可以运回在港澳捡拾的废旧汽车零件、轮胎、钢材、电线、塑料等物资，海关按规定予以免税。

1979年4月24日和5月25日，顺德县革委会两次报请佛山地区革委会，要求将中心沟纳入边境小额贸易区的范围。

顺德县革委会称，中心沟新垦区养殖河鲜杂鱼面积近1000亩，塘鱼年产600担，农副产品一向没有国家上调任务，但中心沟每年产10000多吨甘蔗和150000斤水草全部交售给国家。近两年来，围垦建设虽有发展，但每年仍亏损几十万元。为使中心沟早日实现经济自给，根据省文件精神，并经征询珠海市委领导意见，要求将中心沟纳入边境小额贸易区范围，中心沟自产的河鲜杂鱼、岭南小水果、盆景等农副土特产品，将根据南光公司及有关部门具体安排，经湾仔口岸对澳门出口。

1979年6月4日，佛山地区革委会报请广东省革委会，要求将中心沟纳入边境小额贸易区的范围。

经省批复同意后，自1979年至1981年，中心沟自产塘鱼、牛、羊等均有配额运销澳门。

然而，自1982年起，珠海取消了中心沟自产鲩、鲮、鳙、鲢"四大家鱼"和牛、羊的出口配额，只允许少量的河鲜杂鱼运销澳门。

中心沟自产的水产农副产品不能运销澳门，珠海本地市场又消化不了，以致出现价平难沽的现象，更有甚者出现了要把中心沟的塘鱼运回盛产塘鱼的顺德销售的情况，极大地挫伤了生产者的积极性。

这期间出现的市场阻力，导致前几年已挖好的2200亩鱼塘不得不暂停堵口放养。

按20世纪80年代初的政策，出口配额多寡直接影响地方创汇能力。而在珠海范围内的顺德县中心沟围垦区出口的产品占用了珠海特区的出口配额，创汇与提留却是顺德县的，这样，珠海与顺德在出口配额方面的矛盾就显现出来。

1984年8月1日，顺德围垦指挥部与顺德桂洲水利会签订协议文件，围垦指挥部负责办理一切出口手续，安排每月1万市斤鲫鱼、鲤鱼、福寿鱼的配额，而生鱼、塘鲺、虾等每天不受限额出口。指挥部负责把桂洲水利会的河鲜杂鱼运到澳门，如果桂洲水利会需要进口物资，指挥部还负责报给珠海市有关部门获取进口批准文件。出口的塘鱼从顺德运到中心沟的鱼塘放养一段时间，然后由中心沟围垦指挥部负责运销澳门市场。

出口配额制衍生出的一个问题是出多报少。1984年4月25日顺德县中心沟围垦指挥部提交给珠海湾仔海关的自查报告显示，中心沟各单位报关出口河鲜杂鱼合计55673.9公斤，实际出口62282.2公斤，差额6608.3公斤。

1985年，当中心沟成为广东省良种引进隔离试验场，准备成立良种引进服务公司时，出口配额问题又一次凸显。

1985年4月16日，顺德县农委报请广东省农委，要求有关部门批准中心沟自产的"四大家鱼"和牛、羊的出口配额。

顺德县农委报称，目前中心沟有鱼塘面积2800亩，现有养殖面积1100亩（有1500亩待堵口放养），年产塘鱼33万斤以上（平均亩产300斤）；有牧草地1700多亩，可年产肉用牛、羊3000多头。为提高种养业生产的经济效益，增加外汇收入，促进生产的进一步发展，有助于引进培育良种，特提请有关部门批准中心沟自产的"四大家鱼"每天配额出口300公斤（按一年350天计），每月配额出口肉牛100头、肉羊50头。

4月27日，时任中共广东省委常委、省委农村工作部部长兼省农委主任、党组书记的凌伯棠亲笔批示："中心沟地处大小横琴地界在珠海范围，但开发和管理2万多亩土地属顺德所管，这是历史形成的事实。配额出口可由省直接配给中心沟，不经珠海。过去有配额，现应恢复。"同一天，这位当年提议由顺德与珠海合作围垦中心沟，熟悉中心沟历史的省委领导再次亲笔批示："中心沟自产的产品，给予一定的配额出口澳门是必要的。具体数额和有关手续由农委外经办与有关部门联系和批复。"

自此，中心沟外贸出口的配额之争，似乎有望得到圆满解决。

天灾

1982年5月28日至29日，中心沟垦区受到暴雨袭击。

横琴岛地处珠江口西岸，处于亚热带季风带，多雷雨天气，台风季节常有台风正面登陆。中心沟地势低洼，处于海平面以下，遇上暴雨天气，中心沟就会全区被淹，海水倒灌。

5月的这场暴雨，25小时降雨量是687毫米，中心沟水位从28日8点的负0.3米，上升到29日10点的正0.6米，一天之内上涨了0.9米。

中心沟围垦区的基塘高程大多是零位，这场暴雨让中心沟普遍淹没在0.3米的水中，鱼塘全部漫顶，塘中养的鱼都被冲走。

灾后经初步统计，全区放养的580亩鱼塘全部漫顶，损失成鱼和鱼种达到 96000 多斤；已种植的 1757 亩甘蔗全部被淹，其中，404 亩被淹死。另外，死亡大小山羊 58 只、生猪 4 头、鸡 120 只。受灾损失折算金额达 21 万元。

其实，中心沟几乎每年都会有天灾。仅举数例：

1983 年 9 月 9 日，台风暴潮，西堤外坡遭受严重破坏。

1987 年 4 月 5 日，中心沟 3 天暴雨量达到 868 毫米，所有鱼塘漫顶走鱼，耕地水深 1 米，顺德群众辛勤耕作的收成希望顿成泡影。

1989 年 8 月，强台风袭击中心沟，暴潮水位创 2.52 米历史新高。11 级以上风力加上巨浪，将东堤打出一个长达 80 多米的大缺口，几千亩优质鱼塘、虾塘过面，损失惨重。

1993 年 8 月 17 日，南海第十六号特大强台风袭击中心沟，最大风力超 12 级，暴潮水位达到珠基 3.2 米，东堤外 6 公里掀起 3 米巨浪，造成东堤有近 2 公里长的堤段崩塌，中心沟所有水产养殖场投放的优质鱼、虾、蟹全部失收。

承包经营

1983 年 6 月 7 日，顺德中心沟围垦指挥部团部经营承包开标，中心沟垦区经营体制进入承包经营阶段。

根据顺德县委、县政府的指示，凡县团部经营单位都要改革成为"集体承包，经理负责，固定上缴，浮动工资"的管理责任制。6 月 7 日，顺德县人民政府农林水利办公室组织召开了农口线开标承包会议。会议由县农办陈植新、容志强主持，到会参加投标的农口线代表有：水产畜牧局吴孔盛，水电局冯维学，农林局岑世玉，围垦指挥部麦文、严灿、赖潮好、罗祖旺等共 9 人。

会议首先讨论了承包合同书，具体补充了大宗农机具维修费用的处理，明确了按总收入 2% 的金额作为业务费用列作成本支出。

投标采用"暗标明加"的办法，实行价高者得。开标结果是，水产畜牧局出价 3.8 万元（每年），围垦指挥部职工赖潮好、罗祖旺两人联合出价 4.28 万元（每年），最终由赖潮好、罗祖旺中标获得承包经营权。

承包合同主要从四个方面进行约定。

一是承包范围及权益。乙方（承包方）承包的经营范围是：属县团指挥部所有的1座电站、2座水闸、3艘机船、3辆汽车、42亩鱼塘、100多亩土地的生产收益。承包的年限是一定两年，两年不变，每年除上缴中标价金额外，还要完成外汇指标6万元港币。合同约定，乙方在当年完成上缴任务之后，再扣除行政费用、经营生产成本和没有直接参加承包生产人员的基本工资外，余下则是超额利润，按三七分成，即三成交给甲方（顺德中心沟围垦工程指挥部）作围垦的农田水利基建专用，其余七成作浮动工资分配。合同还约定，如发生不可抗击的自然灾害或其他政策性变动等因素而导致减产减收的，甲方通过实地调查研究，视其实际情况酌情减免乙方的包干上缴任务或做适当补贴；在歉收年份，其生产人员的工资，乙方应设法保持基本水平，最低也不少于基本工资的八成。

二是固定资产及债权的处置。团部现有的大宗设备和农机具（包括丰田12座面包车1辆、丰田5座面包车1辆、丰田工具车1辆、40匹铁壳船1艘、120匹木船1艘、80匹水泥船1艘、25匹艇尾机1艘、手扶拖拉机1辆、摩托车2辆、50匹发电机1台、4.5匹电动机1台、水泵1台、72匹和工农型柴油机各1台），根据完好率，折实价值114300元，按照尚可使用年限计算，乙方每年应缴交20700元给甲方，作为农机具的折旧费用。团部现有的猪、牛、羊、三鸟、鱼苗、种子、农药、肥料等畜禽和生产资料，仓库、厂房、楼宇、宿舍等建筑物及家具、电器等用品，清点登记后交由乙方使用，承包合同期满后如数交还给甲方。库存的现金暂作无息贷款给乙方使用，在承包的第二年归还。原来团部的债权债务与新承包者无关。

三是工程设施和管理。事关全围垦生产的堤围、水闸、水库、电站等水利设施，乙方要按原来的设置专人负责管好用好，并确保安全生产。乙方每年要制订农田水利基本建设的维修和基建计划，交给上级主管部门审核后，由乙方负责实施，其工程费用及材料由甲方负责供给解决。对上级下拨给围垦区进行农田基建的资金和材料，由甲方统一掌握安排使用，乙方代为保管，并要接受甲方的检查监督，农田基建的财物一定要做到专款专用，专材专用，确保工程计划按时、按质、按量完成。

四是经营方针及体制。坚持原来体制不变，原团部所有的土地、资产、设备仍属县地方所有，乙方应充分利用这些生产资料，因地制宜，挖掘潜力，大力发展多种经营，走农工商综合发展道路，不断提高经济效益。对于进出口小额贸易，要继续搞好，一切进出口的物资必须严格履行报关审批手续。乙方在组织领导方面实行经理负责制，经理担负行政和经济责任，有人事任免权、土地种植安排权、产品处理权、经济开支审批权。现有的围垦国家干部，原则上由甲方组织他们返回原单位工作，乙方需留用的干部可会同甲方到其主管单位协商解决，留用的国家干部的工资、奖金、补贴及办公费用概由乙方负责。乙方中如有国家干部参加承包者，则采取保职停薪的办法处置。甲方派出的行政人员，工资由原单位发放，另由乙方负责发给上岛补贴和办公费用。乙方承包后的生产人员，原则上在现有的职工、人员中进行挑选留足，并征得其本人同意，其余人员则返回原单位、原地区工作或生产。

1983年10月20日，顺德县人民政府农林水利办公室向省水电厅围垦科、佛山地区围垦公司提交了《关于中心沟垦区承包后的责任划分问题的报告》。

报告称，根据县领导指示和县农办党组决定，仍然保留县围垦指挥部的设置，其主要任务有五项：①负责指挥部中心沟全围的生产行政领导工作，具体管方针、管政策、管思想，指挥部本身及人员不直接进行经营；②切实管好养好中心沟的水电设施，确保全围人口及生产安全和各项设施正常运转；③抓好思想教育工作，加强边境小额贸易的管理，防止走私和违反边境管理条例的事件发生；④主动和当地党、政、军、财、农等有关部门联系，沟通好进出口和生产的各项环节，与当地搞好关系；⑤支持承包单位的工作，进一步搞活围垦经济，稳定和巩固围垦阵地。为加强领导，围垦指挥部指挥由县农办副主任容志强兼任，副指挥由严灿担任，党组成员由容志强、严灿、冯干辉、梁棉锦共4人组成。

团部实施承包经营后，营部及其他驻中心沟单位也相继实施承包经营。

粗放养殖

1983年至1986年，中心沟实施破堤建闸进行粗放养殖。

中心沟有近4000亩土地长期受水浸泡，龙江耕作区因地制宜，曾规划大西湖近千亩水地试验种植莲藕。中心沟产的莲藕质量一流，但因水中有大量的蟛蜞，在藕苗刚冒头时就来蚕食，导致种藕效益不高。

多年的种植经验和教训让顺德人明白，用传统技术种植，无论是水稻还是莲藕、水草等，都不是中心沟的出路。必须扬长避短，充分发挥围垦土地的效益，在种植经济作物的同时，也要发展水产养殖。

受台山人水产养殖的启发，中心沟开始实施破闸引潮，进行粗放养殖。

具体做法是，将受浸土地规划连片，用抓斗挖泥船挖泥筑基，将其围合起来，然后在其附近的东堤或西堤段破堤建闸，利用闸门控制，涨潮时进水，退潮时排水。由于堤外大片海滩有丰富的野生鱼、虾、蟹种及微生物，它们会随着潮水流入围内，并在围内自然繁殖生长，长大后，又会随着退潮流出，此时在水闸下网捕捉，收获甚丰。

这种粗放养殖的做法成本低，效益大，资金回笼快。

由于要在堤上建闸，牵涉堤围安全和基建资金投入，需要各方配合、优势互补，故有些地块采用联营开发模式。

以龙江耕作区的"西湖"养殖区为例。1986年4月1日，顺德围垦指挥部与龙江指挥所签订合作养殖沙虾的协议，由龙江指挥所提供其所辖基水面积1090亩（俗称"西湖"，其中水面面积700亩）作为沙虾养殖区，由围垦指挥部投资建闸和开发，并全权负责管理养殖，合作年限10年。合作养殖区内所生产的沙虾和各种鱼类等产品，全部由围垦指挥部根据市场价格和需求情况决定出口外销或内销。在成本和利润分成方面，生产成本、各项费用开支均由围垦指挥部负责；利润实行按总产值双方占比分成的办法：从投产之日起，第一至第二年按8.5∶1.5分成，第三至第五年按8∶2分成，第六至第十年按7.5∶2.5分成。

又如东堤"六百亩"水地，由广东省水电厅投资，围垦指挥部管理，利润按五五分成。

其余则按每亩每年租金5～10元的标准承包给个体户（协议规定租金逐年递增10%），由他们集资经营。而水闸设计由顺德县水电局负责审定，工程建设则由专业施工队承建。

从 1983 年至 1986 年，中心沟东、西二堤共建堤闸 6 座，总孔宽 22 米，共建成新发、利光、联生、六百亩、大西湖等 5 个粗放养殖场，总面积达 3900 多亩，取得较好的收益。

良种基地

1985 年 3 月 28 日，广东省农委做出规划，将中心沟纳入广东省引进动植物良种隔离区。

省农委在规划汇报材料中称，为贯彻省委、省政府〔1985〕7 号文件《关于成立广东省良种引进服务公司的决定》精神，将在珠海市辖的淇澳、横琴（包括其间中心沟）两个岛建设引进动植物良种隔离区。通过兴办试验农场，引进国外良种、良畜进行试种、试养、隔离观察，将确有把握的动植物优良品种向内地推广；同时，将试种试养的优质产品在国际市场进行试探性销售，为改革内地动植物品种结构，将产品打入港澳和国际市场做出贡献。

为此，省政府决定成立广东省良种引进服务公司，为处级建制，属事业单位，所需基建、事业经费和外汇指标列入省的计划；公司下设 3 个隔离试验场，即淇澳、中心沟、大小横琴，属县科级建制，分别由珠海、顺德主办。省公司统一管理 3 个试验场的良种和试验产品的内销和出口，顺德中心沟按原 5 个耕作区，分别作为水产、林木、畜牧、水果、花卉等良种引进种养试验推广基地。

省委、省政府决定，省驻港澳公司及其他驻外单位给予引进帮助，委托香港兆春公司以及广东省外办、省侨办等涉外单位，通过各种手段、各种渠道，千方百计引进适合我国种养的良种进岛试验，省农口有关厅、局分别对有关试验区对口包干进行指导，或合股经营，对试验成功的品种，负责向内地推广。

随后，经广东省人民政府"粤办函〔1985〕145 号"文批准，中心沟正式作为引进外国动植物良种的隔离试验场。

关于在中心沟建设良种引进隔离试验场，顺德县农委和围垦指挥部早就将工作做在前面。县农委主任卢桂泉、围垦指挥部指挥冯维学等人四处奔走，联络协商，努力促成此事。

1985年3月29日,顺德县农委向省农委送交《关于中心沟良种引进隔离试验场引进项目、数量和建设投资的报告》。

报告称,中心沟围垦面积达19000多亩,可利用面积13500多亩,现有可耕面积8850多亩,其中,鱼塘3300亩(含已开挖未堵口1500亩),蔗地1900亩,牧草地1700亩,水草1300亩,蕉、菜等杂地650亩,分属乐从、勒流、龙江、杏坛、均安等5个经济作物区管理经营。根据引进品种对土地条件和自然环境要求的不同,选择淡水水源充足、排灌方便的均安耕作区,划出600亩面积作为水产的引进繁育试养区;勒流、龙江、杏坛等3个耕作区土地连片平整,多属塘基,水位适中,淋灌用水方便,从中划出900亩土地作为香蕉、花卉、蔬菜、林木和其他水果的引进隔离试育区,其中连片香蕉园500亩;乐从耕作区现有牧草地1000多亩,宜作为畜牧的引进隔离饲养观察区。

根据顺德县农委的规划,将从港澳地区和国外引进鱼类等水产、畜牧家禽、花卉、水果、蔬菜、林木等良种,共需外汇103.5882万美元,折合人民币319.0543万元;对引进良种的隔离、繁育和试种试养所必需的配套设施等,共需投入人民币227.5万元。

为抢抓机遇,顺德县农委制订了一个良种引进计划(表7-2至表7-7)[①]。

表7-2 鱼类等水产引进计划

品种名称	产地	单位	规格	单价(美元)	数量	金额(美元)
加州鲈鱼	美国	条	成鱼1市斤	36	1000	36000
加州鲈鱼	美国	条	鱼苗	1	10000	10000
台湾白鲳鱼	中国台湾	条	成鱼1市斤	36	1000	36000
珍珠立鱼	中国台湾	条	0.2市斤	1	5000	5000
日本锦鲤	日本	条	0.2市斤	2.5	2000	5000
合计						92000

---

① 参见《关于中心沟良种引进隔离示范场引进项目、数量和建设投资规划的报告》,佛山市顺德区档案馆馆藏资料,1985年3月29日。

表7-3 畜牧家禽引进计划

品种名称	产地	单位	规格	单价（美元）	数量	金额（美元）
西德长毛兔	西德	只	—	250	1000	250000
泰国狄斯白猪	泰国	只	—	230	500	115000
美国皇鸽	美国	只	—	100	1000	100000
英国樱桃谷鸭	英国	只	—	4	2000	8000
合计						473000

表7-4 花卉引进计划

品种名称	产地	单位	规格	单价（美元）	数量	金额（美元）
杜鹃	比利时	棵	—	4	20000	80000
毛杜鹃	日本	棵	—	2	30000	60000
梅花茶	中国台湾	棵	—	3	2000	6000
玫曲茶花	中国台湾	棵	—	3	1000	3000
粉陆角茶花	中国台湾	棵	—	3	2000	6000
阴生性观叶植物	中国台湾	棵	—	0.5	100000	50000
合计						205000

表7-5 林木引进计划

品种名称	产地	单位	规格	单价（美元）	数量	金额（美元）
垂榕	东南亚	株	—	2	2000	4000
黑板树	泰国	株	—	2	3000	6000
琴叶树	东南亚	株	—	2	3000	6000
黄金榕	东南亚	株	—	2	3000	6000
榕面青	东南亚	株	—	2	3000	6000
南洋杉	东南亚	株	高1米	4	20000	80000
蛇木	东南亚	株	—	2	1000	2000
棍棒椰子	东南亚	株	—	2	1000	2000
大王椰子	东南亚	株	—	4	1000	4000
南洋杉种子	东南亚	斤	—	40	100	4000
合计						120000

表 7-6　水果引进计划

品种名称	产地	单位	规格	单价（美元）	数量	金额（美元）
香蕉	中国台湾	株	—	1	78000	78000
泰国芒果种子	泰国	斤	—	6	500	3000
泰国杨桃	泰国	株	—	1	10000	10000
合计						91000

表 7-7　蔬菜引进计划

品种名称	产地	单位	规格	单价（美元）	数量	金额（美元）
质良成功一号椰菜种	日本	罐	1 磅装*	3.82	1000	3820
高农牌黄苗平头椰菜种	日本	罐	1 磅装	3.82	1000	3820
藤田五寸红萝卜种	日本	罐	2/3 磅装	5.14	500	2570
藤田黄苗头椰菜种	日本	罐	1 磅装	3.82	1000	3820
翠秋甘蓝（椰菜）种	日本	罐	1/4 磅装	10.28	500	5140
椰菜种	荷兰	罐	1/4 磅装	3.50	500	1750
尼加拉椰菜种	美国	罐	1/2 磅装	7.19	200	1438
尼加拉番茄种	美国	罐	1/2 磅装	7.19	500	3595
尼加拉大圆椒	美国	罐	1 磅装	12.33	500	6165
太阳牌圆椒	美国	罐	1 磅装	7.19	200	1438
太阳牌黑籽西生菜种	美国	罐	1 磅装	6.17	100	617

续表7-7

品种名称	产地	单位	规格	单价（美元）	数量	金额（美元）
新红宝杂交一代西瓜种	中国台湾	市斤	4市两装	36.97	200	7394
金钟冠龙杂交一代西瓜种	中国台湾	市斤	4市两装	40.10	50	2005
泰国飞机牌蜜宝西瓜种	泰国	罐	1磅装	3.62	1000	3620
软夹白花兰豆种	美国	公斤	—	1.03	1500	1545
"爱多收"植物生长激素	日本	瓶	20毫升装	0.46	10000	4600
太阳牌两条商标金笋	美国	罐	1磅装	3.09	500	1545
合计						54882

注：* 1磅≈0.454千克。

1985年7月11日，顺德县农委报请广东省农委，要求解决对中心沟自产产品出口配额和引进良种的审批权限与审批手续等政策问题。由此可知，自当年4月底省委常委、省农委主任凌伯棠批示后，中心沟外贸出口的配额之争尚未得到圆满解决。

1985年10月，广东省良种引进服务公司与顺德县良种引进服务公司签订合作经营协议。

协议明确双方当前合作经营的5个项目：①养殖沙虾、优质鱼面积700亩，于1985年11月进行开发整治，1986年4月投产养殖，产品主要供出口外销；②引进孵化、培育美国加州鲈鱼和台湾白鲳鱼，目前先建一个中型水泥孵化池，并规划40亩鱼塘培育鱼苗和养殖成鱼，向内地和港澳市场提供种苗和成鱼；③引进饲养良种白鸽，年内饲养2000对，以后根据实际情况逐步增加饲养量，按饲养需要建设饲养场，向内地提供种鸽和供出口外销；④引进种植良种香蕉500亩，向内地提供蕉苗，香蕉果供出口外销；⑤在顺德大良镇联合开办引进良种展销部，经营销售引进之动植物良种及其附属设备、材料等，为了便于展销，决定在大良设立一个展销示范场。

双方确定合作年限是15年。按照上述5个合作项目，商定所需投资比例按省、县"六四"分担，省公司负责投资60%，经营所需外汇额度由省公司全部负担，按国家其时外汇牌价结算。人民币由双方按投资比例配套。对关系到全中心沟受益的水利设施、码头、道路等建设投资，不作为合作经营项目的投资。

协议明确，凡合作项目和中心沟自有产品之出口手续，以及需要引进之良种及其附属设施、饲料等的进口手续，由省公司全权负责办理；而合作项目的实施管理，经双方协商后由县公司全权具体负责。

自此，外贸出口配额和产品出口手续问题也就迎刃而解。

1985年12月28日，顺德县农委批转围垦指挥部《关于中心沟的机构设置和各项管理制度的报告》，同意报告中提出的关于机构设置和管理制度的意见。

围垦指挥部在报告中称，中心沟经多年的建设和经营，已逐步具备了自给能力，并经省人民政府批准成为良种引进基地。为此，中心沟今后的主要任务有三方面：①利用地处珠海特区、毗邻澳门的有利条件，根据港澳和国际市场的需求，积极发展种养业，提供农畜产品出口，并通过合法手续经营边境小额贸易；②按照省农委和省良种引进服务公司的要求，积极做好良种引进隔离试验工作，负责对引进动植物良种的隔离检疫、试种试养，为全省和全国各地提供良种服务，并把试种试养产品运销出口，探测港澳和国际市场，同时，依据条件和可能，逐步兴办一些农副产品加工业，实践贸工农型生产体系；③根据良种隔离试验场和发展种养业的需要，坚持进行必要的农田水利和生产、生活设施基本建设，以及做好各项设施的维修保养工作。

关于机构设置，报告明确，在县农委的直接领导下，围垦指挥部和顺德县良种引进服务公司（包括隔离试验场）实行统一领导，一套班子、两块招牌，分户设账，统一核算，统一管理，对外各司其职。

围垦指挥部既是中心沟的行政管理机构，又是具体管理生产、业务的职能单位,党内设立党组,行政设立正副指挥,党组成员分工负责。指挥部的主要工作任务是:①抓好思想政治工作,管好方针政策,加强边境小额贸易管理,防止走私贩私等违反边境管理条例的事件发生;②协调好各生产营(区)的相互关系,疏通各种渠道,统一掌握出口农畜产品和进口物资的配额分配和运输,积极开展进出口小额贸易;③根据发展的需要,有计划地抓好农田水利和生产、生活设施的基本建设和各项设施的维修保养工作。

顺德县良种引进服务公司是顺德县农委直接领导下的事业单位、企业性质的经济实体,业务受省良种引进服务公司的直接指导,行政、人事、财务在县农委直接领导下,与围垦指挥部合起来统一管理。公司设经理1人(由县委派到省公司任副经理的同志担任)、副经理2人,实行经理负责制。公司设引进、联络、财务、生产技术和门市展销五个组,直接管理经营隔离试验场的生产业务。下设鱼塘养殖场、畜牧场、花卉林果蔬菜场,各场设正副场长,展销部设主任,每个场配备专业技术人员若干人,负责技术指导和具体管理工作。

同时,顺德围垦指挥部、顺德县良种引进服务公司还制定了各项管理制度。

一、经营贸易和土地管理办法

中心沟的小额贸易、土地管理统一由指挥部掌握,代理各生产营(区)办理小额贸易和物资进出口事项,适当收取管理费用,留成外汇比例分成。

1. 运输费,按进出口小额贸易物资(包括动植物良种及其附属生产资料)总值收取5%,进出口物资的其他费用则由买方支付。

2. 管理费,与各生产营(区)和有关单位合营进口或代理进口物资(包括动植物良种及其附属生产资料),按进口物资总值收取20%(包括上缴省良种引进服务公司管理费和动植物进关检验费用)。

3. 水利费,按现耕基水面积,每亩每年暂收1元,作为水利设施的维修保养费用。

4. 凡租用指挥部船只到湾仔,每一航次收费50元,如需航行往返顺德或其他地方的，则另定收费标准。

5. 出口农畜产品的留成外汇三七分成（提高外汇留成比例后实行），即指挥部占30%，提供产品出口的生产营（区）占70%，合作经营项目外汇留成各占50%。

6. 土地统一由指挥部管理，从1986年1月1日起，凡各生产营（区）出租所管辖的鱼塘、基地、河涌，需经指挥部同意批准，由指挥部统一对外签约。如出租生荒地（含鱼塘），按收入租金总额上缴30%给指挥部作为调节和整理土地之用。

7. 指挥部的良种隔离试验场如需要租用各营（区）的现耕土地，或联合经营所需租用土地，租用期10～15年为限，实行以年付租办法。其中，鱼塘每亩每年租金70～100元，蔗、杂地每亩每年50～70元，或经双方商定，采取按产值或利润比例分成（租金列入当年成本）。

8. 横琴医院从1986年1月开始，采取指挥部（含县良种引进服务公司）和各生产营（区）合作联办，费用开支指挥部、生产营（区）各占50%，需用的外汇开支由生产营（区）负责。

二、引进良种和合作经营原则

为有利于良种引进推广和合作经营，定出如下经营原则：

1. 指挥部、县良种引进服务公司对引进动植物良种和其他进口物资，要实行有计划的以销定进，不进无计划（或无把握）销售的动植物良种和其他物资。

2. 凡需引进的项目品种要先订计划，并经指挥部、县良种引进服务公司的领导成员集体讨论决定后，方能上报县农委和省良种引进服务公司。

3. 各有关单位委托顺德县良种引进服务公司代引进的动植物良种及其他附属生产资料，必须把代引进的品种、规格、数量和接受价书面列报县良种引进服务公司，经双方协商，然后以合约形式定下来，委托方要按代引进所需金额预付定金30%，顺德县良种引进服务公司报省公司，到货后委托方5天付清货款方能提货，如逾期不付清货款和不提货，委托方要负责支付仓租和货款的银行利息。

4. 指挥部与生产营（区）和有关单位合作经营项目，其投资总额可各占50%，盈亏也各占50%，采用5~7年摊销计入成本。省良种引进服务公司与顺德县良种引进服务公司联合经营的项目有蔗场、鱼苗场、鸽场、虾场，按总投资额省公司占60%、县公司占40%，亏损各占50%。外汇指标由省公司负责。所得纯利润省公司占30%、县公司占70%，在利润中提留50%做偿还投资。

5. 合作经营产品的销售，其售价要由合作双方协商决定，如实际出售价低于原双方商议决定价10%以下部分，由经办出售的一方负责抵偿。

6. 经营进口物资（包括动植物良种及其他附属生产资料）所需外汇结算，属于合作经营的，按国家现行牌价换汇率结算；属于代引进的，按高于现行外汇牌价、低于现行外汇市价结算。

三、干部、职工工资和奖励

为建立干部、职工工作岗位责任制和健全工资、奖励制度，从1986年1月开始，实行新的试行办法。

1. 凡在指挥部领取工资的人员，包括以职代干或集体干部，每人每月工资160~200元，职工每人每月70~140元（包括一切补助）。工资补充说明：

（1）集体干部或以职代干以五级工资为标准，每人每月66元，其余作为补助。在一年后不能胜任的，按职工工资和补助支付。

（2）职工工资按三级工资标准，每人每月48元，其余作为补助。

（3）凡是机关或企业单位抽调到围垦工作的干部，在大良工作的每人每月补助50~70元；到中心沟工作的每人每月补助70~91元（包括上岛及边防补助）；凡因工作出差，只能报销途中补助，住勤不补。

2. 实行以场、站为核算单位，分别在其总产值中提成一定的比例作为场、站干部职工的奖金，其中：①沙虾养殖场提留3%。②香蕉种植场提留4%。③白鸽养殖场提留6%。④良种展销部在计划外经营部分的纯利润中提留27%，其中7%奖励供销业务员（包括业务费），20%作为门市部职工及有关人员的奖励；还在计划内提成5%

作为业务经费及有关人员的奖励。

3. 指挥部和县良种引进服务公司实行统一经济核算，与有关单位、生产营（区）合作经营项目，在纯利中先提留15%作为双方的集体福利，提留15%作为没有承包的单位干部、职工的奖励和补贴（其中干部按职工奖励平均数加50%），按照我方所得款额根据以上原则自行安排使用。

四、物资管理和财务收支制度

1. 财务人员做到日清月结，账务账款相符，来往收支单据账目清楚，对场、站核算准确，盈亏有结算，月月有报表。

2. 管仓人员要有管理制度，货物进出仓库要清点、登记、列册，每月要有盘查清单。

3. 物资管理制度：凡场站生产的产品，由指挥部或公司指定专人负责处理，出售产品的金额要当日交给财务人员；但边远的单位可在两天内交一次，如数量大的要当天交回财务人员。

4. 各场、站以及门市部出售的一切产品，一定要实数上报，不能以多报少，一经发现，按差额部分罚款三倍。在罚款中奖励举报者50%。

5. 各场、站所用的一切工具，一定要有保管制度，如需更新的，一定要按照以旧换新的制度办理。

6. 因公外出旅差费，按县财政局有关规定执行（另附旅差费标准），职工两个月报销一次。

7. 上岛补助费，职工上岛补助18元、边防补助15元。粮差、副食补贴按现行规定办理。

8. 职工（包括以职代干和集体干部）的医疗费实行包干到人，每月每人5元，个人包干使用。但如因公受伤，其超出个人包干部分的医疗费，由指挥部和公司负责支付，并可适量补助营养费。

9. 按国营农场和有关单位规定，干部、职工每人每年发一套工作服、一双鞋，其标准为60元。

10. 外出提货的每人每日补膳食费5元，当日不报出差费（作搬运费开支）。因业务联系接待外单位人员的，每人每餐补膳费7~

10元。

11. 对财经开支本着开源节流的原则，有计划的按计划开支，没有计划的，需经集体讨论决定后方可开支。

五、干部、职工的岗位责任制

1. 干部分工分线负责，努力完成工作任务，注重提高经济效益。各场、站及门市部，凡国家规定的例假节日都要留有领导值班。

2. 干部、职工出勤每月不少于26天，如请事假超出3天的，扣发当月补助和奖金的30%；超出5天的，扣发全月补助和奖金。请病假超过5天的，扣发当月补助和奖金的30%；超过10天的，扣发全月补助和奖金。未经请假而缺勤1天，扣发当月补助和奖金的50%；超过2天，扣发全月补助和奖金。

3. 国家法定的节（假）日留守值班的，干部每人每天补助7元，职工每人每天补助5元。

4. 每月出勤不到20天的，按比例扣除工资和补助。

5. 干部、职工未经请假而离开工作单位的，超过10天做自动离职处理，不发工资和补助。

6. 请假制度：正副场长、正副组长必须经指挥部领导批准才能离开工作岗位。职工休息须经场、站及门市部领导批准，但每月不能超过4天；如有特殊情况，报经指挥部领导批准才能有效。

7. 各场、站的职工一定要服从场领导的安排。如经教育不服从者，场、站领导有权将其开除。

——顺德县围垦工程指挥部：《关于中心沟的机构设置和各项管理制度的报告》（佛山市顺德区档案馆馆藏资料，1985年11月26日）

自此，中心沟良种引进试验场正式运作，先后引进了泰国香蕉、中国台湾白鲳、美国山鸡和中国台湾黄鸽等多个品种，杏坛万利围地段种蕉，均安牛角坑地段养鱼，指挥部仓库搭铁棚养鸽，杏坛营（区）养山鸡等项目陆续上马。

沉寂多时的中心沟又一次热闹起来，呈现出鸡叫鸽飞、鱼肥蕉大的喜人景象，近百人的管理团队忙忙碌碌，走路都特带劲，觉得有奔头。引进试验的结果也令人满意，一度受到热捧，各类良种、良畜输送至各地，顺德、中山、珠海等地不少个体户慕名前来购买。

然而，好景不长，随着改革开放的不断深入，内地不少单位部门相继成立公司，直接引进良种，省良种引进服务公司也停止对中心沟的投资，中心沟良种引进试验场无法继续经营。

于是，围垦指挥部决定停止引进试验，遣散隔离场职工，良种引进隔离试验场就此无声无息地结业了。

中外合资

1986年春，中外双方达成协议，成立中南水产发展有限公司，共同投资开发中心沟对虾养殖。

根据协议，顺德（下称"中方"）占51％股权，外商（下称"外方"）占49％股权，合作期限25年。该公司由中方派出卢桂泉出任董事长，外方派驻人员任总经理，副总经理由中方派人出任。双方合资开发中心沟15000亩养虾项目。

之所以能引进外资和技术开发该项目，得益于国家的对外开放政策和投资环境的优化，以及中心沟养虾的非常优越的自然环境和条件。早在1985年夏，顺德县农委就邀请中国水产科学研究院南海水产研究所的科技人员到中心沟做了较长时间的调查研究，科技人员认为中心沟位处亚热带环境，光照强，热量丰，海水盐度和酸碱度适宜，微生物丰富，其水质、土质、气候等条件非常优越，甚至认为在广东沿海很难找到这样的好地方。该所撰写的书面报告提供了充分的关于中心沟发展养殖台湾草虾（学名"斑节对虾"）和其他优质水产鱼类的科学依据。

外方投资者对中心沟养虾项目也十分重视，先后多次派遣澳大利亚、菲律宾、马来西亚、新加坡等国家和中国香港的养虾专家到中心沟进行实地考察，均对中心沟发展养虾的优越条件确认不疑。

1986年4月，公司先期在中心沟东堤婆湾附近进行人工开挖虾塘和养殖设施建设，首期开挖了养虾塘150亩，并于同年8月投放第一批虾苗试养，取得成功。

1986年7月28日,国家对外经济贸易部以"外经贸字〔1986〕第143号"文批准立项;同年8月,广东省对外经济贸易委员会批准中南水产发展有限公司的"合同""章程"并颁发了"批准证书""营业执照",该中外合资公司开始了合法生产经营。

合资初期,外方投资者包括澳大利亚、新加坡、加拿大、中国香港等的多家商人,他们在香港设立一个代理公司,直接与中方联系和参与合资企业的经营管理。其中,最大的出资者是澳大利亚一家公司(下称"澳方"),占有外方股权的大部分;其余各方多属"干股"(参股但不出资),由澳方委托"干股"各方全权办理合资公司事宜。但后来澳方发现香港、加拿大的参股商人有不诚实表现,大为不满,导致外方内部股权纷争相持了一段时间。后来澳方采取断然措施,付出巨大的经济代价,收购了香港、加拿大参股商人的绝大部分股权,占到外方股权的85%,其余15%由新加坡商人、原任合资公司总经理陈某占有。

为慎重起见,中方通过广东省科学技术情报中心,从中国驻澳大利亚大使馆商务处和澳大利亚驻中国大使馆咨询了解澳方投资者的有关情况。

澳方投资者是澳大利亚西部珀斯的米堤亚有价证券有限公司(下称"米堤亚公司"),在香港注册的代理公司是香港森美迪嘉水产投资有限公司。据中澳双方大使馆提供的资料,米堤亚公司是一家控股投资公司,在澳大利亚属较大的集团公司,其控制有若干个分公司,其中包括出面与中方合资的澳大利亚维多利亚有限公司。米堤亚公司在股票上市和工商贸易方面很活跃,经济上颇有实力,信誉也良好,"尚未有过有害性质的记录"。

而中外合资公司的副董事长约翰·多茨(中方称其为"杜施迈"或"米多士")1986年6月前是米堤亚公司的总裁,以后是Beiteen公司的主席和副总裁,同时也是米堤亚公司、澳大利亚维多利亚有限公司等的主席。

1987年7月30日,顺德县农委向县委、县政府上送《中外合资开发中心沟养虾项目的情况报告》。

报告对合资项目的规模和投资数额及其经济效益进行了预测。经中澳双方较长时间的协商,由澳方聘请澳大利亚维特明斯工程设计公司负责中心沟总体规划设计，设计费用12万美元（先由澳方支付，待合资公司获得经营利润后由合资公司分3年还付给澳方）。经两次会审协商，中心沟总体建设规划包括以下三项内容：①在1986年建成投产150亩、1987年开发450亩虾塘的基础上，从1988年起，用3年左右的时间，把中心沟能开发利用的土地都开挖成养虾塘，共约12000亩（即800公顷。1亩约等于0.067公顷）；②进行引淡排咸、供电供水、加工冷藏、饲料制作、孵化育苗、道路桥梁、通信系统等系列化生产项目工程建设；③实施技术培训，从放苗、喂料到收获、加工、运输等整套规程对员工进行技术培训，力求尽快培养出一批有专业知识的生产管理人员。通过努力，将中心沟打造成为颇具规模的对虾生产、加工、出口基地。

关于投资测算，根据1986年首期开发的150亩面积，包括开挖虾塘和养殖所需的各种生产配套设施，每公顷投资约为1万美元，折合每亩投资为667美元。以此推算，如果开发12000亩，投资总额为800万美元（不含总体规划的引淡排咸、加工冷藏、饲料制作、孵化青苗等项目工程的建设投资），按中方占投资51%的比例，共需投资408万美元，以当时国家外汇牌价折算成人民币，共需投资人民币1510万元。但按双方签订的合同规定，合资公司研发期间要将每年纯利润的60%以上用于再投入，以滚雪球方式扩大再生产，故将来需要直接投资多少资金尚无定数。

关于经济效益的预测，从国际市场看，肯定是可观的。对虾每年可饲养两造，每造120天，每公顷年产量可达5吨左右，平均每亩产量为667斤，按当时国际市场的一般售价每吨7000美元计算，若全部出口外销，每公顷面积年产值是3.5万美元，平均每亩年产值2333美元，以成本（包括进口虾苗、饲料和管理费用）约占50%计算，每亩每年可获纯利1167美元。若合资公司将来办起虾苗孵化场、饲料加工厂，减少从国外购进种苗、饲料的开支，其成本将大大降低，经济效益还会提高。根据一年多的接触，澳方还有与中方逐步扩展其他项目合作的意向。

针对项目开发建设中存在的困难和问题，县农委提出以下几点意见：

一是解决资金和人才问题。该项目投资数额大，且要冒较大风险，如遇台风、大暴雨、大海潮等自然灾害，都会直接影响合资企业的经济效益，甚至失收亏本。为此，建议将开发中心沟养虾等项目列为县农业开发性的重点项目,由县负责投资,地方财政负担,作为县农业投资列支解决,委托县农委管理,并作为县预算外企业处理;同时,配备得力精干的干部,调配一些有水产养殖、饲料制作、水利建设等专业知识的技术人员参与总体规划建设工程和该企业的管理。

二是取得珠海方面的支持。中心沟在前几年以极低的价格(每亩年租金10元左右)租出了近2000亩土地给当地和外地人员办养殖场,都是靠近东堤养虾最好的地段,合约租期均在10年以上,想收回土地遇到租户索取高额"经济补偿"的要求。要解决此难题,需争取珠海当地各级政府的支持,加上在电力能源建设方面需要沙石物料等,都有赖于当地的支持和帮助,建议由县级领导层出面与珠海当地政府领导商谈。

三是鉴于在中心沟工作的干部职工远离家乡,劳动艰苦,生活及工作条件很差,建议将他们的经济待遇比县同级(条件)平均高50%到一倍。

合资公司的工程技术部经理是谢光林,他在审核由澳方提供的首期工程设计图纸时,发现有些项目贪大求洋,造成浪费,有些项目生搬硬套台湾地区的做法,违背中心沟实际。

一是进水系统设计。外方图纸设计在首期虾场西端堵塞中心河,把东堤"六百亩"、"大肚腩"、中心河作为储水库,关闭东堤水闸,在东堤外建大型抽水泵站,通过抽海水入内,抬高围内储水库水位至珠江基面约1.2米,进入储水库的海水经过净化后注入各虾塘。如此设计,须将原来按单向顶水设计的东堤闸门重新改造为双向蓄水闸门(否则存在安全隐患),费用超过50万元;且人为制造了一个大水库,虾场两岸近6公里塘基需加高培厚,并砌石防浪,增加工程费用近100万元;修建大型抽水泵站,选用瑞士进口机泵,费用超过200万元。谢光林等人提出,应充分利用现有东堤水闸水利设施,并在灌水河与中心河交接处兴建9座简易抽水泵站,每站2~3台机组,选用珠海斗门产13千瓦低扬程轴流泵,预算费用只有50万元左右,如此一改,可节约工程费用400万元以上。

二是虾塘系统设计。外方图纸生搬硬套台湾虾场的做法,将塘底设计成四面高中间低的漏斗形状,在每个虾塘边建一个钢筋混凝土通天盘座,用塑料圆管连接控制进水,在塘底中心位置安放集水器,用塑料圆管控制污水排放。如此设计,没能将垦区新筑塘基有个板结收缩过程、通天盘座容易出现倾侧变形的实际，而长期埋在水底的塑料管也容易断裂并生出"蚝须"（这已被实践所证明），更不能达到每天更换三分之一存水量的养殖标准。为此，谢光林等人提出，将塘底改为水平状以便施工，每个虾塘分别在灌河和排河一侧各建孔宽0.8米的U形钢筋混凝土节制闸，通过闸板控制，方便进排水处理，速度快，效果好，成本低，经久耐用。

三是交通运输系统设计。外方图纸设计每排虾塘河边建成能行驶载重4吨汽车的公路，总长度约20公里，路面宽6米，投喂饲料、收获虾成品、运输等，全部用汽车装载。这样的设计完全脱离客观实际，中心沟是个淤泥海滩，淤泥厚度数十米，筑路十分不易，维修更难，路基沉降收缩下沉、土质公路遇雨难行。谢光林等人提出，生产运输应以水运为主，在虾塘排水河与大、小横琴环山河交界处（设计用预埋管道排水）建7座孔宽3米的通天式节制闸，每个堤场配2艘载重3吨的运输船，装配5～10匹柴油艇尾机，饲料运送、收获的鱼虾均用船运。这样一来，可节约工程费用近200万元。

谢光林在回忆录中对中外工程技术人员的争执进行了描述：

> 派驻公司的外国工程人员相当固执，为说服他们，我们请佛山（市）、珠海、顺德水电局工程师到公司总部与之辩论，并明确提出东堤水闸储水水头差不得超过1.5米，又叫公司的冯海潮从中心沟带一条破裂生满蚝须的塑料包到珠海度假村与之理论，并由谢光林执笔，写成书面报告，交董事会决定。由于外方设计确有问题，董事会决定接纳中方修改意见。
>
> 按《中华人民共和国中外合资法》规定，凡大型基建项目，均需聘请合资格的单位担任施工监理。在董事局会议上，外方提出由他们派澳大利亚的顾问，费用为600万元。中方提出由佛山市水电局担当，该单位有3名高级工程师，有20多名中级工程师，曾负责施工河排大型水库发电站和江新联围大型北街水船闸设计施工，佛山13个县市的大中型水利设施设计均由他们审核，技术力量充足，胜任有余，且费用仅需200万元。为解除外方米多士等人的疑虑，中方又委托谢光林编写了佛山市水电局资历报告。由于外方理亏，不得不

接受中方意见。这使公司又节省了 400 万元费用。前后加起来，节省工程开支近 1000 万元。

——谢光林：《中心沟围垦回忆录》（未出版）（1999 年 8 月）

1988 年 6 月，中南虾场一期工程破土动工。

这是经过近十次董事局会议，前后花了一年多时间的争论、修改后的结果。工程项目主要包括开挖 115 个虾塘，每个水面 100 米×100 米（15 亩）；建 230 座虾塘排水闸，每座孔宽 0.8 米；开挖排灌河 20 条，长度 18.2 公里；建 9 座小型抽水泵站，装机 22 台 286 千瓦；架设 10 千伏变压线路 2 公里、380 伏低压线路 25 公里；装配 4 座容量各为 200 匹马力的柴油发电备用机组；堵塞河涌 2 处，长度约 600 米；建设 3 个分场员工宿舍、食堂、仓库等配套设施。工程预算费用共 1600 万元。

在荒草丛生的芦苇滩上开挖虾塘可不容易，早在勘测规划时人们就领教过其艰难。无路无河可通，泥深没大腿甚至过腰，蚊叮蜂蜇，蛇虫出没，苇叶杂草将手脚划得伤痕累累，人走进去，只能通过步话机与外边联系。经过再三研究，决定采用机械抓斗船开挖 115 个虾塘。

15 只挖泥船同时作业，进场施工队伍最多时达 750 人，来自全国各地。而围垦区内就 17 名干部职工，光是安排这 700 多人的住宿就是个大问题。据谢光林回忆，17 名干部职工夜以继日，白天分头到施工现场指挥，保证虾塘的质量，晚上集中开会交流，每天所跑的路程不少于 20 公里。经过半年时间，115 个虾塘开挖成功。

1989 年 5 月 1 日，115 个虾塘正式交付使用，中外合资公司开始了大规模的对虾养殖。

公司前几年尚处在亏损阶段，主要原因除了技术欠缺、管理不善外，1989 年 7 月受第 8 号强台风袭击导致东堤崩决、半数虾塘没顶也是一大因素。

至 1991 年 10 月，中南水产发展有限公司投资包括：200 公顷虾场设施 2216 万元，中南虾场设施 208 万元，600 亩基地投资 132 万元，回收石山村虾塘补偿费 73 万元，高低压电网设施 319 万元，开办费及其他 260 万元，固定资产投资 1439 万元（包括建设湾仔办事处、活动房屋、电房、修理车间、船坞、储水库、水闸、泵站、增氧机、制冷机等)。

资金来源主要是银行贷款,其中,1988年至1990年,公司每年均投入资金超过1000万元,1990年还另有300万美元的资金投入。公司职员人数达到200人。

当年虾产量较上年增加约100吨,据专家预计,1992年将有500万元的利润。

然而,此时有关方面已有将中心沟"转卖"给珠海的计划,为此,中南水产发展有限公司于1991年10月1日做过估算,若单方面毁约,中方按合同规定赔偿外商损失将达4900万元。

这场中外合资开发中心沟对虾养殖的市场化探索,至1994年因中心沟土地属性改变以及毁灭性的虾病影响,走过8年历程后,以中南虾场的解散告终。

1994年8月15日,中南水产发展有限公司报请顺德市政府,中南虾场解散,要求对有关人员工作进行安排。

报告称,自中心沟的土地属性转变后,中南虾场按合同到该年年底结束经营,但因受毁灭性的虾病影响,于年中提早结束经营,当年投资血本无归。虾场共有各类人员90人,其中,国家干部带编制2人、大专及本科不带编制3人、国家职工1人、合同工(劳动局登记)5人、非合同工但在虾场工作5年以上的7人(有的甚至自中心沟围垦开始即在此工作),他们都是公司的骨干成员,为虾场乃至顺德围垦事业的发展立下汗马功劳,希望能妥善安排他们的工作,或按国家职工的待遇标准实行遣散,以弥补他们的损失。

经济开发区

1987年4月28日,顺德县编制委员会发文《关于"顺德县中心沟经济开发区"建制问题的通知》[(87)顺编字第018号],将"顺德县中心沟管理区"改为"顺德县中心沟经济开发区"。

该经济开发区明确为县属局级集体单位,归县农委领导,定事业编制8名,纳入地方财政供给。

中心沟自此开启了"经济开发区"模式。

1987年6月3日，顺德县中心沟经济开发区报请顺德县农委，申请成立顺德县中南企业发展总公司。

该报告称，中心沟围垦17年来，共投资近2800万元，为发展种养业打下了基础。目前，有成立已久的顺德县围垦服务公司，有经省和县人民政府批准成立的顺德县良种引进服务公司及其展销门市部、中心沟良种引进隔离试验场，有经国家对外经济贸易部批准成立与外商合资经营的中南水产发展有限公司。为加强对上述企业的组织领导，提高企业经济效益，更好地引进外资，加速中心沟经济开发区建设，特申请成立顺德县中南企业发展总公司。

1987年6月6日，顺德县农委批复，同意成立顺德县中南企业发展总公司。

顺德县中南企业发展总公司直接管理、经营中心沟经济开发区下属各公司、厂场企业的一切业务工作。总公司在中心沟经济开发区直接领导下，作为农、工、商、贸结合的县属集体企业性质的经济实体，并以中心沟为生产基地，实践贸工农型的生产体系，以特种水产养殖（养虾、养蟹、养特种海鲜）为主。

总公司设在顺德县大良镇环城路，行政上由顺德县中心沟经济开发区直接领导，业务上实行总经理负责制，设总经理1人，副总经理2人，下设进出口贸易部、行政部、财务部、生产开发部，直接管理总公司的业务、财务、行政和生产开发，每个部门配备6～9人。公司干部、职工的工资、福利待遇按县和开发区的有关规定执行。

总公司的资金来源以自有生产基金、自筹部分资金作为周转资金，不足部分以贷款解决。

1987年7月5日，顺德县中心沟经济开发区报请县编制委员会，暂安排4人纳入地方财政供给的事业编制人员（县编制委员会文件确定编制8名），分别是：郭祥源（原单位为锦湖镇）、李自力（原单位为县农委）、黄荣根（原单位为县农委）、谭卫民（原单位为大良镇南通公司）。同时，建立和健全经济开发区以下内设机构：办公室（包括行政、财务、人事）、生产基地开发股、工程技术股、治安保卫股。经济开发区设立两块牌子一套班子的组织机构，即：顺德县中心沟经济开发区，设主任一正两副；顺德县人民政府围垦指挥部，设指挥一正两副。其下则设顺德县中南企业发展总公司、顺德县良种引进服务公司、顺德县围垦服务公司、中南水产发展有限公司。

1987年7月22日，顺德县委批复，同意成立顺德县中心沟经济开发区党组。党组成员由郭祥源、伍于永、李自力、梁棉锦、周瑞全等5人组成，郭祥源任党组书记；同时，撤销顺德县围垦指挥部党组。

顺德中心沟经济开发区的建制，一直延续至1994年顺德市人民政府设立中心沟办事处为止。

权属之争

中心沟是在特殊年代造就的特殊产物，因其特殊的地理位置，牵涉着多个方面的利益诉求（从1971年9月18日的石山村会议、1973年春顺德围垦指挥部的春耕报告中就可以看出来——如前所述），其归属问题时不时会凸显，造成的权属之争大有愈演愈烈之势。

1985年2月1日，珠海市领导梁广大在珠海三级干部会议上提出统征全市土地，从香洲14条村的土地和蚝田开始。到1988年，整个珠海市区的土地已基本统征，只剩斗门和横琴的中心沟。珠海要收地，已在江门和佛山任职的黎子流、欧广源频频来找梁广大沟通。最后，收地一事以梁广大作罢完结。如今，没有人能说清1980年珠海立市时为什么没有将中心沟与横琴一齐划入珠海，而留下一条产权模糊的尾巴。

申请确权

1985年7月9日，顺德县人民政府报请广东省人民政府，要求确定中心沟的归属问题。

在中心沟的经营开发过程中，特别是随着国家法律法规的逐步完善，顺德县政府越来越意识到中心沟的归属问题亟须解决，否则会陷入没完没了的纷争之中。

在报告中，顺德县政府简要回顾了围垦中心沟的历程。报告指出，此举是在全国"农业学大寨"的形势下，由省、市指定顺德到珠海进行围垦造田的，顺德为此在县、区两级抽调了40多名干部，成立了领导指挥机构，并动员了5个经济作物区，组织集中了3000多名民工（最高峰达到5000多人）离乡背井，奔赴珠海安营扎寨，经过全县人民的艰苦奋斗和耗费巨资，才将荒芜的冲积海滩变成良田。围垦总面积14平方公里，折合21000亩，其中，垦殖面积占14850亩（含鱼塘3300亩、蔗地1900亩、牧草地1700亩、水草面积1300亩、蕉菜杂地650亩、河涌面积6000亩）；同时，在中心沟东、西两头建有2座水闸，4公里的堤围，1个面积约200亩的水库，1座年发电量60万度（1度等于1千瓦时）的水力发电站，21公里的照明电网和高压线路，建筑面积达20000平方米的楼宇、仓库、宿舍等。据统计，中心沟围垦工程共使用钢材489吨、水泥5503吨、木材1539立方米，完成工程量土方3968100立方米、石方1891100立方米、混凝土5652立方米，劳动工日共7612000个，工程费共支付了20931000元，其中，国家投资2953000元，按围垦的面积计算，平均每亩土地近1000元；与此同时，还建造了一批楼宇仓库，造价240万元。

报告称，由于中心沟农场地处大、小横琴岛之间，地界在珠海市范围内，20000多亩土地虽然从开发之初至今一直由顺德管理，但过去一直没有办理过呈批手续及明文规定其归属问题，为此请省政府对中心沟的归属问题加以确定。顺德政府认为，中心沟已由顺德县经营管理了十多年，有一定的基础和经验，特别是最近要把中心沟开发成为一个动植物良种引进隔离场，顺德有决心把中心沟建设成为良种引进试验和外向型的生产基地，为加速发展农业做出积极贡献。顺德政府提出，中心沟的21000多亩土地，其土地所有权应归国家，其管理权应永远属于顺德县。

省厅定论

1985年8月17日，广东省水利电力厅批复，明确中心沟围垦农场及有关工程的经营管理权属顺德县所有。

此份文号为"粤水电计字〔1985〕128号"的批复文件以急件形式发出。原文照录如下。

关于顺德县中心沟围垦农场归属问题的批复

顺德县人民政府：

　　省政府转来你县顺府字〔1985〕26号《关于中心沟归属问题的报告》收悉。据了解，你县为开发滩地资源，发展农业生产，经原珠海县革委会同意，并原佛山地工革委会批准，同意在原珠海县湾仔公社中心沟滩地（大、小横琴岛之间滩地）进行围海造田。该工程于1970年10月开始，1972年冬完成，总面积14平方公里，折合21000市亩（包括水面面积）。该工程经过多年开垦，目前已垦殖17038亩（包括沿环山河为界在大小横琴乡插花地2188亩）；在中心沟东西两头建有土堤和水闸（4公里长海堤，2座水闸）；大横琴乡牛角坑山地建有水库（蓄水面积200市亩）及水电站（装机容量125千瓦）各1座；还架设围内35千伏安高压线路21公里。此外，还建造一批楼宇、仓库、宿舍，建筑面积共2万平方米。上列工程是属滩地开垦和农田水利水电工程，根据"谁建、谁管、谁有、谁受益"的有关政策规定，经请示省政府，同意你县管理中心沟农场，在与当地划清边界范围的基础上，上述工程的经营管理权属你县所有。而与农场毗邻的大小横琴乡原有的山地和耕地的管理权，仍属当地大小横琴乡所有。此复。

广东省水利电力厅
一九八五年八月十七日

　　该批复文件除抄报省政府办公厅、省农委外，还抄送省国土厅，佛山市政府、市农委，珠海市政府、市农委，以及顺德县围垦工程指挥部。

　　至此，中心沟权属已有定论。

　　下面录自珠海市档案馆保存的一份资料也可间接反映中心沟围垦工程引发的后续的各种矛盾。

关于要求解决大小横琴乡与顺德县湾仔"中心沟"围垦农场边界和原有老围耕地山地范围管理权的报告

珠海市人民政府：

我区大小横琴两岛间之"中心沟"围垦工程，于二十世纪七十年代初动工，在"左"的错误思想路线影响下，把原珠海顺德两县人力、物力耗尽在"学大寨"道路上，严重地损害了当地蚝农民的利益。

原"中心沟"内，我区大小横琴乡有蚝田总面积5850亩（大横琴3150亩、小横琴2700亩），老围和可耕地面积1961亩（大横琴830亩、小横琴1131亩）。当地蚝农民除了养蚝种田为生外，还种有水草825亩（大横琴465亩、小横琴360亩）作为主要副业收入。

"中心沟"围垦工程结束后，从局部利益上看，我区特别是大小横琴乡的经济是受到损失的，全部蚝田没有了，老围和可耕地面积减少了907亩（均属小横琴乡向阳村），水草地也减少了350亩（大横琴140亩、小横琴210亩）。但这两个海岛乡的干部群众仍以全局利益为重，积极恢复和发展生产，并一直与顺德县围垦农场保持着友好的睦邻关系。然而，两乡与农场界线划分及原老围耕地山地管理权问题至今仍悬而未决。对于这个问题，珠海、顺德双方有关领导于1973年以前曾略有议论，但未正式确定，成为有法律保证的条文规定。根据当前改革开放形势和开发我区海岛需要，我们认为有必要尽快地对上述问题予以解决，不能一拖再拖了。

现根据大小横琴干部群众的意见和要求，就乡场边界和原老围耕地山地管理权问题，提出如下的协商解决办法：

一、以环山河为界，环山河以内除现由顺德围垦农场占用的建筑物地外，其余所有耕地的管理权应均属我区大小横琴乡。

二、两乡原有老围和可耕地以及水草地，除了1978年以前各村与顺德各公社自行协商解决的一部分外，尚有1257亩没有明确划分解决。现要求顺德方面如数把老围可耕地划回给大小横琴。

三、1971年前，大小横琴的群众干部曾提出要求补偿中心沟的蚝田损失3000亩滩地。据反映，1972年9月珠顺两县领导座谈会上，已经决定给回大小横琴1500亩作蚝田损失的补偿，但到现在还没有兑现。

四、所有山地（包括沙石泥资源和绿化等）管理权应均属大小横琴乡所有。

以上报告，当否，请批复指示。

湾仔区公所
一九八五年十一月五日

纷争再起

1987年春，横琴当地群众因中心沟权属问题，与顺德围垦指挥部保卫组人员发生冲突，权属之争再起波澜。

时值中外合资的中南水产发展有限公司正欲在中心沟大展拳脚，却遇当地群众在顺德围垦土地范围内的河涌到处下网捕鱼，严重影响水运交通。顺德围垦指挥部保卫人员奉指挥部指示，开展中心沟主干河涌清理行动，不料与当地一些干部、群众发生冲突。对方扬言："中心沟是我们祖宗的遗产，是我们生活的来源，我们有权在中心沟任何一条河涌落网捕鱼、虾、蟹，顺德人不得干涉。"

此次纷争，让顺德县人民政府、县农委认识到，虽然中心沟管理权属早已明确，但因20世纪70年代未有国土部门，至今没有国土部门对土地使用权的确权，始终是一个不稳定因素。这一隐患的存在，有可能导致外商撤走投资，使中外合资开发中心沟成为泡影。为此，顺德县农委委派谢光林前往中心沟，协助顺德围垦指挥部领导处理中心沟权属纷争问题。

1987年4月底，顺德、横琴两地联席会议在顺德围垦指挥部办公室召开。

参加会议的有大小横琴大队、生产队队长，有顺德围垦指挥部的领导，有参加围垦的杏坛、勒流、龙江、均安、乐从围垦指挥所支部书记。会上听取当地干部意见，并由谢光林详细讲述顺德围垦中心沟的历史，使与会当地干部认识到顺德不是霸占中心沟；至于当地认为的水草、蚝田的损失，根据1972年"九七会议纪要"精神，顺德已划拨1500亩土地作为补偿，当地群众不存在吃亏问题。

会议对缓解矛盾起到了一定作用，但国土部门对中心沟的土地确权仍悬而未决。

省国土厅确权

1987年11月13日，广东省国土厅主持召开确定顺德县中心沟垦区与横琴乡土地界线会议，解决中心沟土地确权问题。

会议形成书面纪要，以"粤国土字〔1987〕180号"文下发与会各单位，并抄报省政府办公厅，抄送省水电厅、顺德县农委。全文照录如下：

关于确定顺德县中心沟垦区与横琴乡土地界线的会议纪要

中心沟围垦区自1970年围海施工以来，经过顺德县十多年投资建设，目前已有部分土地和水面开始获得效益，但在围垦过程中，在处理与当地横琴乡的生产利益时遗留了一些问题，这些问题直接关系到围垦区的范围。为了使其得到妥善解决，在广东省国土厅主持下，召开了由有关主管部门和单位代表参加的会议。

会议本着尊重历史、实事求是、有利于生产、有利于团结的原则，经过认真协商，统一了意见。现将会议的主要内容纪要如下：

时间：1987年11月13日

地点：珠海市国土局

参加人员：

广东省国土厅：刘渊副厅长、石新顺副处长、李德贵副科长

珠海市国土局：邓雄局长，陈得茂科长，陈伟松、黄德林同志

珠海市香洲区建委：李保山副主任

珠海市香洲区横琴乡：周康平乡长、陈炳棠副乡长

顺德县国土局：简本生副局长、刘培良同志

顺德县围垦工程指挥部：伍于永副指挥，梁棉锦、冯干辉、李自力、谢光林同志

一、关于1972年9月7日珠海、顺德两县围垦会议关于在围垦

范围内划出1500亩土地给横琴大队的决定落实问题,顺德县围垦指挥部已于1973年根据地形条件经与横琴大队及所属各生产队商定,划出土地1300多亩。此次会议尊重横琴乡政府提出的继续划给部分土地的意见,同意由顺德围垦指挥部再将靠近小横琴山脚以南、小横琴环山河(环山河属顺德围垦指挥部)以北、东堤脚留除100米水利用地外以西、下村山咀以东原属顺德围垦指挥部使用的约130亩土地划给横琴乡所有;小横琴环山河边公路东起东堤脚、西至五塘涌的路面本属顺德围垦指挥部修建使用,为便于当地群众通行和公路管理维修,会议同意将此段公路亦划给横琴乡管理,由双方使用。

二、关于顺德县及所辖乐从、杏坛、勒流、均安、龙江各镇围垦指挥所于1973年在万利围、牛角围内使用宅基地补偿问题,由顺德围垦指挥部将位于五塘旧堤围以南97米、五塘涌以西至上村土地275米范围内40亩土地划给横琴乡所有,作为顺德县及所辖各镇围垦指挥所所用宅基地的补偿。上述宅基地的所有权属国家,使用权属顺德县围垦指挥部。

三、关于牛角坑水库电站用地范围,库区最高水位(即珠江基面正86.5米)以下,属顺德围垦指挥部管理使用;库区最高水位以上,属横琴乡管理使用。库区以下的引水渠、上山公路及其之间范围的土地由顺德围垦指挥部管理使用。顺德围垦指挥部要优先照顾下牛角围农田的灌溉用水。双方要采取措施,防止坝址以上的水土流失,共同保护好水库按设计要求的库容蓄水。

四、顺德围垦指挥部在大小横琴山上所种的树木(即新种松树),由顺德围垦指挥部在10年内砍伐(原由横琴乡种的老松树由横琴乡管理砍伐)完毕,至1997年11月13日将山地交还横琴乡。

根据此次会议决定的事项,由顺德围垦指挥部尽快将中心沟垦区的范围、边界走向进行修改并标定在图,由横琴乡政府、顺德围垦指挥部双方盖章签认,并以此作为确认土地权属界线的依据。图纸一式七份,分别由珠海市国土局、香洲区政府、横琴乡政府、顺德县政府、县国土局、围垦指挥部、广东省国土厅执存。围垦区范围内土地的所有权属于国家,使用权属于顺德围垦指挥部。

广东省国土厅
一九八七年十一月十八日

此次会议解决了历史遗留的一些问题,最关键之处则在于确定了顺德对于中心沟的土地使用权。

法院判决

1987年年底,珠海市香洲区人民法院南湾法庭公开宣判,判决横琴下村擅自将顺德围垦土地对外承包败诉。

据亲历者谢光林回忆,法庭审理和宣判均在小横琴小学球场举行,横琴干部群众参加,顺德派代表听证,并由谢光林代表出庭答辩。法庭认定,小横琴大队下村生产队未经顺德方面同意,擅自将东堤脚属于顺德围垦土地的65亩土地承包给个体户经营,侵犯了权属人的合法权益,事实清楚,证据确凿,为此宣判下村生产队败诉,须于限期内将土地归还顺德。

至此,横琴当地干部群众的情绪渐渐平息。

划定界线

1988年9月1日至2日,顺德围垦指挥部与横琴乡政府联合召开划定中心沟围垦区界线会议,落实省国土厅"粤国土字〔1987〕180号"文件精神。

参加会议的有顺德围垦指挥部及所辖勒流、杏坛、均安指挥所有关负责人6人,横琴乡政府及所辖小横琴、红旗、三塘、四塘等村(居)委会有关负责人9人,顺德围垦指挥部副指挥伍于永、横琴乡政府副乡长陈炳棠分别作为代表在会后形成的书面会议纪要上签名并盖上单位公章。

会议达成共识如下:①凡属顺围土地与大、小横琴山接壤的界线划定,以山坡脚与相对坦地面接壤线为界;②凡顺围勒流营、杏坛营及指挥部土地与万利围堤边接壤的界线划定,以该旧堤堤面中线为基线向南移量度1.2度为界;③凡顺围杏坛营土地与三塘围垦堤边接壤的界线划定,以该旧堤堤面中线为基线向北移量度 10 米为界；④凡顺围均安营土地与牛角围垦堤边接壤的界线划定，以该旧堤堤面中线为基线向北移量度 10 米为界。

会议期间，双方到现场对 1973 年大、小横琴岛干部分地会议所议定的界线，以及 1973 年以后在万利围内互换土地的界线情况进行实地核实，重新插旗为界，并将界线走向如实标注在中心沟 1/5000 的航测地形图上，双方同意对"横琴乡与顺围土地权属界线图"盖章并确认具有法律效力，以此图为依据报有关部门存档（广东省国土厅、珠海市国土局、佛山市国土局、顺德县国土局、珠海市香洲区建委、顺德县中心沟经济开发区各一份）。

争拗又起

1991 年 9 月 2 日，珠海市国土局报请珠海市政府，要求向顺德索回中心沟围垦范围三分之一土地共 6000 亩。

这份《关于中心沟围垦后土地分配问题的情况汇报》称，按照 1972 年 9 月珠海、顺德两县围垦会议纪要精神，该局邓雄副局长等人于 1991 年 8 月 29 日至 30 日到横琴镇政府，由镇长王电波主持召开有镇政府其他领导及横琴镇 14 个村的村主任或书记共 20 人参加的会议，并走访了中心沟围垦指挥部，展开实地调查。

珠海市国土局报称，根据初步调查，在中心沟围垦后土地分配中存在一些问题：①根据各村初步统计，原定在总面积划给湾仔公社大、小横琴岛土地 1500 亩，只兑现了 470 亩（其中，三塘村 170 亩、四塘村 100 亩、石山村 100 亩、红旗村 100 亩）；②顺围各垦区指挥部现用的宅基地占用大、小横琴作物地和荒地 230 亩（其中，向阳村西环 210 亩、三塘牛角围头 20 亩）；③围垦占用向阳村稻田 118 亩；④围垦占用草地 20 亩、堤基地 10 亩。另外，中心沟围垦前原有蚝田 6050 亩（其中，四塘 100 亩、上村 1700 亩、红旗村马屎河 600 亩、解放村 500 亩、三塘村 150 亩、下村 1800 亩、石山 1200 亩）；同时，围垦前各村贷款投入养蚝业，现仍欠银行贷款 11.7 万元未偿还。

根据上述调查情况，珠海市国土局向珠海市政府提出初步意见。

一是根据 1972 年 9 月 7 日珠海、顺德围垦会议纪要，在围垦总面积中应划给大、小横琴大队面积1500亩，但实际只划给不到1000亩，实际不足部分，顺德要补足给珠海。

二是根据两县围垦会议纪要，"在总面积划给湾仔公社大、小横琴岛面积1500亩，其余面积约18500亩，按珠海三分之一、顺德三分之二，待顺德县今后围垦马骝洲后给回珠海"，但是马骝洲珠海市自己围垦了，因此，顺德应按中心沟围垦的总面积划拨回珠海市三分之一的土地。按照广东省测绘局1987年4月测绘的横琴乡与珠海、顺德围垦土地界线图，经珠海市国土局量算，现有围内总面积18000亩，按1972年9月7日珠海、顺德两县围垦指挥部会议议定，顺德中心沟围垦指挥部要在马骝洲围垦6000亩土地给回珠海市，至今未有兑现。因此，要求在中心沟围垦范围内给回珠海市6000亩土地是完全合法合理的。

该汇报材料经珠海市人民政府报至广东省人民政府，1991年9月27日，时任广东省副省长凌伯棠批转顺德县县长陈用志，建议查证是否有存档、是否属实。

顺德激辩

1992年11月5日，顺德市农委报告顺德市委、市政府，对珠海方面提出的土地要求进行反驳。

事隔珠海方面通过省政府向顺德提出给回6000多亩土地的要求已经过去一年有余。在汇报材料中，顺德农委称，经过查阅围垦历年档案资料，并召开历届在围垦指挥部工作的干部座谈会，听取他们意见的后，认为解决中心沟有争议的土地面积问题，双方都应本着"尊重历史，尊重事实，有利于团结，有利于共同开发"的指导方针。按此方针，顺德农委认为，珠海市国土局提出的土地要求既不符合历史，也不合法。

首先是未划足1500亩土地和占用土地的问题，珠海方面的说法是不符合事实的，理由如下：

一是应划给珠海的1500亩土地已划足给珠海。1973年3月25日，顺德已从大横琴片划出900亩给珠海，即从狐狸蓢旧泄洪河以东、东堤除100米水利地以西、环山河以南范围的土地，划给三塘生产队200亩、四塘生产队250亩、石山生产队300亩、红旗生产队150亩；又从小横琴片划出600亩给珠海,即从下村山咀以西、五塘泄洪河以东、环山河以北的土地,划给上村和下村生产队。此两块地合共1500亩,当时双方是共同确认的。1987年11月13日,在省国土厅主持的会议上,顺德同意将原属顺德围垦指挥部使用的约130亩土地划给横琴乡所有,并已于1988年9月2日将该地块划给了横琴乡政府。

二是顺围各垦区指挥部现用的宅基地已做补偿。1988年9月2日,顺德方面落实"粤国土字〔1987〕180号"文件关于顺德将"40亩土地划给横琴乡所有,作为顺德县及所辖各镇围垦指挥所所用宅基地的补偿"精神,将五塘围以南40亩土地划给横琴乡政府。

三是围垦时占用向阳村稻田118亩已全部归还。20世纪70年代围垦时,为解决顺德3000多名民工吃菜问题,顺德围垦指挥部经与向阳村有关生产队协商同意,由顺德负责缴纳公粮,将此部分土地用作菜地。1987年11月13日会议上,横琴乡政府提出收回上述土地,顺德围垦指挥部亦于1988年春无条件将上述土地全部归还横琴乡政府。

四是围垦占用草地、堤基地、蚝田属围垦面积早有定论。1972年9月7日召开的珠海、顺德两县围垦会议在纪要中已明确:"在中心沟内,除大、小横琴岛原老围范围正常可耕地外,即属围垦面积(包括蚝地、水草、1971年新筑小围),在围垦面积中已划给大、小横琴大队面积1500亩(这个面积包括其围垦所得蚝地、水草地的适当补偿在内)。"由此可见,草地、蚝田是属围垦面积,并早有定论的。

其次是应划而未划6000亩土地的问题,珠海方面的要求也是不符合事实的,理据如下:

一是珠海未完成围垦东堤和建东闸的规定工程任务,而这是双方分地的前提。1970年8月,佛山革委会主任孟宪德在顺德清晖园主持召开围垦中心沟会议,会议决定顺德负责围中心沟西堤建西闸,珠海负责围东堤建东闸,工程完成后,围垦土地面积按顺德三分之二、珠海三分之一划分。顺德组织3000多名青年民兵(最高峰时达5000多人),经过一年多时间艰苦奋斗,于1971年年底完成围西堤(全长2.01公里)建西闸(孔宽$6\times5=30$米)的任务。珠海负责围东堤建东闸,但仅组织约800人上岛筑东堤,东堤第一次合龙时只剩下100多人,第一次合龙后则全部撤走。

珠海完成的工程，靠近大横琴山边 640 米只有 1.5 米的高程，靠近小横琴山边 1200 米只有 1.2～1.5 米的高程，涨潮时海水漫过堤面，全堤没有防浪墙，且有 60 多米未能堵口合龙，远远达不到规定的工程标准。1972 年 4 月，佛山地委书记孟宪德视察中心沟围垦工地时，组织召开会议，决定由顺德和珠海并肩堵口合龙，但珠海仅 100 多名民工参加，顺德却动员了 3000 多名民工参加堵口，克服 21 天连续不断的狂风暴雨恶劣天气的巨大困难，历经四次崩堤，五次合龙，经过 28 天日夜奋战，最终截流成功。1972 年 9 月 7 日，珠海、顺德两县围垦会议决定，珠海负责围东堤达到 2 米高程，堤面宽 7 米，外坡 1∶1 砌石，内坡 1∶1.5，并在砌石护坡基础上在闸外抛石护坦、换装和维修东堤闸门。但"九七会议"后，珠海民工全部撤走。1972 年 10 月 24 日，珠海、顺德签订"关于东堤及水闸移交协议"，东堤工程全部由顺德接管。经过抗击台风堵决口、滑坡抢险救大堤等艰难困苦，完成改造东闸人字门为提升门、东堤外坡浆砌石墙、东闸外抛石护坦等浩大工程，历经一年多时间，直到 1973 年 5 月才将东堤建成达到设计标准，共完成了 88 万立方米的泥、沙、石方，按计算共完成东堤总工程量的 80% 左右。珠海没有履行围东堤建东闸的责任，又何来得到三分之一共 6000 亩土地的权利？

二是珠海主动提出要在顺德围垦马骝洲后，将马骝洲的围垦土地按相应面积划地给珠海，根本就不存在要在中心沟划 6000 亩土地给珠海的问题。1972 年 8 月 29 日，珠海报请佛山地委，主动提出"目前我县暂较难耕种，应占有的耕地面积可由顺德耕种，待顺德今年围垦马骝洲海滩时，按我县原在中心沟应得的耕地面积给回我县"。1972 年 9 月 7 日，珠海、顺德两县围垦会议也确认了珠海提出的上述方案。按照此土地分配方案，并没有说要在中心沟围垦面积中划出 6000 亩给珠海的问题。

三是未能实现围垦马骝洲，责任不在顺德。事实上，顺德为围垦马骝洲做了大量的前期工程，从 1975 年开始就为围垦马骝洲进行勘测规划，设计并制定施工方案，成立领导机构，分配围垦任务，县社两级指挥机构人员已上岛就位，大量的杉竹等材料已运到工地，而且按规划设计，先行派出 300 多名民工到珠海石角嘴炸石，使用了 28174 个劳动工日，完成大石 6142 立方米、碎石 533 立方米，为在珠海石角嘴至拱北国防公路段建造一座 10 多米宽的船闸，解决江门、珠海斗门等地与澳门的水运交通做准备。但鉴于围垦马骝洲（即洪湾水道）与整治西江主要出海口磨刀门有矛盾，广东省水电厅指示停止围垦马骝洲工程。未能实现围垦马骝洲，即未能实现在马骝洲划 6000 亩土地给珠海，责任不在顺德。

四是中心沟土地归属问题早已有定论。无论是广东省水电厅"粤水电计字〔1985〕128 号"文还是广东省国土厅"粤国土字〔1987〕180 号"文，都清晰地确定了中心沟土地归属问题，1988 年 9 月 1 日至 2 日召开的中心沟围垦土地画线会议也将界线走向如实标注在中心沟 1/5000 的航测地形图上，双方签章确认，具有法律效力，大、小横琴岛的干部群众都承认这个历史事实。

至此，中心沟围垦区的权属问题无可争辩。除此之外，珠海方面还有应付而未付给顺德的款项问题：① 1972 年"九七会议纪要"第四项"战东堤租用民船租金和顺德上东堤民兵补贴用粮由珠海负责，粮食（已拨）、民船租金则因珠海暂有困难，暂由顺德支付，今后归还（船租金额 12.7246 万元）"，但珠海至今未归还此款；②"九七会议纪要"第二项第三点"分地后，水利基建统一规划按面积受益合理负担"，而横琴岛有关单位 20 多年来未按规定缴纳水利费和工程费。

由于顺德方面的据理力争，以事实说话，中心沟围垦区的权属之争偃旗息鼓，顺德对中心沟的经营权、管理权、土地使用权无可争辩。

境外插曲

在珠海和顺德两地就中心沟土地归属纷争不休时，1987 年 4 月 27 日，澳门当地报纸头版刊登报道：何鸿燊宣布庞大建设计划，娱乐公司等投资廿亿美元，计划于小横琴岛兴建机场，并透露最后决定将于下月公布。

何鸿燊是澳门旅游娱乐公司老板，是澳门支柱产业博彩业的掌门人。20 世纪 80 年代，世界经济飞速发展，澳门经济也突飞猛进，交通却成为其经济发展的瓶颈，其时澳门没有机场，要建机场又没有适合的土地。

报纸的报道言之凿凿，但是，最后证明这只是澳门的一厢情愿。澳门机场 1989 年开工，最后于 1995 年 11 月建成正式投入运营，是在澳门境内完全填海建成的。

利德公司

1991年12月9日，顺德县委、县政府推行农口系统管理体制改革，组建了5家公司，实行承包经营责任制，其中，中心沟经济开发区归属顺德县利德发展总公司（下称"利德总公司"）。

1992年3月26日，国家民政部批准顺德撤县设县级市，4月30日，顺德市人民政府正式成立。

随着顺德市建制的设立，地方经济开始整合并飞速发展。利德总公司属下企业除了中心沟经济开发区外，还整合了市内的不少企业，包括利德实业投资公司、市企业发展公司、中南企业发展公司、良种引进服务公司、中南电子物资公司、利德房地产实业公司、顺华特种水产养殖有限公司、中南水产发展有限公司、利德实业发展公司、利德特种养殖场、市电饭锅厂、利德工艺术制品厂、市医疗器械厂等，市政府围垦指挥部也归属利德总公司。全公司在职员工超过1000人。其后，利德总公司又新建了不少企业。

利德总公司负责人为梁伟德。

梁伟德，1948年6月出生。1964年8月至1968年3月，在中山、顺德参加"四清"运动和在顺德县机电厂工作。1968年4月至1971年，当兵。1971年至1976年，在顺德县机电厂工作，任党委副书记、革委会副主任。1972年至1988年8月，历任顺德县工交办副主任，顺德县机电厂副书记、副厂长，顺德县经济发展总公司党委书记。1988年8月至1990年7月，任顺德县大良镇党委副书记、顺德县经济发展总公司总经理。1990年8月起任顺德县农委副主任，后任顺德市利德发展总公司总经理、党委书记。

这期间，中心沟围垦区在利德总公司和中心沟经济开发区的旗帜下，除了继续发挥环境优势发展农业外，还大力推进工业化建设，计划建设工业邨引进外资企业，也计划自办企业，如塑料加工厂、汽车修配厂、饲料厂等，还计划建火化厂。可以说，随着中国经济改革的推进，管理者都把眼光转向境外，希望向一江之隔的深圳蛇口看齐。

1994年，顺德开始进行产权改革，利德总公司下属企业也开始了改制的步伐。

合作开发

在1992年1月至2月邓小平"南方谈话"、1992年10月中共十四大确立"社会主义市场经济体制"、1997年9月中共十五大肯定"股份制""混合型经济"的时代背景下,顺德成为全省"综合改革试验市",大力推进产权制度改革,盘活优质资产,成为工业强市。

与此同时,顺德的"飞地"——中心沟的大规模开发建设也进入顺德市委、市政府的议事日程。

最终,引入央企、港资,并与珠海合作开发中心沟,成为顺德市委、市政府的策略。

横琴中心沟所在的珠海西部地区,此时已与广州南沙、惠州大亚湾、汕尾等地区一起,成为广东省20世纪90年代开发重点。不少国内国际财团也纷纷瞄准了横琴中心沟。尤其是中国光大集团和香港信港集团表示,可以先付5000万元的"诚意金"。

顺德农委主任卢桂泉获讯后即向市委、市政府报告,并根据市政府指示精神,开始商谈合作开发中心沟垦区问题。

鉴于中心沟是顺德的"飞地",在珠海市行政管辖范围内,开发中心沟须与珠海市政府取得共识,为此,顺德市政府委派卢桂泉、伍于永、谢光林、李景源为顺德谈判代表团成员,与珠海市政府代表团商议合作开发事宜。

协商谈判主要围绕中心沟历史遗留问题、城市设施配套费问题和行政管理问题展开。

经协商,顺德同意在中心沟划拨4822亩土地给珠海;开发时按每平方米实用面积700元分两次付清城市设施配套费(此前珠海提出每平方米面积的城市设施配套费是1200元);开发后中心沟垦区顺德使用土地范围内所产生的税收由珠海税务机关统一收取,再根据国家有关地方税和共享税留成总额,30年内各按50%的比例分成,满30年后不再分成。

同时,紧锣密鼓地与中国光大集团、香港信港集团就中心沟土地转让及合作开发事宜展开谈判。经协商,陆地以每平方米250元人民币计算,中心河以每平方米 80 元人民币计算，东堤水闸边约 600 亩水面和环山河水面以每平方米 150 元人民币计算，共 12644 亩，总转让价约为 20 亿元人民币。

牵手"光大"

1994 年 4 月 28 日，顺德市人民政府与中国光大国际信托投资公司、香港信港集团有限公司签订土地合同，共同开发珠海横琴岛中心沟。

这份名为《珠海横琴岛中心沟归属顺德市所有之壹万贰仟陆佰肆拾肆亩土地的转让及合作开发合同》载明，经上述三方（以下分别简称"顺德""光大""信港"）多次友好协商，本着平等互利的原则，就顺德将其在珠海横琴岛内之中心沟拥有的 12644 亩土地（以实地测量为准）的 70% 转让给光大、信港，三方共同合作开发，三方拥有土地占比为：顺德占 30%、光大占 45%、信港占 25%。即顺德向光大出让中心沟土地 5689.8 亩（包括水面），向信港出让中心沟土地 3161 亩（包括水面），顺德自留中心沟土地 3793.2 亩（包括水面）。

合同规定，土地受让方拥有与出让方对中心沟同等的权益，包括对所受让土地的管理、开发、受益权，可将受让土地进行出让、抵押、出租、开发等。受让方拥有受让土地的 70 年使用权。

该合同对付款方式等做了明确，特别载明光大、信港原付给顺德的 5000 万元人民币的诚意金，自本合同签订之日起改为受让土地的首期付款。

同时，合同单独以第六章的形式，对"关于与珠海市合作开发问题"进行了约定。从中可知，自 1992 年 8 月以后，顺德市政府组织专责小组与珠海市政府协商，寻求共同合作开发中心沟土地，经多次友好谈判，达成了《关于珠海、顺德两市合作开发建设横琴岛中心沟围垦区的合同》。经顺德、光大、信港三方协商，一致认同该合同的所有条款，并决定将该合同列为本合同的附件，以共同遵守。

时任顺德市市长冯润胜在合同上签名，时任中国光大国际信托投资公司董事、总经理王亚克代表光大签名，苏长东则代表信港签名。

有意思的是，1994 年 4 月 28 日签的合同，却在第十章"其他"第二十五条里载明附件包括"一九九四年五月二十八日《关于珠海、顺德两市合作开发建设横琴岛中心沟围垦区的合同》影印件"。或许可以推断，一个月后珠海、顺德两市签订合同，已是两市共同确定好的日程表。

"光大"合同

下面是顺德市人民政府与中国光大国际信托投资公司、香港信港集团有限公司签署的合同文本。

珠海横琴岛中心沟归属顺德市所有之壹万贰仟陆佰肆拾肆亩土地的转让及合作开发合同

一九九四年四月二十八日

第一章 总 则

第一条 为促进广东珠海横琴岛中心沟的开发，便于中心沟的统一规划、经营及管理，以取得更好的经济效益和社会效益，顺德市人民政府（以下简称"甲方"）与中国光大国际信托投资公司（以下简称"乙方"）及香港信港集团有限公司（以下简称"丙方"）经过多次友好协商，本着平等互利的原则，就甲方将其在珠海横琴岛内之中心沟拥有的12644亩土地（以实地测量为准）的70%转让给乙、丙两方，三方共同合作开发，并达成一致意见，签定本合同，共同遵守。

第二章 土地的性质及面积

第二条 该12644亩土地位于珠海市小横琴岛以南、大横琴岛以北的中心沟地段（以下12644亩土地简称"中心沟"）。

第三条 中心沟东起至西长约7公里，南起至北约2公里，总计12644亩，其中水面约占2000亩（包括中心河、环山河、近东堤虾场之储水塘约600亩水面）。上述面积数据及合同里牵涉的土地面积数据以实际测量后，由顺德市规划国土局出具的红线图为准。

第四条 中心沟是甲方自一九七〇年起围垦填海所造的土地，根据广东省水利电力厅"粤水电计字〔1985〕128号"文件（附件一）及广东省国土厅"粤国土字〔1987〕180号"文件（附件二），中心沟归甲方所有，甲方有权将其出让、抵押、出租及管理、开发、受益。

第三章 转让价格与条件

第五条 甲方同意将其拥有的中心沟的其中70%的土地转让给乙、丙两方，其中乙方占45%、丙方占25%，即甲方向乙方出让中心沟土地5689.8亩（包括水面），向丙方出让中心沟土地3161亩（包括水面），甲方自留中心沟其中的30%即3793.2亩（包括水面）。

第六条 甲方向乙、丙两方转让中心沟土地的价格：

1. 陆地：以每平方米250元人民币计算。

2. 水面：中心河以每平方米80元人民币计算。东堤水闸边约600亩水面和环山河水面以每平方米150元人民币计算。

3. 陆地和水面面积的计算方法：

（1）水面是指中心河全长约2公里，宽度以勒流地段起至西堤水闸的平均宽度计算。

（2）东、西两堤面积按陆地面积计算。

（3）鱼塘、水塘和围内排灌河道作陆地面积计算。

4. 由于价格上的差异，甲、乙、丙三方必须按实际所占比例分摊陆地，中心河、环山河及近东堤600亩水面的面积，并以上述转让价格计算。

第七条 甲方将中心沟向乙、丙两方转让后，乙、丙两方拥有甲方对中心沟同等的权益，包括：

1. 乙、丙两方拥有所受让土地的管理、开发、受益权。

2. 乙、丙两方可将其受让的土地进行出让、抵押、出租、开发等。

3. 乙、丙两方拥有其受让土地的70年的使用权。

第八条 甲方将中心沟向乙、丙两方转让后，甲方必须以顺德市规划国土局名义向乙、丙两方出具乙、丙两方所受让土地的国有土地使用证明书。并提供有关证明该土地权益的政府文件及资料作为附件。

第九条 中心沟牛角坑水库及水库的辅助用地，由甲、乙、丙三方共同使用，权益以甲、乙、丙三方所占中心沟实际权益的比例分摊。该水库及水库的辅助用地不计价。

第四章　付款方式及合同的执行办法

第十条　合同执行的付款程序：

1. 原乙、丙方付给甲方的5000万元人民币的诚意金，自本合同签订之日起改为乙、丙方作为甲方有偿转让中心沟土地的首期付款。

2. 自本合同签字之日起的壹佰贰拾天内，即一九九四年八月三十日前，乙、丙方应将所受让土地售价总金额的百分之二十支付给甲方作为甲方有偿转让中心沟土地的第二期款项。与此同时，甲方应向乙、丙方以顺德市规划国土局的名义出具乙、丙两方所受让土地的用地证明书。

3. 第三期款项，按总额的百分之三十，应在一九九五年十二月三十日前支付给甲方。

4. 余下应付未付的款项，于一九九六年十二月三十日前全部付清。如果乙、丙两方到一九九六年十二月三十日前尚未付清地价款，则按广东省物价局当年公布的物价指数加收。

第十一条　乙、丙方如需以外币向甲方结算土地款，汇率按顺德市外汇调剂中心当日调剂价折算人民币，汇入甲方指定的在中国境内的外汇银行账户。

第五章　关于上交土地转让金及付款办法

第十二条　根据广东省政府关于"凡国有土地的出让，属于商住建设使用的每平方米必须上缴141元转让金"的规定，经甲、乙、丙三方协商一致同意，按合资公司（由甲、乙、丙三方组成的联合公司）出让中心沟土地的面积，每平方米缴纳141元，由甲方负责统一缴交给有关部门，此项土地转让金不属地价款之内。该笔款项的缴交办法：自本合同签订之日起四年内（即一九九四年四月二十八日至一九九八年四月二十八日），按出让土地的进度缴交；如四年内尚未缴清的，从第五年起（即一九九八年四月二十八日起），如广东省政府有新的规定标准计收则按新的计收标准缴交。

第六章　关于与珠海市合作开发问题

第十三条　关于与珠海市合作开发中心沟土地的问题，自一九九二年八月以后，经顺德市政府组织专责小组与珠海市政府协商，寻求共同合作开发中心沟土地的有关事宜，经过顺德市政府的努力，与珠海市政府进行多次友好谈判，达成了"关于珠海、顺德两市合作开发建设横琴岛中心沟围垦区的合同"，现经甲、乙、丙三方协商一致认同该合同的所有条款，并决定将该"合同"列为本合同的附件，以共同遵守。

第十四条 该"合同"中规定，自该"合同"签订之日起一年内向珠海市政府缴纳城市建设配套设施费7000万元人民币。该笔款项的缴纳办法，经甲、乙、丙三方协商一致同意，分四个季度分四期缴交，在每季度缴交之前的一个月由甲方通知乙、丙方，乙、丙方接到通知后，必须按各方应占比例的金额按时足额汇入甲方指定的账号，由甲方按时足额缴交给珠海市政府。

第七章 合作方式

第十五条 为有利于中心沟开发的统一规划，及实行有效的经营管理，甲、乙、丙三方同意以其各自拥有的中心沟土地及权益共同成立专事开发中心沟的股份有限公司，共同开发经营中心沟的土地，其股份分配以甲、乙、丙三方各自拥有中心沟土地的比例确定。

第十六条 根据第十五条的需要，中心沟的12644亩土地，采取综合开发、联合经营的方针，除出现甲、乙、丙三方任何一方要将其所占比例的土地进行出让、抵押的需要外，甲、乙、丙三方在中心沟的土地不进行单独分割，任何一方不能自行确定其所拥有的土地的位置取向。

第十七条 为了中心沟整体开发的需要而进行必要的资金筹措，在不损害中心沟整体开发利益的前提下，甲、乙、丙三方有权对其拥有的股份下的土地进行抵押、出让、招商，其拥有土地的具体位置划分，由三方本着公平、合理的原则协商确定，并由股份公司出具必要的证明文件，办理具体手续。

中心沟开发需要进行整体的融资安排，如需要完整地将全部土地抵押，合同各方必须服从股份公司的安排。

第十八条 中心沟整体开发的经营应由甲、乙、丙三方负责。包括中心沟开发的整体策划、具体实施、资金的安排、发展进度的控制、土地的出让、招商。

第十九条　中心沟开发的经营策略：采取必要的基本设施配套、小区规划配套。在土地具备开发条件后，实施将土地出让、招商的经营策略为主，有盖物业的发展形式和规模视市场情况，资金安排情况由股份公司决定。

第二十条　在不损害中心沟整体发展利益的前提下，经合作各方同意，甲、乙、丙任何一方有权出让其股份公司的部分或全部股权，在同等条件下，合作各方可优先购买。

有关甲、乙、丙三方的具体合作方式，另行签订合资股份公司合同、章程来进行补充和体现。

第八章　合同各方的权利与责任

第二十一条　甲方权责：

1. 负责中心沟开发的工商、税务、规划、治安等行政管理工作。

2. 在开发中心沟的过程中，按股份比例，按时、足额地提供开发资金。

3. 办理为开发中心沟而成立的股份制公司的注册手续。

4. 在与珠海的协调过程中，甲方必须提供有关中心沟土地的详细全面的历史资料和有关政府文件，并提供必要的协助。

5. 政策上需要以政府或国土局名义在开发过程中办理中心沟区域内土地的转让、出租及抵押的土地权益证明文件及手续由甲方负责。

6. 对开发中心沟的财务进行监督、审查。

第二十二条　乙、丙方权责：

1. 在中心沟开发过程中，按时、按比例、足额地提供开发资金。

2. 负责中心沟的日常经营管理并制定规划和销售方案。

3. 在征得甲方同意的前提下，乙、丙方负责中心沟开发的财务及资金安排。

4. 利用乙、丙方在港澳的广泛联系，在境外进行招商、销售。

第九章　违约责任

第二十三条　甲、乙、丙三方任何一方不按本合同的条款履行义务均为违约。

1. 甲、乙、丙三方应按三方商定的合同按时、按比例足额支付开发资金。如有违反合同即为违约，按违约金额、时间处以年息15%的罚息。

2. 由于合同中的一方违约致使本合同不能履行或不能完全履行，由违约一方支付合同总投资的3%的违约金给守约方，而给守约方造成的损失按实际金额给予赔偿。

第十章 其他

第二十四条 本合同如有未尽事宜，三方协商解决做出补充协议，补充协议与本合同具有同等法律效力。

第二十五条 本合同附件与合同为不可分割的部分，附件包括：

1. 广东省水利电力厅一九八五年八月十七日"粤水电计字〔1985〕128号"文的影印件。

2. 广东省国土厅一九八七年十一月十八日"粤国土字〔1987〕180号"文的影印件。

3. 一九九四年五月二十八日《关于珠海、顺德两市合作开发建设横琴岛中心沟围垦区的合同》影印件。

第二十六条 本合同一式六份，由甲、乙、丙三方各执贰份，于一九九四年四月二十八日签字生效。

甲方：顺德市人民政府

乙方：中国光大国际信托投资公司

丙方：香港信港集团有限公司

——（佛山市顺德区档案馆馆藏资料，1994年4月）

来自佛山市顺德区档案馆的档案资料中，还有两份未签章的合同文本，一份是合作开发合同，一份是转让土地的合同，落款日期均为1994年5月18日。

相较于上面正式签署的合同文本，后两份未签章的合同文本有三处较大的差异：①合作三方有变动，原"香港信港集团有限公司"变成了

"香港信业国际有限公司";②转让和合作开发的土地面积有变动,原12644亩土地变成了18500亩土地;③转让价格有变动,陆地由原来每平方米250元人民币,提高到每平方米500元人民币,水面由原来按中心河每平方米80元人民币、东堤水闸边约600亩水面和环山河水面以每平方米150元计算,提高到中心河水面按每平方米160元计算、东堤水闸边约600亩水面和环山河水面以每平方米300元计算。

后面两份合同文本有无最后签订,在现有的档案资料中难以查证。

两市携手

1994年5月28日,珠海、顺德两市在珠海宾馆正式签订合作开发建设横琴岛中心沟围垦区的合同。

合同前言,首先将中心沟围垦区定性为"是1970年由当时顺德、珠海两县按照佛山地区革命委员会的决定共同围垦建成的",并肯定了建成20多年来两地政府和人民在中心沟围垦区的开发建设上都投入了很大的人力、物力和财力,付出了辛勤的劳动;同时,对合作开发建设的原则进行了明确,即友好合作、尊重历史、立足现实、合理合法、互惠互利。

合同对中心沟围垦区的土地权属和使用范围进行了界定,明确其土地经营权、管理权和使用权须按广东省水利电力厅"粤水电计字〔1985〕120号"、广东省国土厅"粤国土字〔1987〕180号"文有关规定执行;中心沟围垦区与当地横琴乡的土地界限,依据1987年11月18日广东省国土厅测绘确定的土地界限和会议纪要为准。中心沟围垦区的总面积为19360亩,减除牛角坑水库面积393.9375亩,中心沟围垦区的实有面积18966.062亩。

该合同虽然支持了顺德对中心沟围垦区的土地权益,但同时也支持了珠海对中心沟围垦土地的要求。合同载明,根据1970年珠海、顺德围垦协定,中心沟围垦土地珠海占三分之一,即6322亩;顺德占三分之二,即12644.062亩。除1987年11月18日划分土地界线时已划出1500亩给珠海外,顺德应在中心沟围垦区内无偿划出土地4822亩给珠海使用。

此外,合同约定,顺德在中心沟围垦区进行开发建设,应向珠海交付城市建设配套费,除学校、医院等公共设施外,4年内按每平方米700元计交；而大型基础设施建设由珠海出资建设，所需用地由顺德无偿提供；且自合同签署之日起一年内顺德应付给珠海7000万元，作为前期大型基础工程建设的启动资金。至于税收分成，30年内按珠海占50%、顺德占50%的比例进行分配，满30年后不再分配，由珠海统一收取。

由合同条款可见，顺德为加快推进中心沟围垦区的开发建设项目，在与珠海的谈判博弈中，是做出了一些让步的。而要在"飞地"上进行大规模开发建设，没有地方政府的支持配合，也肯定寸步难行。两地政府能协商一致，达成谅解和共识，也算是双赢的结果。

代表顺德市人民政府签字的是时任顺德市市长冯润胜，顺德市四套领导班子成员及顺德围垦指挥部历届领导也出席了签约仪式。

代表珠海市人民政府签字的是时任珠海市副市长曾德锋。

曾德锋1994年5月28日在一首诗的题记里写道："（中心沟围垦）20多年过去，如何偿付顺德人所付出的血汗代价，一直是两县（市）领导和群众经常触及的难题。在梁广大、黎子流、欧广源等领导的主持下，两市经过多次友好洽商，决定共同开发。今日，两市领导在珠海宾馆相聚，珠海市委书记兼市长梁广大委托我为珠海市代表，顺德市委书记陈用志委托市长冯润胜为顺德市代表，正式签订两市合作开发协议。"

在诗中，曾德锋写道：

> 不堪回首填海事，中心沟是伤心沟。
> 百艘龙舟沉沟底，万吨木石堵琴腰。
> 顺德儿女伸援手，中心沟坑得断流。
> 如今签字非买卖，"大""胜"双赢共筹谋。
> ——曾德锋：《与顺德市签订合作开发横琴中心沟协议》（见《曾经》，花城出版社2007年版）

在诗的注释中，曾德锋对"万吨木石堵琴腰"做了说明。当年围垦中心沟，珠海县革委会某些领导命令将上百艘龙舟载石沉于沟底，一来是"破四旧"，二来认为以此可以断流，却徒劳无功，幸得顺德民工船及时支援，才彻底截流。而诗中的"大""胜"，则是指梁广大和冯润胜，有人为此开玩笑：" 你们一个要'大'，一个要'胜'，怎么办呀？"我们回答说：" 共同大胜！"

合作开发合同

下面是珠海、顺德两地政府签署的合同文本。

关于珠海、顺德两市合作开发建设横琴岛中心沟围垦区的合同

珠海市横琴岛中心沟围垦区（以下简称"中心沟围垦区"）是1970年由当时顺德、珠海两县按照佛山地区革命委员会的决定共同围垦建成的。建成后20多年来，两地政府和人民在中心沟围垦区的开发建设上都投入了很大的人力、物力和财力，付出了辛勤的劳动。珠海和顺德两市人民政府（以下分别简称"珠海""顺德"）为加快中心沟围垦区的开发建设，本着友好合作、尊重历史、立足现实、合理合法和互惠互利的原则，经过多次协商，达成合同如下。

一、中心沟围垦区的土地权属和使用范围。

中心沟围垦区的土地所有权属国家。其经营权、管理权和使用权必须依照广东省水利电力厅1985年8月17日"粤水电计字〔1985〕120号"文和广东省国土厅1987年11月18日"粤国土字〔1987〕180号"文的有关规定执行。非经法定程序审批，珠海和顺德不得自行变通办理。

中心沟围垦区与当地横琴乡的土地界限，依据1987年11月18日广东省国土厅测绘确定的土地界限和会议纪要为准。中心沟围垦区的总面积为19360亩，减除牛角坑水库面积393.9375亩，中心沟围垦区的实有面积为18966.062亩。根据1970年珠海、顺德围垦协定，中心沟围垦区土地珠海占三分之一，即6322亩；顺德占三分之二，即12644.062亩。

对中心沟围垦区土地使用范围具体划分如下：

（一）1987年11月18日广东省国土厅在划分中心沟围垦区与横琴乡土地界线时，已划分出1500亩给珠海，因此，在中心沟围垦区内，顺德应再无偿划出土地4822亩给珠海使用。所余12644.062亩

土地的经营权、管理权和使用权属于顺德。

（二）为便于开发建设，在中心沟划归珠海使用的4822亩土地，是从小横琴以规划铁路中心线为界、大横琴以规划中的东西干道中心线为界、靠山两侧现属顺德使用的土地中划给，如不足，再沿东西两堤内各取50%。划地方法在中心沟围垦区总体规划确定后具体商定。

（三）铁路、东西干道和中心干道的建设用地由珠海、顺德各出50%。

（四）划归珠海使用的4822亩土地范围内的青苗补偿，按不同作物种类，由珠海负责按顺德的补偿规定补偿给顺德（如果高于珠海补偿标准，应经双方协商解决），补偿金额在顺德应交给珠海的城市建设配套费中抵减，由顺德补偿给农户。对原承包合同的处理，由顺德负责解决，珠海给予协助。

（五）东西两堤外各100米的护堤用地不属于中心沟围垦区内的土地。堤外围垦后，经水利部门核验，护堤用地不再保留时，由珠海另行安排使用。

二、中心沟围垦区城市建设配套费的交付。

顺德在中心沟围垦区进行开发建设，应按照以下标准和办法向珠海交付城市建设配套费。

（一）不分用地功能，按顺德使用的总面积扣除四车道（含四车道，下同）以上道路（含铁路）、学校、医院和规划范围内的公园公共设施的用地面积，珠海市不收取城市建设配套设施费，其余面积，自本合同签署之日起，四年内按每平方米700元计交，第五年开始，余下未交部分则按广东省物价局当年公布的物价指数加收。

（二）珠海收取城市建设配套费后，大型基础建设包括顺德开发建设范围内四车道以上的道路（混凝土路面）、桥梁、铁路和道路两边的排水、排污、通水、电力、通信管道和路面照明设施，高中以上学校、区级以上医院等由珠海出资建设。上述建设所占用土地由顺德无偿提供，如顺德做了填土的，由珠海补回成本价。其他设施由顺德投资建设。

（三）合同自签署之日起，一年内顺德应付给珠海7000万元，作为前期大型基础工程建设的启动资金。往后，顺德开发建设范围内属珠海投资建设的基础工程，经珠海、顺德两市商定工程造价后实行公开招标，以中标的工程造价为准，由顺德监督实施建设，所耗资金在顺德应交给珠海的城市建设配套费中抵减。

三、中心沟围垦区的建设规划。

（一）中心沟围垦区的总体规划纳入横琴岛的总体规划，由珠海统一制定。人口密度按每平方公里8000人控制。

（二）顺德在实施分区规划时，应当严格执行总体规划明确规定的人口密度、绿化比例等要求。

（三）顺德使用土地范围的分区规划，由顺德按照总体规划的功能要求提出方案，经珠海、顺德两市商定后由顺德实施。

四、中心沟围垦区的税收。

中心沟围垦区顺德使用土地范围内所产生的税收，由珠海税收机关统一收取。税款收取后，根据国家有关地方税和共享税留成的总额，在本合同签署生效之日起30年内按珠海占50%、顺德占50%的比例进行分配，满30年后不再分配，由珠海统一收取。

五、中心沟围垦区内的行政管理。

中心沟围垦区的行政管理权统一由珠海行使。在顺德使用土地范围内，由顺德设立统一的办事机构受理珠海市与顺德市联合授权的行政及建设事务。

具体管理措施如下：

（一）公安、工商、税务、人口等日常行政管理事务，由珠海市和珠海经济特区顺德市人民政府中心沟办事处共同负责处理。

（二）顺德使用土地范围内的各类（含外资）建设项目的立项注册登记等，在珠海经济特区顺德市人民政府中心沟办事处登记注册并颁发珠海证照。

（三）顺德使用土地范围内发生的各类土地使用权转移事项属第一次出让的，由顺德市国土管理部门依法审定，委托珠海经济特区顺德市人民政府中心沟办事处颁发有关证书，一年内必须到珠海市国土部门办理换证手续，换证时只收工本费。

（四）珠海各行政机关在顺德使用土地范围内依法设立派驻机构的用地，由顺德按土地开发的成本价格（征地及填土费）提供，其城市建设配套费由珠海交纳。

六、中心沟围垦区的入户和收费。

中心沟围垦区的户籍管理由珠海公安机关统一负责。顺德使用土地范围内的人口入户和收费按下列办法办理：

（一）人口入户由珠海根据顺德开发建设的进展情况，逐年分拨人口入户指标给顺德。

（二）人口入户申请经顺德审查，由珠海公安机关办理入户手续，并按规定向珠海交纳城市增容费。

（三）顺德市内户口的人口入户，按珠海市内县、区人口迁入市区的标准收取城市增容费；顺德市外户口的人口入户，按珠海市外户口人口迁入珠海市区的标准收取城市增容费。

七、合作开发的其他问题。

（一）顺德使用土地范围内开发建设所需沙石资源，可由横琴的沙石场供应，其利润不得超过5%。顺德在其使用土地范围内为开发建设自行开采的沙、石、土等填料由珠海规划地段、地点开取，珠海市按国家规定的资源费标准收取资源费，并给予方便和支持。

（二）横琴作为20世纪90年代广东省重点开发区所享有的各项优惠政策，同样适用于顺德在其使用土地范围内的各项开发建设项目。

八、合同一式十二份，具有同等效力，双方各执六份。

九、本合同生效后，在执行中双方发生争议或一方违约时，应当协商解决。协商不能解决的，可依法向人民法院起诉。

十、本合同由双方政府签署之日起生效。

珠海市人民政府　　　　　　　　　　　　　　　顺德市人民政府
代表：曾德锋　　　　　　　　　　　　　　　　代表：冯润胜
　　　　　　　　　　　　　　　　　　　　一九九四年五月二十八日

——（佛山市顺德区档案馆馆藏资料，1994年5月）

此外，档案资料中还有一份已签名但未盖章的合同文本，内容与上面合同文本基本一致，但签署人分别为时任珠海市副市长李南华、顺德市市长冯润胜，签署日期为 1994 年 4 月 9 日。显然，随着主管领导的变化，一个多月后两地政府重新正式签署合同，并盖章确认。

开发前奏

1994 年 5 月 17 日，广东横琴（顺德）建设开发总公司成立。

该公司在顺德市工商局注册，位于顺德市大良区见龙山庄，主要负责中心沟的规划建设开发和经营管理。

1994 年 6 月 9 日，广东横琴（顺德）建设开发总公司任命各职能部门负责人：财务部王林明、建设规划部谢光林、公共关系部李景源。

1994 年 6 月 17 日，顺德市人民政府重新设立珠海经济特区顺德市人民政府中心沟办事处。该办事处属正科级建制，配备国家干部 8 人，由市政府直管。办事处负责中心沟行政管理和开发协调工作。同时，撤销"顺德市围垦工程指挥部"和"顺德市中心沟经济开发区"。

1994 年 6 月 17 日，顺德市人民政府下发文件，就开发横琴岛中心沟围垦区有关问题提出处理意见。

该文件文号为"顺府办发〔1994〕36 号"，对土地转让金的分配提出处理办法：50% 上缴给市政府，除用于清还投资中心沟的债务外，其余用于福利事业建设；50% 按市和各镇在中心沟拥有土地的面积比例进行分配；各镇分配所得的土地出让金，首先用于清还投资中心沟所产生的债务，余下部分可按 50% 用于福利事业建设，50% 按各管理区在中心沟拥有土地的比例分配给参加围垦的管理区的办法处理。

该文件对人员安置提出意见，原指挥部的人员，适合今后开发时使用，本人又愿意的，可由办事处择优留用；不适合留用的，按市关于企业转换机制的政策予以遣散。各镇的人员可参照上述办法进行处理。

关于财物的处理，原指挥部及市属单位的财物经过清产核算后，由中心沟办事处接管使用。各镇所建的房屋及财产，能够移动的物件由原单位自行清理，不能移动的亦无偿由办事处接管使用。

关于养殖场及承包土地的处理，中南水产发展有限公司和顺华水产养殖公司的养殖场养殖期至1994年12月31日止，两公司可动或不可动财物全部交由办事处接管。各镇的土地亦应通知承包者，至1994年12月31日止终止承包合同收回土地，并根据承包合同规定给予一定的补偿。

该文件还特别强调，今后中心沟的开发经营与各镇无关。

1994年8月，顺德市政府组织市工商局、物价局、规划局、国土局等职能部门，与珠海市横琴管理委员会及有关部门进行友好协商，探讨中心沟应享受的特殊优惠政策，并拟定《关于珠海、顺德两市合作开发建设中心沟具体事项的协议》，为中心沟的开发创造良好的条件。

同时，积极搞好中心沟的总体规划。组织广东横琴（顺德）建设开发总公司建设规划部的技术人员和有关专家充分论证，多次与珠海市有关领导和规划院商讨，在排洪排污、中心干道规划、用地功能等问题上基本达成共识；还聘请了地质专家研究中心沟地质情况，做出详细的填土规划。

1994年12月3日，顺德市委、市政府在中心沟办事处召开中心沟围垦区移交工作会议。

时任顺德市委副书记、常务副市长胡洪骚，市农业发展局、中心沟办事处等单位负责人，以及围垦区5个镇抓农业的副书记或副镇长、中心沟指挥所负责人参加了会议。会议首先由中心沟办事处副主任赵善章、伍于永通报中心沟开发的进展情况，并对交接工作提出了初步的意见。在此基础上，与会人员展开讨论，提出建议。最后，胡洪骚代表市委、市政府就中心沟移交工作提出具体意见。

一是对中心沟的土地、房屋等财产的处理，原则上按"顺府办发〔1994〕36号"文件规定执行，在收到第一期土地出让金时，中心沟办事处要与各镇签订土地、房产、财产移交合同。

二是中心沟办事处要积极与中国光大国际信托投资公司和香港信港集团有限公司协调沟通，促使其切实履行合同，尽快支付土地出让金给顺德；同时，要与珠海有关部门衔接好，尤其是要求珠海方面尽快搞好中心沟的总体规划，并配合总公司搞好土地开发工作，协助各镇理顺各种关系。

三是对中南虾场和顺华水产养殖场的财产进行处理并对人员进行妥善安排，由市财政局和有关审计部门对其进行资产审计后，其债权和债务由市政府负责，固定资产无偿移交给中心沟办事处管理；两场的人员安置原则上由市农业发展局负责，属国家干部的由市农业发展局和中心沟办事处安排工作，其余人员按市有关转换机制的政策予以遣散。

四是中心沟原指挥部、市属单位和各镇（各营区）的全部土地及其他不动财产，要在1994年12月31日前无偿移交给中心沟办事处接管使用。在中心沟未开发前，原耕土地原则上由原耕户经营。在未收到第一期土地出让金前，各镇的土地及财产租金仍归各镇所有；在收到第一期出让金后，全部土地和财产租金由办事处收取。对承包户的青苗费、财产补偿费、终止合同补偿费、安置费等一律由各镇负责支付。

该文件还明确，从1995年1月1日起，中心沟东、西两堤和水闸的维修、管养人员工资以及有关费用，由三方股份公司负责；中心沟办事处的经费以及编制内8名工作人员的待遇，由市财政解决。

此外，进一步明确中心沟办事处与广东横琴（顺德）建设开发总公司的职责。办事处的职能属行政管理，负责办理土地出让手续、搞好社会治安等管理；总公司属经济实体，负责土地开发、招商等事务。

1994年年底，顺德市政府投入800多万元，对中心沟的办公楼、招待所进行重新装修，并配备了歌舞厅、游泳池等文娱康乐设施；同时，代总公司支付30多名中心沟管理人员的工资和日常工作的开支，确保中心沟各项工作的正常运转。

1995年1月，珠海市规划设计研究院完成了横琴岛中心沟总体规划用地布局方案。

大计落空

1996年7月18日，顺德市人民政府形成《中心沟前期开发工作情况》书面材料，显示合作开发建设中心沟围垦区的大计遇到极大障碍。

早在合同签订之前，中国光大国际信托投资公司和香港信港集团有限公司就向顺德支付了5000万元人民币的合作诚意金。然而，时至1996年7月，首期土地出让金仍未支付。开发资金不到位，顺德也未能按合同约定支付珠海7000万元的土地开发配套费。合作开发大计陷于停滞。

三方合资公司出任中方董事长的是顺德市利德发展总公司总经理梁伟

德，出任总经理的是中心沟围垦指挥部副指挥伍于永。

至于为什么会出现光大、信港未能按合同履约支付土地出让金的情况，据相关人士透露，是因为当时作为国企的光大集团不被允许搞金融证券以外的业务，也与当时国家实行宏观调控、地产市道滑坡有关。

经三方合资公司董事会议决定，暂停开发横琴中心沟。

在顺德市政府的书面材料中，将三方签订的合同难以兑现的原因归结于"经济大环境的影响"：

> 尽管我们围绕加快中心沟的开发，力所能及地做了大量的工作，但由于经济大环境的影响，三方签订的合同难以兑现，不仅使中心沟的开发建设至今仍然不能全面铺开，而且使我市陷于十分被动的局面。一方面，合同签订后，市政府下发了关于处理中心沟土地问题的文件，把土地转让款分配给参与中心沟开发的5个镇，各镇当时反映十分热烈，认为多年来付出的沉重代价终于有一个好的回报，因而纷纷制订了公共福利计划，不少项目已动工兴建，但由于至今资金仍然没有兑现，使不少建设计划落空，一些在建项目难以推进，在社会上产生了不良影响。另一方面，由于开发资金未到位，我市也不能按时支付给珠海7000万元的土地开发配套费，这对中心沟的开发带来一定的影响。此外，中心沟的日常费用开支至今仍然没有出路。中心沟现有管理人员38人，其中8人属国家干部，由市财政供给；其余的30人每年需要支付工资60万元，加上每年堤围水利维护费约60万元，合共120万元，仍然由顺德市财政代支。出现这一困难局面，主要是大环境造成的，是三方股东都预想不到的。希望各方能面对现实，正视困难，和衷共济，积极寻求有效的办法，尽最大的努力搞好中心沟的开发和建设。
>
> ——顺德市人民政府：《中心沟前期开发工作情况》（佛山市顺德区档案馆馆藏资料，1996年7月18日）

艰难的发展

中心沟围垦成功，经过近十年垦殖试种后，顺德根据自然环境特征和国家形势的变化，把垦区改造成典型的珠江三角洲特色的桑基鱼塘格局。但是，发展道路与当年围垦的道路一样是艰难的。

20世纪80年代初的小额贸易之争，也阻滞了中心沟的外贸机遇。

1986年合资的中南虾场，到1989年5月就发生外资方香港森美迪嘉水产投资有限公司没有按约按时投资的事件，以致中方要求按约把所有权收回。

到20世纪90年代，正是全国经济改革深入开展、各行各业飞速发展的大好时期，但是中心沟没能搭上这趟经济高速发展的"列车"，工业区、自办工矿企业、合资、合作开发，种种尝试，都无法改变中心沟的一汪水面，以致这时期还有不少辛苦围垦出来的土地丢荒了。

1992年后加快经济改革步伐，实行产权改革，中心沟经济发展公司下属的企业也推行产权改革，分两批实行租赁经营或赎买经营，农业方面继续实行土地承包制。

中心沟地处雷雨区与烈风带，年年有台风登陆，狂风暴雨往往造成树木倒伏、鱼塘漫顶，甚至堤坝崩塌，几乎每两三年就得打报告修堤复耕，减免土地承包费。

1994年，中心沟遭受12级强台风和暴潮袭击，东、西堤全面崩缺。台风过后，顺德市投资600多万元进行抢修复堤。1996年5月6日，中心沟遭受历史罕见的特大暴雨袭击，总计受灾面积4193亩，经济损失331.6万元。

与顺德在中心沟的各种发展谋划遇到的阻力与困难重重一样，土地生产承包管理也不是一帆风顺，1997年就发生了承包人违约事件，原围垦指挥部领导成员李××因为承包中心沟的土地（塘）近2000亩后拖欠包租金70多万元，1997年11月13日，中心沟办事处依法向顺德市人民法院起诉；12月11日，顺德市人民法院裁定珠海经济特区顺德市人民政府中心沟办事处诉顺德市华顺水产有限公司（即顺华水产养殖公司，后改名）、李××拖欠承包租金及借款胜诉，约定李××须于12月31日前全部还清款项，但李××把法院查封的鱼塘水产以低于市场的价格出售，既没有缴付承包款，又拖欠了60多名员工几个月的工资355507元，而李××其人去向不明。办事处经请示顺德市人民政府，协同法院处理剩下不到13万元的水产品和其他财物，并提请顺德市人民政府临时调拨20万元，作为被欠薪员工的工资。

1998年8月1日，顺德市人民政府把珠海经济特区顺德市人民政府中心沟办事处划归顺德市农业发展局管理。

中心沟的土地承包经营者在政策允许的前提下，多方谋划发展，以使流血流汗围垦成功的土地产生出社会效益。中心沟地处咸淡水交汇处，所养殖的鱼类品种质量特别好，所以，经营者就注册了"中心沟鲩鱼"商标（这也是顺德首个获得国家原农业部颁发的无公害认证鱼类产品），并在顺德大良设立了经营部，推广中心沟水产品。牛角坑水库也开发为观光旅游区。

2001年9月28日，面积500亩的无公害草鱼养殖基地通过无公害农产品认证。这是顺德第一个通过认证的无公害水产养殖基地。

2002年5月1日，中心沟历史展览室正式启用，珍贵的历史资料记录着顺德围垦中心沟的艰辛与光荣。

顺德市（区）驻中心沟办事处主要负责人名单见表7-8。

表7-8 顺德市（区）驻中心沟办事处主要负责人名单

年代	主任	副主任
1994年7月—1996年2月	无	赵善章、伍于永
1996年3月—2003年3月	无	伍于永、陈孔文
2003年3月—2004年1月	无	陈孔文
2004年1月—2010年11月	陈孔文	李启文（至2008年9月）

第八章 横琴战略[①]

在横琴的开发和发展进程中，中心沟围垦是极为关键的一环。

没有中心沟围垦，大、小横琴岛就只是被海分隔开的两个荒岛。

没有中心沟围垦，就没有14平方公里的土地资源作为横琴开发区的基础和核心，就不会有后来持续不断的围海造地、新区扩容，形成3倍于澳门的城区规模。

甚至连宜居城市必需的淡水资源，也来自于当年顺德围垦大军修建的牛角坑水库。

没有中心沟围垦，后来的横琴岛开发会是怎么一个样子，以及会不会上升到国家战略，都要打上个问号。

从400年前"十字门开向外洋"的繁盛，到澳门旁两个荒岛的沉寂；从中心沟围垦的艰苦奋斗，到"飞地"的开发经营；从顺德、珠海的各自谋划，到顺德、珠海两地的联手；从粤澳合作，到借助泛珠三角"9+2"的力量开发横琴；从横琴总体发展规划上升到国家战略高度，到横琴自贸区的横空出世，再到融入世界级的粤港澳大湾区建设……横琴，历史不曾把你忘记。

横琴经济开发区

1992年3月12日，广东省委批准成立横琴经济开发区。

同时，横琴被确定为广东省扩大开放四大重点开发区之一。

1992年7月22日，珠海市委批准成立横琴经济开发区管理委员会，

---

① 本章资料综合引自新华网、人民网、央视网、中新网等网站。

为珠海市委、市政府派出机构。

早前,珠海于1987年3月成立横琴乡人民政府,1989年3月撤乡建镇,横琴镇隶属珠海香洲区管辖。

横琴经济开发区成立后,铺开了大规模的开发建设。珠海成立了横琴开发指挥部,梁广大任总指挥。1992年10月,横琴经济开发区"围垦战役"打响,约有200支施工队、200多条船和100多辆车参与围垦。横琴的土地开始向东、南、西、北延伸,围垦土地大约有40多平方公里,直到1997年基本围成。

中心沟就被包在了中间。

连接珠海城区和横琴的横琴大桥于1992年兴建并于1999年9月28日建成通车,总投资3.2亿元;连接横琴与澳门路氹填海区的莲花大桥于1998年9月动工并于2000年3月28日正式启用,总造价2亿元人民币,由澳门与珠海共同出资建造;国家一类口岸——横琴口岸经国务院批准,于2000年3月28日正式对外开放,成为珠澳两地物流和旅客出入境的快捷通道。

桥通、路通、水通、电通、邮通和口岸通,为横琴经济发展打下了良好的基础。

1998年年底,横琴经济开发区被确定为珠海五大经济功能区之一。全区设1个镇、3个居委会,下辖12条自然村,全区常住人口6500多人,其中,户籍人口3500多人。

1999年,珠海市提出把横琴岛开辟为"旅游开发协作区"。

澳门回归

1998年10月8日,广东公安边防部队正式开进与澳门一水之隔的珠海横琴岛驻防。

与此同时,横琴岛驻地竖起一块澳门回归倒计时牌:中国政府对澳门恢复行使主权,距1999年12月20日倒计时439天。

1999年12月20日零时,中国和葡萄牙两国政府在澳门文化中心举行政权交接仪式,中国政府对澳门恢复行使主权,澳门回归祖国,成为中华人民共和国澳门特别行政区。这是继1997年7月1日香港回归祖国之后,中华民族在实现祖国统一大业中的又一盛事。

早在1553年，就有葡萄牙人开始在澳门居住。1887年12月1日，葡萄牙与清朝政府签订《中葡里斯本草约》和《中葡和好通商条约》，正式通过外交文书的手续占领澳门。

澳门的回归，结束了受殖民统治的耻辱历史。中国政府承诺，在澳门实行"一国两制"，保障澳门人享有"澳人治澳、高度自治"的权利。

澳门是一个国际自由港，是世界人口密度最高的地区之一，也是世界轻工业、旅游业、酒店业和博彩业发达城市之一。

澳门也是一个弹丸之地，面积不到30平方公里，仅是横琴中心沟面积的两倍余，比起因中心沟围垦而连接在一起，又不断围海造地的横琴岛来，还不到其三分之一。

为解决土地供应不足问题，澳门也一直不断地实施围海造地。

在澳门人眼中，横琴一直被视为改善澳门人居空间和产业多元化空间的最佳选择，是为澳门提供可持续发展广阔空间的宝地。

历史上，澳葡当局多次索要横琴岛。20世纪80年代，澳门和珠海双方曾探讨在横琴共建机场、合作开发等事宜，未果。

回归祖国怀抱为澳门的未来发展提供了新的可能，包括利用毗邻的土地资源解决澳门供地不足的问题。

于是，澳门特区政府把眼光投向了横琴。

2000年9月12日，澳门、珠海两地高层首次就开发横琴岛等事宜举行会谈，双方同意将在互惠、互补、互利的大原则下开展合作。

据透露，澳门特区政府与珠海市政府协商，要求租借整个大横琴岛和小横琴岛。然而，事关重大，涉及体制机制问题，边防、海关等管理难度太大，非省市级层面可以拍板，珠海方面感觉时机不成熟，故只是采用类似"试点"的方式，在澳门关闸建设上实行了租赁模式。

2001年11月26日，国务院"国函〔2001〕152号"《国务院关于广东省珠海市和澳门特别行政区交界有关地段管辖问题的批复》，2002年3月21日，"国办函〔2002〕28号"《国务院办公厅关于澳门租用珠海土地兴建新边检楼有关问题的复函》，授权珠海市人民政府与澳门特区政府商谈并签署土地租赁合同。中央同意珠海将位于拱北联检大楼与澳门关闸之间的一幅面积为 28042.6 平方米的国有土地使用权出租给澳门特区，澳门特区每年以每平方米 10 元人民币的租金支付费用；土地租赁合同中规定租赁年期为 50 年，期满时如澳门特区仍需继续使用这幅土地，则双方可按合同规定的条件予以续签土地租赁合同；合同经珠澳双方签字盖章并经国务院批准后生效。因此，珠海市只是将澳门北区关闸与珠海拱北之间的一小幅土地租给澳门建设"新海关大楼"。

横琴岛的大开发，仍在蓄势。

"CEPA"

2003 年，内地与香港特区政府、澳门特区政府分别签署了内地与香港、澳门《关于建立更紧密经贸关系的安排》，即"CEPA"。

随后，在 CEPA 框架下陆续签署了多个补充协议，持续推动内地与港澳建立更紧密的经贸关系。

CEPA 其实是我国国家主体与香港、澳门单独关税区之间签署的自由贸易协议，也是内地第一个全面实施的自由贸易协议。

自此，内地与港澳的经贸合作交流步入了快车道。

在 CEPA 制度性安排实施背景下，与澳门一水之隔的横琴，其区位优势和发展潜力不言而喻。

横琴，一直在增值！

泛珠合作（"9+2"）

2003 年 7 月，广东提出"泛珠三角区域合作"（简称"泛珠合作"）的构想。

随后，福建、江西、湖南、广东、广西、海南、四川、贵州、云南等九省区和香港、澳门（即"9+2"）的行政首长形成共识，达成了一系列合作协议。中央鼓励积极探索，国家有关部委给予了大力支持和具体指导。

2004 年 6 月 1 日，首届"泛珠三角区域合作与发展论坛"在香港揭幕。

这次论坛的主题是"合作发展，共创未来"，它标志着泛珠三角区域合作在省（区）政府层面的启动，标志着中国其时最大规模的区域合作工程从构想进入实操阶段。

次日，"泛珠三角区域合作与发展论坛"移师澳门旅游塔会展中心继续举行。

6月3日，论坛闭幕式在广州白天鹅宾馆三楼国际会议厅举行，"9+2"省（区）政府领导人共同签署《泛珠三角区域合作框架协议》，为推进泛珠三角区域合作建立了制度保障。

从此，按照"联合主办、轮流承办"的形式，论坛原则上每年举办一次，并同时每年举办一次珠三角区域经贸合作洽谈会。

从此，泛珠合作"9+2"叠加CEPA的催化作用，逐步形成"互连互动、优势互补、协调发展"的良好格局。

横琴的大开发，被悄然提上了议事日程。

泛珠三角横琴经济合作区

2004年12月30日，广东提出将横琴岛创建为"泛珠三角横琴经济合作区"。

正值2004年粤澳合作联席会议在广州召开，时任中共中央政治局委员、中共广东省委书记张德江，时任中共广东省委副书记、省长黄华华在珠岛宾馆会见了率团与会的时任澳门特别行政区行政长官何厚铧一行，共同探讨设立"泛珠三角横琴经济合作区"有关事宜。

张德江表示，设立泛珠三角横琴经济合作区，将为泛珠三角合作提供一个载体，对澳门来说，有利于调整产业结构，有利于延伸发展服务业，有利于进一步改善就业环境。希望粤澳双方共同努力，推进"9+2"共同开发珠海横琴岛。

与此同时，广东省发展和改革委员会委托中投咨询公司编制《关于开发泛珠三角横琴经济合作区的项目建议书》。

2005年年初，建议书完成并广泛征求有关各方意见，上报国家发展和改革委员会。

该建议书包括泛珠三角横琴经济合作区发展定位、产业定位及向中央争取的优惠政策等，提出在横琴开展人民币离岸业务，建虚拟物流中心、电子商务平台、国际性金融商务区和高端金融服务等。

2005年7月25日,"第二届泛珠三角'9+2'区域合作与发展论坛暨经贸洽谈会"在四川成都举行,珠海展位循环播放的横琴宣传片引人注目。

据介绍,未来横琴的发展定位将是重点发展以网上交易市场枢纽和虚拟物流业务、票据业务、人民币离岸业务为主的金融贸易业,以研究开发基地、技术服务和信息咨询为主的工商支持服务业,以高附加值、低能耗、无污染为主的高技术产品制造业,以贸易展销、会议及展览、观光旅游及娱乐服务、酒店服务为主的现代服务业。

几乎同时,其时由李嘉诚任董事局主席的香港和黄集团派代表考察横琴岛,对横琴开发表露出极大的兴趣。2005年8月24日,由广东省外经贸厅牵头组织的香港六大商会和澳门四大商会以及广东省内企业共100多人的代表团对横琴岛进行考察。

横琴的地域优势也吸引了美国博彩业和会展巨头拉斯维加斯金沙公司的注意。据来自《华尔街日报》的消息称,金沙集团与珠海方面签署了一份投资意向书,将投资10亿美元,在澳门岛西边的珠海横琴岛建设一个超大规模的国际会展度假区。

横琴一时间成为投资者眼中的"香饽饽"。

2005年9月10日,时任国务院总理温家宝视察横琴。温家宝总理此行是围绕研究"十一五"规划进行考察,而此前广东省已经将港珠澳大桥的可行性报告(落脚点之一为珠海拱北)和《关于开发泛珠三角横琴经济合作区的项目建议书》提交国务院等待审批。

横琴大开发,还得再等等。

一个从国家战略层面高度出发的大动作正在酝酿。

国家战略:横琴新区

中心沟从一块海中滩涂变成万顷良田,也随着时代的变化而成为一个新的建设热点。中心沟围垦区的变化是社会发展不可逆转的趋势,也体现了中心沟围垦的价值。

从以下脉络我们可以知道社会经济发展与时俱进的轨迹,也可以知道横琴被赋予的新使命是一个时代的必然趋势。

早在 2008 年 12 月，国务院通过《珠江三角洲地区改革发展规划纲要》，明确要"规划建设珠海横琴新区等合作区域，作为加强与港澳服务业、高新技术产业等方面合作的载体"。

横琴开发，已上升到国家战略层面的高度。

2009 年 6 月 24 日，国务院常务会议原则通过《横琴总体发展规划》，决定将横琴岛纳入珠海经济特区范围，对口岸设置和通关制度实行分线管理。

2009 年 8 月 14 日，国务院正式批复了《横琴总体发展规划》。该规划将横琴岛纳入珠海经济特区范围，提出实行更加开放的产业和信息化政策，立足促进粤港澳三地的紧密合作发展，促进港澳繁荣稳定。

横琴被国家定位为"一国两制"下探索粤港澳合作新模式的示范区、深化改革开放和科技创新的先行区、促进珠江口西岸地区产业升级的新平台。

2009 年 11 月 25 日，中央机构编制委员会办公室批准成立横琴新区。

根据批复，横琴新区管理委员会为广东省人民政府派出机构并委托珠海市人民政府管理，规格为副厅级。

2009 年 12 月 16 日，继天津滨海新区和上海浦东新区之后，中国第三个国家级新区——横琴新区在珠海市横琴挂牌成立，时任中共中央政治局委员、中共广东省委书记汪洋，时任中共广东省委副书记、省长黄华华为珠海市横琴新区的党政机构揭牌。

同时，该区投资总额逾 726 亿元人民币的首批四大工程也宣布启动，它们分别是：横琴新区市政基础设施建设项目、横琴多联供燃气能源站项目、珠海长隆国际海洋度假区项目、珠海十字门中央商务区项目。

横琴新区处于"一国两制"的交汇点和"内外辐射"的结合部。横琴新区的面积是当时澳门面积的 3 倍多，其中，未建设的土地面积占总面积的 90% 以上，是珠三角核心地区最后一块尚未开发的"处女地"。

2010 年 3 月 5 日，时任国务院总理温家宝在第十一届全国人大第三次会议《政府工作报告》中指出，要积极推进港珠澳大桥等大型跨境基础设施建设和横琴岛开发，深化粤港澳合作，密切内地与港澳经济的联系。

2010年3月6日,广东省人民政府和澳门特别行政区政府在北京人民大会堂签署了《粤澳合作框架协议》,确立了合作开发横琴、产业协同发展等合作重点,提出了共建粤澳合作产业园区等一系列合作举措。

2011年3月11日,横琴开发被纳入国家"十二五"规划。

2011年7月14日,《国务院关于横琴开发有关政策的批复》(国函〔2011〕85号)正式下发,同意在珠海市横琴新区实行"比经济特区更加特殊的优惠政策",授予横琴新区立法权、在横琴建立特殊的通关管理制度、实施特殊的税收金融政策、实行特殊的产业政策、赋予特殊的审批管理权限;同时,按照"一线放宽、二线管住、人货分离、分类管理"原则实施分线管理。

2012年1月1日,作为横琴创新的法律依据《珠海经济特区横琴新区条例》正式施行。

2012年3月5日,时任国务院总理温家宝在《政府工作报告》中明确提出:"支持澳门建设世界休闲旅游中心,推进横琴新区建设,促进经济适度多元发展。"

2012年10月30日,中共中央党史研究室编写的《党的十七大以来大事记》由新华社播发,横琴发展被列入2009年记事。

2012年12月8日,习近平总书记考察横琴,鼓励横琴发扬敢为人先的特区精神,勇于探索合作模式,着力进行体制机制创新。①

珠海市横琴岛地处珠江口西岸,毗邻港澳,与澳门隔河相望。推进横琴开发,有利于推动粤港澳紧密合作、促进澳门经济适度多元化发展和维护港澳地区长期繁荣稳定。现有土地总面积106.46平方公里的横琴岛,其中,山体、湿地等57.9平方公里划为禁建区,并执行最高的环境保护标准和实施严格的环境保护举措。

横琴定位:"两区一平台"

"两区"即"示范区""先行区","一平台"即"新平台"。

---

① 参见中新网2012年12月15日(特派记者李纲、郭静):《习近平考察前海鼓励探索新机制:授权给你们大胆走》。据中新网2012年12月15日。

所谓"示范区"是指创新通关模式，以横琴为载体大力推进粤港澳融合发展，聚合珠三角的资源、产业、科技优势与港澳的人才、资金、管理优势，加强三地在经济、社会和环境等方面的合作，率先探索建立合作方式灵活、合作主体多元、合作渠道畅顺、合作效果显著的新机制，为推进粤港澳更紧密合作提供示范。

"先行区"是指在CEPA框架下进一步扩大开放，进一步发挥香港、澳门的自由港优势，大力推进通关制度创新、科学技术创新、管理体制创新和发展模式创新，为港澳人员在横琴就业、居住和自由来往提供便利，大力提升经济社会发展的国际化水平，建设高水平的科技创新和产业化基地，在改革开放的重要领域和关键环节率先取得突破，为珠三角"科学发展、先行先试"创造经验。

"新平台"是指加强珠澳合作，大力吸纳港澳和国外的优质发展资源，打造区域产业高地，通过研发和创意设计等高技术的转移、扩散和外溢效应，促进珠三角和内地传统产业的技术改造和优化升级。拓展澳门的产业发展和教育科研空间，促进澳门经济适度多元发展。

横琴新区主要发展目标

经过10～15年的努力，把横琴建设成为连通港澳、区域共建的"开放岛"，经济繁荣、宜居宜业的"活力岛"，知识密集、信息发达的"智能岛"，资源节约、环境友好的"生态岛"。到2020年，横琴新区总人口为28万人，人均GDP为20万元。

未来蓝图

2009年10月，《横琴新区控制性详细规划》公布，为横琴新区的未来发展绘出蓝图。

按照该规划，横琴新区规划总面积106.46平方公里。其发展定位是，要把横琴建设成为带动珠三角、服务港澳、率先发展的"粤港澳紧密合作示范区"。

2012年2月，该规划经深化后，由横琴新区管理委员会批复同意实施。(《横琴新区控制性详细规划》见附录二)

横琴岛澳门大学新校区

2009年6月27日,全国人大常委会表决通过《关于授权澳门特别行政区对设在横琴岛澳门大学新校区实施管辖的决定》。

十一届全国人大常委会第九次会议表决通过,决定授权澳门特别行政区对设在横琴岛的澳门大学新校区实施管辖,横琴岛澳门大学新校区与横琴岛其他区域实行隔离式管理。

这意味着,横琴岛一部分将成为实施"一国两制"的新区域。

澳门特区政府以租赁方式取得横琴岛澳门大学新校区1.0926平方公里的土地使用权。据悉,土地租金为12亿元澳门币,租赁期自新校区启用之日始,至2049年12月19日止。

2009年12月20日,正值澳门回归10周年,时任国家主席胡锦涛在澳门特别行政区行政长官崔世安的陪同下,主持澳门大学新校区奠基仪式。

2013年11月5日,澳门大学新校区正式启用,时任中共中央政治局委员、国务院副总理汪洋出席启用典礼。

2014年8月,澳门大学完成迁校,正式迁入位于横琴岛的新校区,新校区在行政区划上被纳入氹仔区域,法定地址为澳门氹仔大学大马路。

2014年8月25日,澳门大学新学期开学,这是首次在澳门大学新校园正式开课。

澳门大学新校区位于广东省珠海市横琴岛东部,在原中心沟围垦区东堤外侧,土地是20世纪八九十年代围垦成陆的,与澳门一河相连(原十字门水道,围垦后变成河涌),背倚葱绿秀美的横琴山,占地1.0926平方公里,相当于澳门面积的1/30,比澳门大学原校园约大20倍,建筑面积约94.5万平方米,可容纳约1万名学生。澳门与新校区之间通过一条1750米的海底隧道连接,从澳门一方可全天候随时进出新校园,没有边检阻隔,非常方便。

2014年12月20日下午,刚刚出席澳门回归15周年庆典的国家主席习近平考察澳门大学横琴新校区,在郑裕彤住宿式书院参与学生举办的"中华传统文化与当代青年"主题沙龙,还向学校赠送了《永乐大典》重印本和《北京大学图书馆藏稀见方志丛刊》并现场在赠书函上签名。①

横琴自贸区

2015年3月24日，中共中央政治局会议审议通过广东、天津、福建自由贸易试验区总体方案，进一步深化上海自由贸易试验区改革开放方案。其中，广东自由贸易试验区分为三大片区，即广州南沙自贸区、深圳前海蛇口自贸区和珠海横琴自贸区。

2015年4月20日，《国务院关于印发中国（广东）自由贸易试验区总体方案的通知》（国发〔2015〕18号）发布，广东自贸区整体方案正式公布。

该方案首次特别强调了广东自贸区与"一带一路"沿线国家的对接，要求广东自贸区创新与"一带一路"沿线国家和地区合作机制，打造"一带一路"重要的国际贸易门户、对外投资窗口、现代物流枢纽和金融服务中心。

按照总体方案，珠海横琴自贸区的实施范围是28平方公里，其功能定位是：重点发展旅游休闲健康、商务金融服务、文化科教和高新技术等产业，建设文化教育开放先导区和国际商务服务休闲旅游基地，打造促进澳门经济适度多元发展新载体。

2015年4月23日，广东自贸区横琴区正式挂牌。

横琴正式进入"自贸时代"。

对接澳门，主导旅游休闲、文化教育等产业，横琴具有天然的优势。据统计，截至2014年年底，在横琴注册和登记的澳门企业已达200多家，已供地和签约的澳门项目用地占横琴建设用地的一半以上。

依托澳门，主打"葡语国家"牌，加强与"一带一路"沿线国家的对接与联系，打通与拉丁美洲、欧洲、非洲的自贸通道，横琴自贸区前景广阔。

未来，横琴自贸区将打造中葡商品展示展销中心和跨境电子商务平

---

① 参见人民网澳门12月20日电（记者王苏宁、杜尚泽）：《习近平考察澳门大学横琴新校区》。http://cpc.people.com.cn/n/2014/1221/c64094-26246393.html

台。通过与巴西建立自贸平台，打通与拉丁美洲的自贸通道，主营农产品和大宗商品贸易；通过与葡萄牙建立自贸平台，打通与欧洲的自贸通道；通过与安哥拉建立自贸平台，打通与非洲的自贸通道，主营大宗商品。

从横琴出发，货如轮转，自由贸易，通达天下。

大湾区时代

2017年3月5日，在第十二届全国人民代表大会第五次会议上，国务院总理李克强在《政府工作报告》中提出"研究制定粤港澳大湾区城市群发展规划"。

李克强总理提出，要推动内地与港澳深化合作，研究制定粤港澳大湾区城市群发展规划，发挥港澳独特优势，提升其在国家经济发展和对外开放中的地位与功能。

放眼当下世界经济版图，纽约湾区、旧金山湾区、东京湾区等，无一不是全球经济的重要增长极，发挥着引领创新、聚集辐射的核心功能，由此，衍生出"湾区经济"效应。

作为中国改革开放的前沿和经济增长的重要引擎，覆盖广东9座城市和港、澳2个特别行政区，占地5.6万平方公里的粤港澳大湾区城市群规划建设，将物流、科技、金融、贸易等产业资源高度集聚，有望打造成为世界级的大湾区。

横琴，位处粤港澳大湾区的核心地带，其未来无可限量！

第九章 "金心沟"

2001年5月8日,在珠海横琴顺德中心沟办事处举行的纪念横琴中心沟围垦30周年活动中,黎子流题字"莫忘旧,尽在情",梁广大题字"金心沟"。

1971年至1974年,黎子流历任顺德县中心沟围垦指挥部副指挥、指挥,带领围垦战士把大、小横琴岛之间的滩涂围垦成陆,面积约14平方公里。1983年至1999年,梁广大历任珠海市代市长、市长、中共珠海市委书记,其间指挥围垦横琴岛向东、南、西、北方向造陆,面积约40平方公里。

横琴岛的得名来自岛形似横卧海中的两把古琴,似古人伯牙与子期唱和《高山流水》。

经过千百年的"唱和"与沉淀,中心沟,乃至横琴岛,终于迎来了"大合唱"的时候。1987年,澳门计划建设机场时有选址小横琴岛的想法,但是当年澳门还没有回归祖国怀抱,闻一多的《七子之歌》还在被沉重地吟唱。1999年12月20日,澳门回归。2009年12月20日,横琴澳门大学新校区奠基;2013年11月5日,澳门大学新校区正式启用;2014年8月25日,澳门大学新学期正式开学。在一系列国家战略层面政策的推动下,正如梁广大的题字,横琴中心沟成为"金心沟"。

当然,如何在"金心沟"里"莫忘旧,尽在情",这是当时摆在面前的问题。

在国家战略层面的大背景下,须解决横琴中心沟的归属问题。珠海方面代表的是"总体发展"的立场;顺德方面,尽管不舍,但大局观还是必须有的。从"金心沟"里"莫忘旧,尽在情"来说,顺德关注的是"划归的方式"问题。在广东省政府积极协调下，2010年3月25日，在广州召开协调会。最终，珠海和顺德就中心沟归属问题签订相关协议，并经广东省人民政府批准同意，珠海以29.8亿元人民币的总价收回顺德在横琴岛中心沟顺德垦区内的全部国有土地使用权。

顺德、珠海协商

2009年1月8日，国家发展和改革委员会公布《珠江三角洲地区改革发展规划纲要（2008—2020年）》，2009年8月14日，国务院正式批复《横琴总体发展规划》。期间，珠海方面就邀请顺德方面商议珠海横琴岛顺德"飞地"中心沟14平方公里土地归属问题。

珠海方面认为，历史遗留下来的中心沟"飞地"问题，已经影响到横琴新区的开发和进一步发展，所以，必须理顺各种关系。

2009年3月9日，珠海市向省政府提交了《关于协调解决珠海市横琴中心沟围垦用地问题的请示》，请求省政府将中心沟顺德围垦区用地以现金补偿方式收回并划给珠海统一规划、开发和管理，并随即开始与佛山市顺德区政府协商土地补偿事宜。

2009年5月底，时任珠海市政协副主席刘佳带队赴顺德，拜访了相关领导，商谈中心沟土地归属问题。

刘佳时任珠海市政协副主席、党组成员，还是横琴新区党委和管理委员会主要负责人。后来，她担任中共珠海市委常委、横琴新区党委书记，是横琴新区开发建设的主导者。

顺德当时主政的是区委书记刘海、区长梁维东。出面与珠海协商的，是顺德区委副书记周志坤。

然而，顺德和珠海的协商进展不大。

当时，珠海和顺德的分歧在于"划归方式"，即珠海以何种方式取得中心沟土地使用权。

顺德曾提出两种划归给珠海的方式：①按照征地模式，中心沟归属顺德的10000多亩土地全部由珠海征用，供开发使用；②将地作价入股，顺德参与中心沟开发。

按照顺德征地补偿办法计算，中心沟归属顺德的10000多亩土地如果完全被征用，珠海至少要支付 100 亿元以上的补偿款。当然，顺德提出的百亿元以上的补偿，是有充分的经济依据的。按可比价格换算，此时的中心沟 14 平方公里土地约占整个横琴岛的 1/6，横琴岛虽有 100 多平方公里，但是，可开发土地仅占总面积的 40%。而 30 多年里，顺德投入这片土地的资金，折算更要高达近千亿，没有这些年的投入，这些土地怎么增值？

当然，今天这块土地被国家赋予新的意义并重新规划，上升为国家级战略，即将成为粤澳合作的孵化器和试验田，横琴岛的开发属于国家级战略，是国务院办公会议上讨论通过的政策。因此，在开发中心沟问题上，必须服从大局，服从中央与省里的决议。

然而，2008 年珠海市的财政一般预算收入只有 92.32 亿元。

省委、省政府协调

事关国家战略的实施，顺德"飞地"横琴中心沟的开发管理权属问题已经不能再拖。

广东省委、省政府高度重视，时任中共中央政治局委员、中共广东省委书记汪洋，时任中共广东省委副书记、省长黄华华多次批示，有关部门多次召开协调会，并确定了"尊重历史、双方协商、兼顾利益、依法依规"的协商原则。

汪洋委托时任广东省人大常委会主任欧广源和副主任陈用志两位顺德籍领导协调此事。

省委领导此举，也主要是考虑到顺德干部群众对中心沟的感情。

欧广源和陈用志都是从顺德基层一步步走上省领导岗位的，两人分别担任过顺德县委书记和顺德市委书记，对顺德怀有深厚的感情。由他们去协调，顺德方面的工作也比较好做。

其时，珠海和顺德两地对中心沟的土地使用权归属问题并未有争议，即顺德具有永久使用权。顺德区政府有关负责人认为，中心沟目前的土地属于国有农用地性质，不存在归属问题。"就好比顺德人在珠海买楼置业，珠海如果要收回，必须提出补偿办法，才能把使用权拿回。"

补偿多少合适？这是一个艰难的"谈判"过程。

两位顺德籍领导的协调当然也起到了作用。

省政府也高度重视此事，专门委派一名副省长负责督办此事。

2010年3月25日，时任广东省人大常委会主任欧广源等领导参加了在广州举行的中心沟归属问题协调会议。

会上，珠海和顺德就中心沟归属问题签订相关协议。

珠海、顺德签署协议

2010年3月25日，珠海横琴新区管委会与顺德区人民政府在广州正式签署中心沟归属问题的协议。

协议主要内容如下。

珠海横琴中心沟顺德围垦区土地补偿协议书

根据《中华人民共和国土地管理法》《广东省实施〈中华人民共和国土地管理法〉办法》，以及《关于实施广东省征地补偿保护标准的通知》（粤国土资发〔2006〕149号），甲方依法收回乙方在横琴中心沟顺德围垦区内的全部国有土地使用权，充分考虑到乙方在横琴中心沟顺德围垦区土地上的围垦投入和付出，给予乙方一次性补偿人民币298000万元，由乙方将横琴中心沟顺德围垦区内的所有土地整体移交给甲方，纳入横琴新区统一规划、开发和管理。

（一）补偿的依据：

1. 收地补偿按《关于实施广东省征地补偿保护标准的通知》（粤国土资发〔2006〕149号）的珠海地区类别计算。

2. 青苗及附着物补偿按珠海市现行标准计算。

3. 社会保障费按顺德标准计算。

（二）补偿的范围：

1. 横琴中心沟围垦区内，土地的经营权、管理权和使用权原属于乙方的12644亩土地以及地上的青苗和附着物。

2. 横琴中心沟围垦区内，土地的经营权、管理权和使用权属于甲方，目前仍由乙方属下顺德中心沟办事处出租经营的4822亩土地上的青苗和附着物。

3. 原属于顺德围垦指挥部管理使用的牛角坑水库、电站范围内的相关设施、地上的青苗以及附着物。

4. 横琴中心沟围垦区内，其余未列明的、原属于乙方或乙方属下顺德中心沟办事处的地下地上建筑物、地上的青苗和附着物。

5. 留用地1580.5亩由甲方回购，不另行安排留用地。

6. 除上述项目外，还包括乙方围海造田工程组织工作费、围垦建筑材料费、历年财政拨付管理费、东西堤水利工程维护费、中心沟办事处工作人员安置遣散费、中心沟历史遗留债务拨备等。

（三）补偿的具体内容及数额：

1. 收地补偿按养殖水面类别和补偿标准（三类地，补偿标准66.83万元/公顷），扣除留用地1580.5亩，实征11063.5亩，共计49291.58万元。

2. 青苗及附着物补偿，按1.0万元/亩包干，即12644×1.0万元/亩＝12644万元。

3. 社会保障费用：起始标准按收回土地面积计每年1500元/亩执行，之后每5年按5%的幅度调升一次，支付年限为30年，折合5.2万元/亩，共计57530.2万元。

4. 回购留用地1580.5亩，按每亩66.55万元计，合计105182.28万元。

5. 围垦造田工程组织工作费、围垦建筑材料参照《关于佛山市"一环"快速干线征地拆迁补偿标准的通知》（佛山土资字〔2004〕33号文）"填土费"项目确定，按12644亩，每亩3万元，共计37932万元。

6. 地上建筑物拆迁补偿12644万元。

7. 乙方历年财政拨付管理费、东西堤水利工程维护费、中心沟办事处工作人员安置遣散费、中心沟历史遗留债务拨备共计2992.41万元。

8. 横琴中心沟围垦区内，土地的经营权、管理权和使用权属于甲方，目前仍由乙方属下顺德中心沟办事处出租经营的4822亩土地上的青苗和附着物及地上建筑物补偿4822万元。

9. 牛角坑水库、电站工程建设及维护费、地上的青苗以及附着物一次性补偿3500万元。

以上1至9项补偿费总计286538.46万元。

甲方按上述总费用的4%提留收地拆迁工作经费11461.54万元予乙方，委托乙方代为负责收地拆迁及青苗补偿的协商及兑付补偿款。

甲方：珠海市横琴新区管理委员会
乙方：佛山市顺德区人民政府
二〇一〇年三月二十五日
——（佛山市顺德区人民政府档案资料，2010年）

协议由牛敬和梁维东分别代表珠海市横琴新区管理委员会和佛山市顺德区人民政府签订。

横琴中心沟顺德围垦区被征收（征用）土地的补偿，其中的计算依据是2010年1月25日珠海市人民政府〔2010〕6号文件《关于印发珠海市征收（征用）土地青苗及附着物补偿办法的通知》（《珠海市征收（征用）土地青苗及附着物补偿办法》见附录二）。

当天的协调会由督办的副省长主持。

经两地政府多次友好协商，在广东省国土资源厅、省发改委、省法制办、省政府港澳事务办公室等部门见证下，珠海市横琴新区管理委员会与顺德区人民政府正式签署协议。

协议明确，珠海横琴新区支付顺德区土地补偿212004.06万元（含土地补偿费、安置补助费、社会保障费和建设留用地现金回购等），其他项目补偿85995.94万元（含青苗补偿费、房屋拆迁费、围垦工程费、水利建设维护费、人员安置费等），合计29.8亿元。

双方明确，顺德区政府负责清场收地，将中心沟围垦区内占有的三分之二土地权益和牛角坑水库全部转移交给珠海横琴新区。

收地清场公告

2010年4月8日，《收回国有土地及清场公告》（下称《公告》）发布。

《公告》由珠海市国土资源局横琴分局、佛山市顺德区人民政府中心沟办事处共同发布。

《公告》写道，为贯彻落实《横琴总体发展规划》《珠江三角洲地区改革发展规划纲要（2008—2020年）》，经广东省人民政府批准同意，珠海依法收回佛山市顺德区在横琴岛中心沟顺德围垦区内的全部国有土地使用权，并对目前仍由顺德中心沟办事处出租经营的全部土地发出收地及清场公告。

在清地补偿方面，《公告》提到，顺德中心沟办事处作为清场收地补偿的主体，将承担清场收地补偿的具体工作。中心沟地块范围内的种养、经营的相关权利人要在公告发布之日起7天内，持有关资料到顺德中心沟办事处办理补偿登记手续。同时，自公告发布之日起，任何个人及单位不得改变原地貌或进行新栽新种、新搭新建等行为。对该地块地貌及涉及的房屋、建筑物、构筑物及其他附属设施和地上青苗及附着物的现状，珠海市公证部门将进行证据保全，并作为计算登记补偿的证据。居民和养殖户由顺德中心沟办事处安置。

新闻发布会

2010年4月29日，珠海横琴新区和顺德区人民政府联合召开新闻发布会，通报中心沟归属问题协议有关情况。

通报称，经广东省人民政府批准同意，珠海依法收回顺德在横琴岛中心沟顺德围垦区内的全部国有土地使用权，原属顺德的横琴中心沟12644亩逾8平方公里土地权属珠海。作为补偿，珠海将支付给顺德方面近30亿元的补偿款，并在两年内付清。

新闻发布会对中心沟征地补偿标准进行了说明。广东省国土厅认定中心沟土地属于国有农场性质，并不属于集体农地性质，故按照农地征收补偿标准来征地。同时，此次征地补偿价格略高于顺德本地征地标准，以每亩地23万元进行征收。8平方公里土地约10000亩土地，总价约为30亿元人民币。珠海、顺德达成协议，顺德中心沟办事处将负责收地补偿，土地使用权将正式归珠海所有。

据透露，此次补偿的具体标准均按广东省有关规定及两地公开文件为依据，并从尊重历史的角度出发，兼顾顺德多年财政投入进行计算。土地补偿费和安置补助费按珠海地区类别计算，青苗及地上附着物补偿按珠海市现行标准计算，社会保障费则按顺德标准计算。

据珠海横琴新区方面介绍，补偿款当年将支付给顺德方面总额的50%，两年内所有的补偿款将支付完毕。

珠海市国土部门负责人介绍称，中心沟农用地在回收之后将根据规划需要部分转为建设用地，"国务院规划横琴新区开发的面积是28平方公里，而国土资源部在2007年定给横琴的开发面积是22平方公里，因而，中心沟围垦区逾8平方公里的土地将纳入横琴开发用地，不过具体用地指标将由国家、省国土部门来协调解决"。根据目前的规划，中心沟围垦区已经被纳入横琴总体规划，分别规划为综合服务区、文化创意区以及科技研发区。

按照协议，由顺德区政府对中心沟的种养人进行青苗补偿。时任顺德区行政服务中心主任、中心沟协调工作领导小组常务副组长卢伟杰表示，其时最棘手的是中心沟承包关系复杂，当年中心沟由顺德政府与300多个承租者签了合约，大部分人又将地转包出去，二次转包许多没有合同，难以取证确定。

补偿资金使用与管理

在广东省政府、省人大的协调下，珠海、顺德两地终于就中心沟土地归属问题达成相关协议，并最终由珠海收回该地块的使用权。

珠海、顺德关于中心沟围垦土地征收方案中，同意保留顺德横琴中心沟办事处驻地范围内100亩土地归属顺德区人民政府所有，主体用作"顺德横琴中心沟围垦纪念馆"的建设。同时，顺德中心沟办事处还负责安置100多名在中心沟的顺德籍养殖户，他们大部分迁回顺德。

接着，顺德区政府有关部门也制定发布了征地款的分配使用方案，原则是谁出力谁受益。29.8亿元的中心沟围垦土地补偿金，顺德区政府按照当年参加围垦镇街名单，将部分补偿资金下发到当年参加过围垦的村居，以增强其集体经济实力，增加这些村居村民的生活福利。

2010年4月23日，顺德区人民政府发布关于中心沟农用地补偿资金使用方案的公告（《关于珠海市横琴新区管理委员会收回佛山市顺德区中心沟围垦区国有农用地补偿标准和补偿资金使用方案的公告》见附录二）。

当年参加中心沟围垦的各公社（镇街）也陆续公布了补偿款的管理办法［其中，《杏坛镇各村（居）中心沟围垦国有农用地补偿款管理办法》见附录二］。

中心沟征地款的使用，由各村报计划上呈公示后审批。例如，2017年6月，佛山市顺德区人民政府网站公布勒流街道百丈村股份合作经济社（简称"股份社"）申请入村大道的改造工程公示。（表9-1）

表9-1 关于"勒流街道百丈股份社村内路网升级改造"项目审批立项前的公示

事项名称	勒流街道百丈股份社村内路网升级改造的项目		
申报单位	佛山市顺德区勒流街道百丈股份合作经济社	建设单位	
建设地点	勒流街道百丈村入村大道至基耕路	建设期限	2017年7月至11月
总投资	174万元	资金来源	由百丈股份社使用珠海"中心沟"土地补偿款投入建设
建设规模及主要内容	本项目硬底化道路改造总长为1200米、宽为6米，道路面积约7165平方米等工程		
审批科（股）室	勒流经济和科技促进局（投资服务股）	联系电话	0757-25527150
电子邮箱	×××@shunde.gov.cn	邮政编码	528322
邮政地址	勒流政和中路1号		

热点

横琴新区的设立，中心沟土地的价值就彰显出其无穷的魅力。经过大力建设，横琴新区在基础设施、产业发展、粤港澳合作、体制机制创新等方面均有一定成效，全岛共有超过2400亿元投资额的60多个项目在推进。至2014年10月21日，横琴新区自2008年以来的近7年时间里，通过公开出让的方式共拍出土地48宗，总成交土地面积超过518万平方米，相当于可开发面积的17%，总成交金额超过388.6亿元。从用地的性质来看，48宗已出让的土地里，商业项目、商住项目和旅游项目用地占了大部分，合共34宗。

2016年2月23日下午，横琴万象世界发展有限公司以24.92亿元人民币成功竞得位于珠海横琴自贸区的珠横国土储2015-29号地块。华润置地公司随即发布声明称该地块为华润置地所竞得，华润置地将联合澳门新丰宏置业发展有限公司、华润信托公司共同投资近177亿元人民币，拟在该地块打造华润置地首个国际化商贸综合体——万象世界。据了解，该项目位于横琴新区的西部科教研发区（原中心沟围垦区西边），占地面积超22.1万平方米，总建筑面积超100万平方米。项目将建设成集线上线下、展销展览、厂家直销、批发零售、总部经济及永不落幕的交易平台于一体的新型城市综合体，拟打造包含国家馆、企业馆、企业联合馆及时尚产业中心的世界商贸中心，以及集万象世界大道、购物中心及娱乐中心于一体的世界生活方式中心。项目立足珠海，依托横琴，辐射珠三角，面向世界，致力于成为全球时代商贸综合体典范。

图9-1是珠海市公共资源交易中心2016年2月24日公布的同时进行的3宗土地拍卖信息。

法治"进行曲"

2010年3月，珠海市横琴新区管理委员会与佛山市顺德区人民政府通过签署协议，约定将横琴中心沟土地使用权移交给横琴新区管理委员会，但有9户拒绝迁出横琴中心沟石屋，顺德区人民政府中心沟办事处诉至珠海横琴法院。（其中一宗案件的法院判决书《珠海经济特区佛山市顺德区人民政府中心沟办事处与江××、唐××占有物返还纠纷二审民事判决书》见附录二）

2016年4月5日，经珠海市中级人民法院二审之后判决，责令何××等人搬离，但何××等人拒不搬离，顺德区人民政府中心沟办事处遂向珠海横

图 9-1 珠海市公共资源交易中心公布的 3 宗土地拍卖信息
（图片是珠海市横琴新区政府网站上该信息的截图）

琴法院申请强制执行，执行内容共涉及 9 案 9 户腾空并搬离占用的位于横琴中心沟的 19 间石屋，并将该房屋返还顺德区人民政府中心沟办事处。

2016 年 5 月 27 日执行立案之后，珠海横琴法院执行局在 6 月 2 日发出执行通知书。2016 年 8 月 16 日上午 9:30，执行局和司法警察大队十余名干警来到中心沟执行现场，对 3 户仍不同意搬迁的住户强制执行，执行人员将屋内财产逐一进行清点，由工人搬至顺德区人民政府中心沟办事处的场地暂管，完成了腾退。

而 2014 年 3 月 6 日，顺德区委、区政府联席会议决定由区国有资产监督管理办公室会同有关部门尽快与珠海市及横琴新区管理委员会沟通协调关于建设"顺德横琴中心沟围垦纪念馆"及公园用地的相关事宜。选址方案确定后,由区政府联合珠海横琴新区管理委员会发文提请省政府审定选址方案,并由区发展规划和统计局尽快开展中心沟围海造地历史纪念馆及公园概念性规划,确定规划要点。

2016年10月,横琴中心沟围垦的标志——"西堤水闸"被拆除。

顺德横琴中心沟围垦大幕终于徐徐落下。

今天,"顺德横琴中心沟围垦纪念馆"正在等待珠海、顺德两地有识之士的大手笔,以纪念一段峥嵘岁月!

横琴及其中心沟的"前世今生"

早在20世纪初,顺德便有"岭南丝都,广东银行"之美称。

当时的顺德制造业,不独缫丝业,均走在全国前列,顺德的产业工人人数亦为全国之冠。缫丝业的兴盛,与桑园围自宋代以降的桑基鱼塘的生产模式是分不开的,而"十三行"时期的"一船蚕丝去,一船白银回"的商品生产,正是与后来顺德成为"广东银行"的金融业有直接的关系。

制造业、金融业如此发达的顺德,何以会成为以围垦进行粮食生产的农耕自然经济,成为农业社会呢?

中心沟的开垦,于顺德人心目中不尽然是当时"农业学大寨"的口号的实践,他们当还有更多的想法、更多的期待。

顺德人在期盼!

中心沟在等待!

终于,在顺德人发牢骚"中心沟与其这样不死不活、种不了地、产不了粮,不如不要"之后30年——

2009年1月10日至11日,时任中共中央政治局常委、国家副主席习近平在考察访问澳门特别行政区时明确表示:中央政府已决定同意开发横琴岛①。

---

① 参见新华社澳门1月12日电(记者孙承斌、张勇、何自力):《为了澳门的明天更美好——习近平考察访问澳门侧记》。中央政府门户网站 http://www.gov.cn/ldhd/2009 - 01/13/content_1203450.htm

这无疑是有远大的战略目光，更是重大的战略决策。

几个月后，即2009年8月，国务院正式批复了《横琴总体发展规划》。期盼已久的横琴岛，一跃上升为国家的战略高地，成为中国深化改革开放的新标杆。

深圳紧挨香港，而香港作为国际自由港，尤其是与当今最发达的英语国家建立了平台，提供了巨大的商机，30年间，深圳实现跨越式的发展，并且有可能超过香港。

而横琴紧挨澳门，原先的"十字门"是双方共享的，澳门是葡语属地，可以辐射到全世界众多的葡语国家，包括"金砖国家"之一的巴西，还有非洲安哥拉等，这样，与欧洲、拉丁美洲、非洲的自贸平台得以形成，横琴的发展同样无可限量。

当然，远不止这些。

当衔接上100年前顺德的"丝都、银行"之美誉，作为大、小横琴之中心——难得的十几平方公里平地的中心沟，当迎来自围垦以来最为辉煌的一页。

其实，早在20世纪80年代，横琴及中心沟就在第一轮的改革开放中躁动过，澳门工商业界就已经来"试水"过。

可惜，这一切都未能形成气候。

及至20世纪90年代，邓小平的"南方谈话"促成了广东省委把横琴确定为扩大对外开放的四个重点开发区之一，连"横琴经济开发区管委会"的牌子也正式挂了起来。

当时珠海就看中了中心沟，这原来大、小横琴岛中间仅有的成片的平地，当时大多是一块一块的人工养殖鱼塘。

但还不好意思向顺德要，毕竟是顺德人用血汗乃至生命开垦出的一片土地。

这却启发了时任中共珠海市委书记梁广大。

于是，他如法炮制，在横琴边的浅滩上，开始了轰轰烈烈的填海围垦——土地开发。

那时，土地的价值已为人所知。

忽喇喇、呼啦啦，仅3个月内，就有20多个工程公司从国内各处赶来，几近于"抢"了。人海战术，比中心沟当年更甚；况且，经济已上去了，各种机械都上了马，用不着人拉肩扛，吃那么多的苦了，炸呀、推呀、碾呀，夜以继日……

片刻间，一平方米土地就可卖到三四千块钱了。

然而，随着珠海机场上马，横琴又一下子被丢到了冰窖里，后续开发、基础设施建设难以为继。

已是两度大起大落了。

尽管加上中心沟及后来的填海，横琴的面积扩大到106平方公里，比澳门大了好几倍……

停顿，仿佛是为了再一次等待。

应是有更高的格局，更宏伟的目标……

又是10年过去了。

新的10年，横琴将面临怎样的历史机遇？

每一次国家及地方经济改革的推进，横琴都一次不落地要赶上去。

2004年，时任中共中央政治局委员、中共广东省委书记张德江启动了"9+2"泛珠江三角洲的经济改革方案，"9"是9个省区，广东、广西、云南、贵州、四川、重庆、湖南、江西、福建，"2"则是澳门与香港。盘子一大，机会也多。张德江代表广东省委、省政府正式对外宣布，将在珠海横琴开发、建设"泛珠三角横琴经济合作区"。

2005年9月，时任国务院总理温家宝来到横琴考察，此番专程前往，温家宝的意思再明白不过了，那便是：横琴不可以仅仅放在"9+2"泛珠三角范围来考虑，应该有更新的高度、更大的广度与更深的层次。

于是，正在积极制定的"泛珠三角横琴经济合作区"的规划，也就去了"泛珠三角"的"帽子"，成了《横琴总体发展规划》。

其发展定位也确定为"一国两制"下粤澳紧密合作示范区、深化改革和科技创新的先行区、促进珠江口西岸地区产业升级的新平台。

当即，外商看好横琴。

同年10月，已在澳门有投资的美国拉斯维加斯金莎集团与珠海方面在横琴签订了开发建设威尼斯人国际会展度假村的意向书，投资10亿美元，年底，又提升到20亿美元。

但是，考虑到澳门的关系，项目先行到了澳门。

毕竟，"一国两制"须首先在国家层面上考虑，这个项目不是珠海自己能定得下来的。

规划又一次修改，形势总归走在规划前头。

2015年4月20日，国务院批准了《广东自由贸易试验总体方案》——广州南沙、深圳前海、珠海横琴合称为广东自贸区。

横琴所承载的重任，当是参与打造当今国家"一带一路"倡议中的21世纪"海上丝绸之路"，向国际化、市场化、法治化大步迈进。

时任中共广东省委副书记、省长朱小丹更提出：广东三大自贸区要努力形成错位发展的态势。

给南沙的定位是：现代产业新高地，世界先进水平的综合服务枢纽；给前海的定位是：金融业对外开放试验示范窗口和服务贸易重要基地，国际性枢纽港；给横琴的定位则是：文化教育开放先导区，国际商务休闲旅游基地。

也许，当今已建成的横琴澳门大学新校区与横琴长隆海洋公园等便是最好的注脚。

澳门大学仅以一隧道就与其横琴新校区"无缝接轨"了，而长隆海洋公园也足以弥补当年迪士尼乐园未能落户横琴的遗憾。

但这远远不够。

想想历史上横琴的地理优势：十三行外港；

想想历史上横琴的地位：香洲商埠；

还有澳门与葡语国家联系的优势；

……

在顺德人围垦出来的横琴中心沟上，新的改革，当又会导演出多少威武雄壮、令人目不暇接的历史大剧来！

顺德人不会忘记这片用血汗与生命换来的土地，他们也同样有机会参与这片土地上的建设，以他们的智慧、经验与气魄，再创辉煌！

中心沟，不会是顺德人一个远去的梦！

附 录 一

临别中心沟写实
黎子流

别战友
初上中心沟
三千健儿齐抖擞
雪飘红心热
浪涌志更坚
一片汪洋都不见
远运金砂阻沧海
高山劈石闯飞舟
挥刀斩莨银锄落
轰崖削壁化桥走
浮运水闸西堤座
南北天堑变通途
挥大寨红旗
高歌猛进
沿基本路线，团结奋斗
八个月的筑堤座闸
群众是真正的英雄
战友啊战友
曾记否

食尽多少西堤冷餐
屹立闯激流

别战友
回顾中心沟
转战东堤
为着祖国河山添锦绣
暴雨惊雷袭
倾泻浸床口
二十个昼夜雨淋头
八百公里竞飞舟
抗腐蚀、勇批修
四冲五堵，练奇志
群英浩气吞牛头
顽天多作怪
台风创缺口
大寨四战狼窝掌
县委三上中心沟
革命无直路
只能曲折走
欲与天公试比高
不缚苍龙誓不休
战友啊战友
曾记否
没有那艰苦岁月
又岂能海水让路
东西分流

别战友
喜看中心沟

同把汗水绘蓝图
稻花飘香
薯大蔗壮
草旺麻高
林幼竹茂
石屋楼房初起
机械马达声隆
旱咸风虫欲何往
精神物质夺丰收
岂能条件缚住手
快马加鞭，战去冬
战地黄花，领导带头
条件好了，更要艰苦奋斗
战友啊战友
曾记否
若不是树红心立壮志
干部群众一齐艰苦奋斗
又怎能苍茫大地主沉浮！

别战友
展望中心沟
田园多娇如画绣
树荫树茂
果熟荔红
看群山绿遍
高峰尽染，五业兴
牛羊成群
机械工厂并排立
电站水库鱼群游
两岸人声笑不住

晚霞灯辉映新楼
青松新苗马列育
半岛相连似乐舟
金光大道坚定走
南海战史群众写
千万颗红心——
热爱毛主席、热爱伟大领袖
战友啊战友
到那时
重上横琴看新貌，
坐上小汽车、汽艇，
畅游，畅游

一九七四年一月
（本诗有删节）

战 横 琴

黎子流

（此曲流行于当年围垦工地）

奋战在横琴
安营中心沟
解放军与民兵同战斗
挥铁臂，炼红心
哪怕血流汗水泛
横琴从今天起
改变了旧容颜
中心沟的面貌革新
人人共赞
山里披新装
沧海变鱼塘
奋战在横琴
安营中心沟
……

中心沟的回忆

康炳明

（康炳明于1971年1月1日上岛参加横琴中心沟围垦，任龙江营官田排排长，时年20岁。2016年11月7日，已是66岁的他写下了《中心沟的回忆》）

我叫康炳明，系顺德围垦兵团第一批上岛围垦的战士，上岛编制番号是顺德围垦兵团第三营四连一排，我是排长。

当时情况是这样的，为响应毛主席提出的口号："深挖洞，广积粮""备战、备荒、为人民"，在郭瑞昌提议下，得到当时顺德县委书记阎普堆同意，经由佛山地区领导批准后，顺德县委组织5个经济作物公社，动员3000多名志愿者即围垦战士，吹响了围海造田的"冲锋号"，为日后在珠海围垦建造顺德"飞地"，完成那个时代历史使命，做出自己的一点贡献。

当初顺德围垦造田目的有三个：第一，响应毛主席号召；第二，围住中心沟，防止"偷渡"风；第三，向海要田，顺德缺少土地。当时情况是珠海已围东堤，因缺乏人力、财力，未能成功。郭瑞昌曾任珠海县委书记，后来调来顺德，所以，顺德各方面条件都成熟。当时顺德县委做出英明决策，在今天看来都非常正确，是伟大的划时代创举，影响深远。

任务下达到各个经济作物区公社后，由公社党委通知各个大队（即现村委）。龙江公社有21个大队，我所在的乐观大队（即官田村）征召34人，分二批上岛。当时上岛条件很严格，要本人报名，经政审，无港澳关系，"红五类"。我当时的心态是过过集体生活，出外见识一下，看一下毗邻的澳门；另外，围垦工资高很多，粮食又比在家多几斤米。当时心情复杂，又想出外看一下，又怕离开家乡。当时激情豪迈，或胜于守旧与保守。政审通过，我终于成为一名上岛战士，有一种荣光的感觉。为完成这个使命，我与3000多名战友踏上这个征途。

当时上岛情况是这样的：三营（即龙江营）第一批（即先遣部队）在1970年12月初上岛，由龙江党委欧焊、赖国良、黎选负责，带领70多人的先头部队，从西安亭鱼站，由顺龙1号拖着10多条民船，开往中心沟，踏上二井码头（即滩头），登上大横琴岛，开始建造三营营房（即搭棚）。当时领导欧焯负责后勤，赖国良负责治安，黎选负责搭棚工作。队员分工炸石，砌墙和灶头，有搭棚的，有负责割马蹄草（搭棚用的草）的。晚上睡民船上。为及早完成搭棚任务，他们都很艰苦，为了迎接大部队的到来，他们也付出了很多。第二批登岛人员（即大部队）在1970年12月31日中午1点钟到西安亭鱼站搭乘建华号渔扒（即电扒，可乘200多人），于当晚10点多钟到达磨刀门水域，然后用小艇转运上岛。当时我被安排在后勤补给船，由顺龙1号拖着20多条民船，以及很多草艇，经由中山石歧、神湾，二天后到达二井码头。

顺德有今日"飞地"，我们应该记住郭瑞昌，他为顺德围垦造田立下汗马功劳。当年郭瑞昌任顺德围垦兵团总指挥，黎子流任团长，谭再胜任政委，贺扬带任治保。龙江营（即三营）由周耀光任政委兼带队，陈胜任营长，蔡北祥任教导员，欧其任司务员，蔡光全任治保主任，赖国良、周许贤抓西堤施工。各连排下层有正副连排长、指导员各一人，治保队长一人。

难忘的记忆有：我刚踏上大横琴土地上，所看到的一切与当时动员所讲的情况落差很大。一片汪洋大海，白浪滔天，荒无人烟，荆棘丛生，杂草过人高，蚊虫鼠蚁多。当时中心沟二井码头海面有很多海豚，二井码头海边山崖边有很多水獭。遗憾的是当时未能看见澳门，只在晚上开工运沙石之时才能看到澳门上空一点灯光。上岛后第二天，我们大横琴岛上龙江营、均安营两个营用小艇渡过中心沟去小横琴岛参加宣誓大会。这是因为团部及指挥部设在小横琴岛。当时场面浩大，群情激昂，热情豪迈，各代表上台发言并集体宣誓"奋发图强、战天斗地、向海要田"。我们3000多名战士经历了一年时间，用我们的双手、肩头，斩、运咸水树（即红树林），用大船、小艇运沙运石，筑起了一条四里多长的西堤，建造了一个西堤浮闸。虽然到如今事隔已有45年之久，但当时激战涌流、艰苦劳作的情景历历在目。我们这班围垦战友都很怀念那段岁月，生活得很美满，人与人之间很融洽，很和谐。

在开始筑西堤两个月后，我们很激动，见到西堤初露出水面，见到了曙光，看到了成功的希望。但很遗憾，到第二天早上，整个西堤犹如石沉大海，一夜之间消失。当时情况令我们很失望，很彷徨。但我们没有被失败吓倒。我们的领导在失败中找到了筑堤的办法：将当时滩涂上生长的咸水树用柴刀砍下，用野生藤扎捆，用小艇运到堤中，当时堤中插满大茅竹，施工人员以民船作防护，用长竹按住咸水树往水下压下去，然后用石压树，再用沙泥压在上面。咸水树做底起到了防下沉作用。有了这个办法，我们筑堤成功了！

在西堤合龙之时，最关键工程莫过于座西堤浮闸。指挥部动员所有围垦人员一齐"参战"，当时情境犹如万人空巷，气势磅礴，雄壮非凡。由一只拖船先行在前面拖曳浮闸，顺龙1号、勒流2号各在两边相伴而行。西堤浮闸犹如一艘巨大的航空母舰，在中心沟水面上航行，那个壮观场面到如今记忆犹新，今生难忘。参加合龙战斗场面难以形容，如百舸争流、千帆竞渡。由于堤口收窄，水流湍急，当日左滩排有一个知青不慎跌落闸旁壮烈牺牲。

在围垦时期生活都很艰苦，伙食简单，只有青菜咸鱼，遇到公社慰问补给之时，才能吃上一餐猪肉或腊肉，或者有时到湾仔、石岐购物才能吃上几餐猪鱼肉（即海豚）。但我们苦中作乐，也很充实。遇到休息日去三塘、四塘、深井、红旗村等地，找老乡买些鸡、鸭回来加菜；或上山采药，到海边拾海贝、捉鱼虾蟹来吃。在我们宿舍附近曾捉到一条金环蛇，有两米多长，成了我们餐桌上的美味。天上下白撞雨①时，老乡收割完早稻的田里就会游出很多禾虫，我们就用宿舍的蚊帐捞。禾虫味道很鲜美，现在回想起来，口水真的都流出来。

以上情况，是我们亲历其境的，终生难忘。时间蹉跎，时光消逝，我们这一代人与中华人民共和国一同诞生，一起成长，见证了各个时期政治运动，经历过"大跃进"、困难时期、"社教"、"四清运动"、"文化大革命"、"上山下乡"、"老三届"，以及现在的开放改革、走有中国特色社会主义大道，经历过各个时期的磨炼，我们这一代人，古今中外空前绝后、无可复制。我们生长在这个大时代，在特定时期是做出我们应尽的责任，为顺德做出了一丁点贡献，难得有你们还记起围垦战士，在此深表敬意！

---

① 方言，指大热天下暴雨。

现在，我们这些围垦队员都已经六七十岁了，一直都忘不了在中心沟的日子，不时会自发结队前往中心沟，重温当年的艰苦与快乐。我们官田排队员还自筹资金作重游中心沟或队员聚会的费用。

我们忘不了"飞地"中心沟，忘不了横琴！

二〇一六年十一月七日

附 录 二

横琴新区控制性详细规划

一、规划依据

——相关法律法规

1. 《中华人民共和国城乡规划法》
2. 《中华人民共和国土地管理法》
3. 《中华人民共和国环境保护法》
4. 《城市规划编制办法》
5. 《城市用地分类与规划建设用地标准（GBJ 137-90）》
6. 《广东省城市控制性详细规划管理条例》
7. 《广东省城市控制性详细规划指引》
8. 《珠海市城市规划条例》
9. 《珠海市环境保护条例》
10. 《珠海市土地管理条例》
11. 《珠海市城市规划技术标准与准则》
12. 其他相关的法律法规、规范和技术管理规定

——上层次规划

1. 《珠江三角洲城镇群协调发展规划（2004—2020）》
2. 《珠江三角洲地区改革发展规划纲要（2008—2020）》
3. 《珠海市城市总体规划（2001—2020）》
4. 《珠海城市空间发展战略研究（珠海2030）》
5. 《珠海市重大交通基础设施集疏运网络规划》

6.《横琴总体发展规划》

7.《横琴新区城市总体规划（2009—2020）》

二、规划范围

横琴东隔十字门水道与澳门相邻，南濒南海，西临磨刀门水道，北与珠海南湾城区隔马骝洲水道相望，总面积106.46平方公里。

三、规划区发展目标

（一）发展定位

以合作、创新和服务为主题，充分发挥横琴地处粤港澳结合部的优势，推进与港澳紧密合作、融合发展，逐步把横琴建设成为带动珠三角、服务港澳、率先发展的粤港澳紧密合作示范区。

（二）发展目标

经过10到15年的努力，把横琴建设成为连通港澳、区域共建的"开放岛"，经济繁荣、宜居宜业的"活力岛"，知识密集、信息发达的"智能岛"，资源节约、环境友好的"生态岛"。

（三）发展性质

未来横琴将充分发挥其区位、环境和政策优势，吸引港澳和国际高端人才和服务资源，重点发展商务服务、休闲旅游、科教研发和高新技术等产业。

1. 粤港澳地区的区域性商务服务基地。

2. 与港澳配套的国际知名旅游度假基地。

3. 珠江口西岸的区域性科教研发平台。

4. 融合港澳优势的国家级高新技术产业基地。

四、土地使用规划

（一）居住用地

规划居住用地510.27公顷，占城市建设用地的18.22%。

（二）商业服务业设施用地

规划商业服务业设施用地495.76公顷，占城市建设用地的17.71%。其中，商业用地100.16公顷，占城市建设用地的3.58%；商业性办公用地46.13公顷，占城市建设用地的1.65%；服务业用地36.79公顷，占城市建设用地的1.31%；旅馆业用地72.6公顷，占城市建设用地的

2.59%；游乐设施用地240.09公顷，占城市建设用地的8.57%。

（三）政府社团用地

规划政府社团用地368.41公顷，占城市建设用地的13.16%。其中，行政办公用地18.29公顷，占城市建设用地的0.65%；文化设施用地85公顷，占城市建设用地的3.04%；体育用地22.28公顷，占城市建设用地的0.8%；医疗卫生用地11.63公顷，占城市建设用地的0.42%；教育科研用地167.51公顷，占城市建设用地的5.98%；口岸设施用地63.7公顷，占城市建设用地的2.27%。

（四）工业用地

规划工业用地282.41公顷，占城市建设用地的10.09%。

（五）仓储、物流用地

规划仓储、物流用地41.36公顷，占城市建设用地的1.48%。

（六）道路广场用地

规划道路广场用地484.07公顷，占城市建设用地的17.29%。

（七）市政公用设施用地

规划市政公用设施用地66.32公顷，占城市建设用地的2.37%。其中，供应设施用地43.02公顷，占城市建设用地的1.54%；交通设施用地3.73公顷，占城市建设用地的0.13%；环境卫生设施用地19.57公顷，占城市建设用地的0.7%。

（八）绿地

规划绿地509.03公顷，占城市建设用地的18.18%。其中，公共绿地228.6公顷，占城市建设用地的8.16%；生产防护绿地132.13公顷，占城市建设用地的4.72%；高尔夫球场绿地148.3公顷，占城市建设用地的5.3%。

五、道路交通规划

优先发展公共交通，积极引入轨道交通，合理分配城市道路、用地和空间资源，鼓励步行、自行车和公共交通出行，建设"通达有序、安全舒适、低能耗、低污染、高品质"的绿色交通系统。通过高快速路、城际轨道等对外交通通道及枢纽设施的建设，积极融入粤港澳区域综合交通一体化发展；通过较高水平的道路建设和合理的路网级配，构建系统完整、分级清晰、功能分工明确的"环网相扣"的路网系统。

根据"分线管理"要求，在横琴新区设置4个口岸，其中，莲花口岸为"一线口岸"，横琴大桥口岸、横琴二桥口岸、金海大桥口岸均为"二线口岸"。横琴新区轻轨站点和港口码头应根据功能要求和发展需要设置专门口岸。

在横琴西北部临磨刀门水道设置货运码头1座，在富祥湾地区设置客运码头1座。在莲花口岸北侧分别设置长途汽车站1座和货运枢纽站场1座。预留建设3条连接澳门的交通通道，优先建设教学区与澳门之间的通行通道。

规划区内新增完全互通式立交3座，简易式互通立交7座。简易式立交采用快速路主线下穿，地面层按平面交叉口组织交通。

引广珠城际轨道自南湾穿越马骝洲水道进入横琴东北部，在横琴莲花口岸与澳门轻轨系统进行零距离衔接，向西穿越大横琴山中部，并通过二井湾南部的金海大桥通向珠海机场。轨道交通在横琴境内的商务区、口岸区和长隆旅游区共设3座站点。轨道交通在横琴境内采用地下通道形式，并预留沿中心南路走向的可能性。

沿横琴中路和中心北路分别设置公交专用道；结合轨道交通站点设置3处公交枢纽站，结合居住区确定4处公交首末站；在横琴新区西北侧和东南侧分别设置1处公交综合车场；公交中途停靠站均采取港湾式停靠站形式。

建设连续不间断的步道系统，强化城市广场和生态步行区的建设；依托城市干道强化自行车廊道建设，合理规划沿河、滨海自行车专用道，鼓励自行车短距离出行；各地块必须有良好的步行和自行车道。

六、公共服务设施规划

公共服务设施按"市级—区级—居住区级—社区级"四个等级设置。

（一）教育设施

1. 加强与港澳教育服务合作，在环岛东路以东、口岸服务区以南，引进澳门大学建设新校区，带动教育培训业发展，拓展澳门的产业和教育科研空间，促进澳门经济适度多元化发展。

2. 市级教育科研设施：位于中心沟西部的教育培训及科技研究区，

规划高校培训、科技研发、产学研成果交流、信息咨询以及科技创新孵化等功能。建设面向粤港澳三地，以高端专业人才、技术人才培训和普通高等教育为主的教育培训园区，吸引国内外优秀人才和创新团队到横琴创业，着力发展集成创新和消化吸收再创新，积极推进原始创新，加快创新成果转化。

3. 居住区级教育科研设施：各居住区按照学龄人口比例和相关基础教育配套规范，设置中学、小学和幼儿园。规划包括24班小学4所，54班九年一贯制学校2所，24班初中1所，36班普通高中2所，预计能基本满足近、中期基础教育设施需求。

（二）社会福利与保障设施

结合休养、疗养用地和中心沟居住社区布置养老院等社会福利设施，规划社会福利设施3处、社区居委会14处。

（三）公共广场

规划社会停车场17处、公共广场8处，配套停车场23处。

（四）文化娱乐设施

1. 市级文化娱乐设施：于中心沟中部规划文化创意区，建设文化艺术、影视传播、新闻出版等机构设施，并以此为基础引进一批有国际竞争力、有知名品牌和自主知识产权的大企业和一批有增长潜力的中小企业向该区域集聚，逐步发展成为粤港澳重要的文化创意产业基地。

2. 在横琴湾规划文化娱乐用地，建设体验型主题公园、滨海游乐设施等，打造与香港、澳门互补的主题游乐项目，发展成为休闲度假区的重要节点，为游客提供一个融娱乐、生活、消费、休闲、文化资讯各种要素于一体的现代化综合休闲区。

3. 区级文化娱乐设施：综合服务区中南部规划为服务全岛的综合体育活动场所，建设与现代化城市功能相匹配的城市体育中心。

4. 居住区级文化娱乐设施：在各片区中心地段布局文化站和体育文化设施，为本片区服务。

（五）体育设施

已建东方高尔夫球场1座，规划市级综合体育中心1座，在国际居住社区、高新区配套居住社区、中心北路以北居住社区、中心南路居住社区各布置1座区级体育活动中心,共计4座居住区级体育活动中心。

（六）医疗卫生设施

医疗服务体系建设以政府主办作为主导,将民营医疗机构作为重要组成部分,以港澳台资及外资医疗机构作为重要补充,形成市级医疗服务机构—社区卫生服务机构二级架构。

1. 市级医疗服务机构1处：以三级甲等医院为主体,以专科医院、民营医院为补充。在中心沟东部的综合服务区建设一家三级甲等医院,为全岛居民提供高质量医疗服务。

2. 社区卫生服务机构7处：以社区卫生服务中心（站）为主体,以各类门诊部及其他性质医疗机构为补充。社区卫生服务机构按以街道范围或每3~5万人设置一个社区卫生服务中心、每0.5~1万人设置一个社区卫生服务站的原则设置。保障岛上居民在步行20分钟的距离内可获得常见病的诊治及基本的药物和预防接种。

七、绿地与开敞空间规划

规划区的绿地及开敞空间体系主要由公共绿地、防护绿地及广场构成,由道路及公共步行系统连接,呈现由步行系统串联的多个层级、多种功能,到达方便,由海岸、山峰、河流、湿地等自然景观元素与建筑、广场等人工景观共同构成的网络型格局。

八、历史文化保护规划

注重将现代创新文化融入横琴的文化体系之中。遵循弘扬历史文化精神内涵的原则,整合横琴海岛特有的海洋历史文化资源,在开展保护的前提下充分发掘与弘扬其中的精神文化内涵,促进城市文化主题的培育,增强横琴新区居民的认同感与凝聚力。深入挖掘以沙丘遗址为代表的海洋文化和相思瀑布为代表的珠澳文化的内涵,增强横琴岛内居民及游客的认同感和荣誉感。

九、城市设计导引

（一）总体空间导向

利用三面临江、南向望海、山水相间、陆岛相望的自然景观条件,以山为幕、以水为形,以搭建创新之岛的空间载体为目标,秉承天人合一的生态思想,通过合理的空间布局,引入复合互动的城市功能,融合多元人文特色，以实现人与人、人与社会、人与自然的和谐共生，经济效益、社会效益、环境效益的和谐统一。

（二）三大景观分区

结合功能管制、强度管制中对用地的划分和控制要求，致力于保持和创造海岛良好的山水空间环境，以大、小横琴山为界，将横琴新区分为海岛北部、海岛中部、海岛南部三大景观区。

十、空间管制规划

优先关注不可建，以土地限制性分区为指引，结合城市近期发展目标，划分不同类型的地区，以保证城市空间的有序发展，为规划管理提供依据。

绿地（绿线①）主要包括大、小横琴山，二井湾生态湿地和大、小芒州西北角的滩涂湿地等生态绿地以及城市公共绿地和生产防护绿地。

历史文物保护（紫线）主要包括沙丘遗址。

水域岸线（蓝线）主要包括横琴岛四周的水道、湿地，中心沟主河道，上牛角水库，望天台水库以及红旗水库等。

公共服务设施（橙线）包括规划区内的行政办公设施，图书馆、剧院等文化设施，体育场馆、体育训练场地，医院、卫生防疫站等医疗卫生用地，高等学校、中小学、成人与业余学校等教育科研用地，还包括社会福利设施。

城市基础设施（黄线）包括规划区内的城市轨道交通线和站、城市交通综合换乘枢纽、城市交通广场、公共汽车首末站等城市公共交通设施，污水处理设施，垃圾转运站，高压线走廊，排洪沟等对城市发展全局有影响的市政基础设施的控制界线。

十一、市政工程规划

（一）供水工程规划

1. 用水量预测：通过采用分质供水和强化节水方案，近期横琴最高用水量约为 9.1 万吨/日，人均综合用水量指标约为 600 升/（人·日），远期横琴最高用水量约为 16.7 万吨/日，人均综合用水量指标约为 520 升/

---

① 指规划图中的线。下同。

（人·日），日变化系数均取1.15。

2. 水源规划：采用分质供水、中水回用、海水淡化等先进技术将横琴的供水水源分为综合生活用水水源、杂质用水水源、海水综合利用水源。近期可采用拱北水厂作为供水水源，远期以南区水厂作为主要供水水源。拱北水厂的供水规模：近期为30万吨/日，中期为30万吨/日，远期为30万吨/日；南区水厂的供水规模：近期为24万吨/日，远期为60万吨/日。

3. 供水设施规划：在中心北路北侧小横琴山东端新建加压泵站、高位水池各1座，水池容积1万立方米，高位水池地面标高约为45米；泵站规模近期为5万吨/日，远期为10万吨/日，控制用地2公顷。

4. 供水管网规划：

（1）干管：南区水厂至横琴的DN1600供水干管从横琴大桥和横琴二桥接入，与从横琴大桥接入的DN600供水干管以及布置在中心沟中的主干管形成市政环状管网供水，各干管之间靠连通管连接，使市政供水更有保证，并预留管径为DN600的供水管道与鹤州南地区连接。配水管网按远期规模考虑；沿主要道路敷设配水干管，呈环状配管，一般沿道路东南侧建设。

（2）支管：在供水干管的基础上，规划增加管径为DN300至DN600的供水支管，在各个片区形成环状供水管网，以保障整个供水系统的安全性。管网采用"生产—生活—消防"的统一系统，市政消火栓间距不大于120米。

（二）污水工程规划

1. 排水体制：采用雨污分流制。

2. 污水量预测：横琴近期污水量约为6.45万吨/日，远期污水量约为12万吨/日。

3. 污水处理设施规划：在大横琴山以北地区建设横琴污水处理厂，近期规模为6万吨/日，远期规模为12万吨/日，深度处理规模远期为3.39万吨/日，占地面积14.65公顷，位于高新技术产业区西南角、西临磨刀门水道。在大横琴山以南地区设置3座小型污水处理站，远期规模均为0.5万吨/日，各占地约1公顷。设置5座污水泵站，远期规模分别为

190、350、250、280、95 升/秒，各占地900、1500、1200、1350、600 平方米。

4. 污水管网规划：分成三个相对独立的系统，分别沿中心沟两侧和环岛北路敷设污水干管，由东向西沿途收集污水并最终汇入横琴污水处理厂。污水管网尽量利用地形地势，按道路坡向、平行于道路中心线布置，污水管沿线应尽量减少埋深。

（三）雨水工程规划

1. 雨水量预测。综合径流系数为旧城区 0.7～0.8，新城区 0.6～0.7。

2. 设计重现期。一般地区，P 为1年；较重要地区，P 为2～3年；低洼地区、广场、立交桥等排水较困难地带及重要地区，P 为3～5年。

3. 雨水设施规划。雨水调蓄池结合建筑物、小区等的布局，布置在绿地和雨水排出口等地势低洼地区，便于雨水的收集。

4. 雨水管网规划。采取重力排放方式，让雨水就近排入河流以及排洪渠内，雨水管道坡向尽量与道路坡向一致。雨水管道宜在道路两侧布置，雨水管起端满足覆土1.0～1.2米。

（四）供电工程规划

1. 负荷预测：规划横琴构建清洁、开放、安全、可靠的电力供应体系。至2020年，横琴最大用电负荷达到43万千瓦，全社会用电量约22亿千瓦时，平均负荷密度约1.5万千瓦/平方公里。近期建设用电负荷规模按18万千瓦考虑。

2. 电源规划：遵照适度超前的原则，加快电源建设，建立充足可靠的电源供应系统。积极发展多联供燃气发电，大力开发风能、太阳能等绿色能源，实现电源本地化，并向珠海和澳门送电，至2020年，横琴绿色能源占本地负荷容量的10%以上。

3. 变电站规划：合理布置、预留变电站站址。站型应向大容量、少占地方向发展。建成220千伏变电站2座，远期主变装机均为4×180兆伏安，220千伏变电站容载比为1.9；110千伏变电站7座，远期主变装机均按3×50兆伏安预留，110千伏变电站容载比为2.1。

4. 电网规划：加强横琴与周边地区电网联系，依托省网，提高电网受电、供电能力和供电可靠性。建设以220千伏变电站为中心，110千伏变电站为骨干的环形辐射状供配电网络；配套建设完善地上、地下电力通道系统，建立容量充足、安全可靠、结构开放的电力通道体系，形成技术先进、清洁高效、安全可靠、环境友好的现代化城市电网。

（五）通信工程规划

1. 用户预测：电话容量为22万对，网络容量为16万个，有线电视容量为11万个，移动用户48万线。

2. 电信设施规划：合理布局通信机楼，充分预留通信发展备用地。通信机楼应满足多家运营商共同使用的要求。全市新建3座通信机楼，包括1座电信机楼、1座广播电视分中心、1座邮政中心支局、13个邮政所。

3. 加强无线电空域管理。规划保留脑背山站—南湾站微波通道，并按国家规定，城市高层建筑布局要考虑无线电接收及微波传输通道口预留，保证无线电监测网正常运行。

（六）燃气工程规划

1. 气源和气化率：燃气气源以管道供应天然气为主，瓶装供应液化石油气为辅。至2020年，全岛气化率为100%，其中，管道气的气化率为95%，瓶装液化气的气化率为5%。

2. 用气量预测：至2020年，年管道用气量达到3826万标方，年液化石油气用量达到1741吨。其中，居民年管道用气量1965万标方、公建年管道用气量1179万标方、工业年管道用气量491万标方、未预见年管道用气量191万标方；居民年瓶装用气量894吨、公建年瓶装用气量536吨、工业年瓶装用气量224吨、未预见年瓶装用气量87吨。

3. 燃气场站规划：规划横琴陆上首站作为中海油天然气接收站；规划新建澳门末站为澳门电厂提供天然气气源，并有可能为澳门提供居民用气；规划新建横琴门站作为横琴气源。

4. 燃气管网系统规划：规划采用高—中压两级管网系统。高压管经门站内的高、中压调压站调至中压，中压干管起点设计压力（高、中压调压站出口压力）为0.3兆帕斯卡，中压管网运行压力为0.2~0.3兆帕斯卡。

（七）环卫工程规划

1. 垃圾量预测：横琴近期生活垃圾量为180吨/日，远期生活垃圾量为384吨/日。

2. 垃圾收运规划：采用封闭式垃圾自动收集系统。在全岛的中心密集区设置4个单元的封闭式生活垃圾收集中心，每个生活垃圾收集中心末端的服务面积为1.0～1.5平方公里，另在其他区域设置3座临时生活垃圾收集转运站，负责收集近期旅游区及工业区的生活垃圾，远景改造成封闭式收集系统的生活垃圾收集中心，实现生活垃圾封闭式收集系统全岛覆盖。垃圾清运实现机械化，垃圾收运车优先采用垃圾压缩车。

3. 公共厕所规划：规划设置42座公共厕所，主要分布在密集的人口居住区、商业密集区、旅游区以及部分工业区，在旅馆业区不设置独立的公共厕所。

（八）城市工程管线综合

1. 规划原则：

（1）规划区内工程管线铺设应结合道路网规划，宜采用地下铺设。

（2）规划区内现有架空的电力、通信线路应结合道路及线路的改建、扩建逐步改为地下敷设。

2. 平面布置：

（1）电力、通信线路，雨水管渠，污水管道宜布置在道路红线范围内（其中，雨水、污水排水管渠可布置在机动车道下面），给水、燃气管道等工程管线可布置在道路红线与建筑红线之间的范围。

（2）以道路中心线为界，给水管道、电力线路、雨水管渠布置在道路东、南侧；污水管道、通信线路、燃气管道布置在道路西、北侧。

（3）红线宽度超过30米的道路宜两侧同时布置给水和燃气管道，红线宽度超过50米的道路宜两侧同时布置各类管线。

（4）工程管线在小区内从建筑物向外方向平行布置的次序，应根据工程管线的性质和埋设深度确定，其布置次序宜为：电力、通信、污水、雨水、燃气、供水。当燃气管线在建筑物两侧中任一侧引入均满足要求时，燃气管线应布置在管线较少的一侧。

3. 竖向布置：

（1）一般情况下，从上到下排列次序依次为电缆沟、电信管、燃气管、给水管、雨水管、污水管，各种工程管线不得上下平行重叠埋设。如管线交叉矛盾时，原则上应以技术条件较低的避让技术条件较高的，压力管让自流管，小管让大管，支管让干管，软管让硬管。

（2）填土地区在满足竖向综合的基础上，尽量降低道路竖向标高；挖方地区应综合安排道路及排水管线走向，做到不挖土或少挖土。

十二、城市防灾规划

（一）抗震与地质灾害防治规划

1. 规划原则：贯彻"预防为主，防、抗、避、救相结合"的方针。

2. 标准：建筑物必须按抗震烈度Ⅶ度设防，并符合国家和当地规范，主要疏散通道两侧建筑应按要求退后，高层建筑必须有一定的广场或停车场设计。

3. 避震疏散规划

（1）避震疏散场地：规划将岛内公园、广场、运动场、学校操场、河滨及附近农田、绿地作为避震疏散场地。合理组织疏散通道，使避震疏散场地服务半径小于500米，并保证每人1.5平方米的避震疏散用地。

（2）避震疏散通道：规划横琴岛内快速路、主干道等为主要避震疏散通道，保证主要疏散通道两侧建筑倒塌后有7～10米的通道。

（3）生命线系统：规划生命线系统，包括政府机关、供水、供电、通信、交通、医疗救护、消防站等作为重点设防部门。要求生命线系统的工程按各自抗震要求施工，并制定出应急方案，保证地震时能正常运行或及时修复。

（4）地质灾害防治规划：坚持"预防为主，防治结合；属地管理，分级负责；谁诱发，谁负责，谁受益，谁治理"的原则，建立健全各级地质灾害防治领导机构，实行地质灾害部门负责制。同时，加强制度建设，建立地质灾害预警制度，制定地质灾害防治预案，确保有灾治灾，无灾防灾，长期防治，综合治理。

（二）防洪（潮）规划

1. 防洪（潮）标准：防洪（潮）按100年一遇设防，并用200年一遇水位校核。山洪防治标准为50年一遇设防，海堤及水闸不低于100年一遇防洪（潮）标准设防。

2. 防洪（潮）堤规划：地坪最低控制高程按防洪（潮）水位（100

年一遇黄基潮位 3.07 米）加 0.6 米安全超高设计，即横琴的地坪最低控制高程为 3.7 米；暂时无法达到此标准的区域，其江（河）、海堤堤顶高程按设计防洪（潮）水位加 1.5 米安全超高计。城市建设区的地面高程应达到防御 100 年一遇的洪（潮）水位以上的规划高程，中部地区最低地面标高按照 3.4 米控制。

3. 排洪系统规划：共设置 4 个排洪系统：北区排洪系统（设 4 条排洪渠）、中心沟排洪系统（设 9 条排洪渠）、东南区排洪系统（设 3 条排洪渠）、西南区排洪系统（设 2 条排洪渠）。其中，中心沟排洪系统为横琴岛排洪系统的主体工程。每个排洪系统由山脚截洪沟和排洪渠（含部分规划水系）组成。中心沟东西两侧各设置 1 座水闸，共 2 座水闸；其他区域考虑到亲水岸线的建设，不设置水闸。

（三）消防规划

1. 消防安全布局规划：重点对居住区、商业区、工业区、仓储区、文化娱乐设施、危险品储存与加油站、森林、水上设施等进行消防安全布局，提出具有针对性的消防措施安排。

2. 消防重点防护地区规划：分类为横琴口岸、口岸服务区，商业中心、高层建筑密集区，仓储区，对外交通设施区，大专院校、科研区，高新技术产业区，休闲度假区。分为一级消防安全重点防护区域与二级消防安全重点防护区域。

3. 消防站布局规划：规划建设普通消防站 5 座、水上消防站 1 座。近期建设普通消防站 3 座、水上消防站 1 座。接到报警后消防车能 5 分钟到达责任区前沿，消防站责任区范围 4~7 公里。保证消防供水的水量和水压，消防用水量按照国家标准，按同时扑救二次火灾，一次消防水量为 55 升/秒设计；消防栓间距不超过 120 米，保护半径为 150 米。

4. 消防系统规划：消防给水与生产及生活给水管道系统合并。消防给水管道及室外消火栓沿道路设置，消火栓间距不超过 120 米；道路宽度超过 60 米时，在道路两边设置消火栓，并靠近十字路口。消防车通道规划与城市道路规划相结合。

（四）人防规划

1. 规划原则：按照国家关于人民防空建设配套标准、等级、规模的要求，坚持全面规划与统筹协调、因地制宜与合理布局，在保证战备的前提下提高社会效益和经济效益，贯彻"长期准备、重点建设、平战结合"的方针。

2. 标准：按国家一类人防重点城市设防。

3. 城市防护规划：

（1）城市防护布局：合理布置城市广场、水面和绿地，易燃、易爆和有毒物品的生产和储存选址应远离城市居民集中区。

（2）城市重要防护目标：大型变电站等基础设施、燃气场站、气库等危险品仓库以及横琴重要的工业企业划为城市重要防护目标。

（3）人防工程建设布局：设立片区防空专业队一支，负责横琴的防空工作。设置通信、消防、防化、医疗、运输、抢修等专业工程。人防工程布置应充分利用地形、地物，专业工程队的设置结合各专业特点，保证战时进出方便快捷。医疗救护工程以防护体系为单元布置在交通便利地区。人员隐蔽工程尽量靠近人员集中地区。

十三、地下空间开发与利用规划

（一）开发策略

结合片区大型公共设施的分布，与主要的商业街区的地下商业空间、办公楼宇、轻轨站的环形连接步道等贯通，将购物、娱乐、休闲及重点商业区联系起来，以满足商业活动及行人往来需求。

（二）规模与布局

结合城市自身的特点，形成可持续发展的综合、灵活的地下空间利用方式。根据规划设计思路，将地下交通空间划分为应建地下通道、宜建地下通道及可建地下通道三类，并建设若干适宜进行综合地下商业开发的地区。

十四、环境保护规划

基于横琴自然环境和产业配置要求，以森林、海洋、湿地三大生态系统为骨干，充分利用山、海、岛等生态要素，组合、串联各种自然资源和绿色空间，构建"双核、双环、绿楔交织"的城市绿网格局。

坚持保护优先、预防为主、防治结合、源头治理与末端治理相结合的原则，科学划定环境功能分区。全年城市空气质量达到Ⅱ级以上标准；水源保护区达到地表水二类水质标准;横琴周边近岸海域,除马骝洲水道达到三类海水水质标准,其余海域达到二类海水水质标准;城市生活垃圾无害化处理率达到100%。

(资料来源:珠海市横琴新区政府网站,2012年)

珠海市横琴新区控制性详细规划深化

(图片来源:珠海市横琴新区政府网站,2012年)

珠海市征收（征用）土地青苗及附着物补偿办法

第一条　为了加强土地征收（征用。下同）工作管理，规范青苗及附着物补偿，根据《中华人民共和国土地管理法》、《中华人民共和国土地管理法实施条例》、《广东省实施〈中华人民共和国土地管理法〉办法》、《珠海市土地管理条例》等有关法律、法规，结合近年我市征收土地青苗及附着物补偿的实际情况和物价上涨因素，对《珠海市征用土地青苗及附着物补偿办法》（珠府〔2002〕134号）做适当调整、补充及细化，制定本办法。

第二条　在我市范围内征收土地涉及的青苗及附着物补偿适用本办法。

第三条　被征收土地上的青苗及附着物，按本办法规定标准进行补偿。本办法除征收地上附着物外，其他的各项补偿单价都已包含被征收土地范围内用于种养的各项生产工具、运输工具和各种可搬动的设备、设施、备用物料等的搬迁费用（详见附件：珠海市青苗及附着物补偿分类细目）。

第四条　设立珠海市征收土地青苗及附着物补偿评估鉴定专家库，由园艺、农业种植、水果种植、水产养殖、工程造价等方面专家、技术人员组成。当征地补偿工作中出现本办法中未列举的补偿项目时，每次从专家库相应的补偿项目方面专家中采用随机抽取方式，确定3名或3名以上专家按本办法确定的原则和规则进行评估，按评估结果确定补偿标准后进行计补，同时将新增补偿项目和品种补偿标准纳入本办法。评估鉴定专家原由市国土资源局负责组建，向社会公开。每次抽中参与评估鉴定的专家，应当根据评估项目给予一定的补助。

第五条　征地补偿公告（预公告）发布后，所有单位和个人不得再进行种植、养殖和新建建筑物、构筑物。新增的农作物、放养物、鱼塘、建筑物、构筑物不予补偿。在征地补偿公告（预公告）发布的同时，项目用地单位应委托公证部门对征地范围的现状进行证据保全公证，经主管执法部门认定为违法的附着物不予补偿。

第六条 在我市预征统征范围内的土地,已支付预征补偿的鱼塘开发费款的应予扣除。

第七条 政府已统征和预征地范围内的清场补偿,参照本办法执行。

第八条 本办法由珠海市国土资源局负责解释。

第九条 本办法自发布之日起实施,原《珠海市征用土地青苗及附着物补偿办法》(珠府〔2002〕134号)同时废止。本办法发布之日前,已经市政府批准的征收(征用)土地补偿方案,仍按原补偿方案执行。

附件:珠海市青苗及附着物补偿分类细目

珠海市青苗及附着物补偿分类细目

一、征收稻田,按每亩补偿3500元计补。

二、征收甘蔗田,糖蔗每亩补偿3200元;食用黑蔗每亩补偿4200元;食用黄皮(白)蔗每亩补偿6000元。

三、征收菜地、作物地。已覆盖种植的,每亩补偿3500元;已开垦但未投种的,每亩补偿开垦费1000元。

四、征收山林地。山地青苗补偿面积按水平投影面积计算。

1. 郁闭度为0.70以下的山林地。郁闭地为0.20以下(含0.20),补偿价250元/亩;郁闭度为0.20~0.40(不含0.40),补偿价500元/亩;郁闭度为0.40~0.70(不含0.70),补偿价750元/亩。

2. 郁闭度为0.70以上(含0.70)的山林地。树木平均胸径在5厘米以下(不含5厘米)的幼林地,补偿价1500元/亩;树木平均胸径在5~15厘米(不含15厘米)的林地,补偿价2000元/亩;树木平均胸径在15厘米以上的林地,补偿价3000元/亩。

3. 灌木林地(棘林地)。灌木林地补偿价1250元/亩。荒山上非人工种植的草丛荒地不予补偿。

五、征收果树。

1. 荔枝树。成片(合理密植,下同)荔枝树(按树龄划分计补)。树龄在4年以下(含4年)的,每亩补偿5000元;树龄4年以上的,每递增1年，每亩补偿递增1250元；树龄递增至15年或以上的，每亩最高补偿18750元。

零星荔枝树（按树龄划分计补）。树龄在4年以下（含4年）的，每棵补偿80元；树龄5～6年的，每棵补偿150元；树龄7～8年的，每棵补偿280元；树龄9～10年的，每棵补偿400元；树龄11～12年的，每棵补偿500元；树龄13～14年的，每棵补偿600元；树龄15年以上（含15年）的，每棵补偿750元。

2. 龙眼树。按征收荔枝树的补偿标准计补。

3. 橄榄树及杧果、黄皮、人心果、番荔枝、柿子、栗子、莲雾、火龙果树。按征收荔枝树补偿标准的80%计补。其中，番荔枝树龄超过7年的，按7年计补。

4. 阳桃、波罗蜜（俗称树菠萝）、三华李、枇杷、桃树。按征收荔枝树补偿标准的70%计补。

5. 柑、橘、橙、柠檬、佛手、柚、鸡蛋果（西番莲）、葡萄、桑、青枣树。按征收荔枝树补偿标准的60%计补。

6. 菠萝、草莓、万京子、西瓜、香瓜。成片的每亩补偿4000元。菠萝每棵补偿4元，零散草莓每棵补偿2元。

7. 番木瓜树（俗称木瓜树）。成片未挂果的，每亩补偿3000元；已挂果的，每亩补偿4500元。零散已挂果的，每棵补偿25元；未挂果的，每棵补偿7元。

8. 蕉树。成片种植半年以内的，每亩补偿3750元；半年以上至挂果的，每亩补偿5000元。零散蕉树，以3～5株为一堆，半年以内的，每堆补偿25元；半年以上至挂果的，每堆补偿50元。单株已挂果的，每株补偿25元，未挂果的，每株补偿7元。

9. 番石榴。本地番石榴（胭脂红），按征用荔枝树补偿标准的70%计补。树龄8年以上（含8年）的，以7年的补偿标准为基数每年递减10%（如8年的补偿标准为"基数×90%"，9年的补偿标准为"基数×80%"，下同）计补。

大果番石榴（珍珠芭乐），树龄1年以下（含1年）的，每亩补偿2500元；树龄2年的，每亩补偿5000元；树龄3年的，每亩补偿8000

元；树龄 4～7 年的，每亩补偿 10000 元；树龄 8 年以上（含 8 年）的，每亩按补偿 10000 元标准每年递减 10%。

零星大果番石榴（珍珠芭乐），树龄在 1 年以下（含 1 年）的，每棵补偿 30 元；树龄 2 年的，每棵补偿 60 元；树龄 3 年的，每棵补偿 100 元；树龄 4～7 年的，每棵补偿 125 元；树龄 8 年以上（含 8 年）的，每棵按补偿 125 元标准每年递减 10%。

以上果树以每亩种植 25 棵为基数，等于或大于亩值基数的按亩为单位计补；小于亩值基数的按棵为单位按零星果树计补。成片种植并间种多种果树的，以种植较多的植物为青苗补偿的品种，不得以品种分类做重复计补。青苗补偿面积应扣除用于成片种植管理而搭建的建筑物和附着物的面积。

六、征收荷花塘、莲藕塘。开发费每亩补偿 2000 元，青苗每亩补偿 3800 元。

七、征用花地、苗圃地。

1. 成片的栽花地。种植姜花每亩补偿 5000 元，菊花每亩补偿 6200 元，富贵竹每亩补偿 7500 元，玫瑰花每亩补偿 9300 元。

2. 成片的栽苗圃地。灌木、草本植物、藤类植物每亩补偿 7000 元；观赏竹类每亩补偿 9000 元；乔木类和棕榈科类植物每亩补偿 15000 元。

3. 其他成片的栽花地、苗圃地，根据实际情况，每亩补偿最高不得超过 15000 元。

4. 苗圃地以外的盆栽花木搬迁。花盆口径 10～20 厘米（不含 20 厘米）的，每盆补偿 5 元；花盆口径 20～40 厘米（不含 40 厘米）的，每盆补偿 10 元；花盆口径 40 厘米以上的，每盆补偿 20 元。

八、征收零星树木。

1. 榕树的补偿。有高度无冠幅树苗，高度 1 米以内（不含 1 米）的，每棵补偿 5 元；高度 1～2 米（不含 2 米）的，每棵补偿 10 元。无冠幅移栽榕树，胸径 40～70 厘米（含 70 厘米）的，每棵补偿 100 元；胸径 70 厘米以上的，胸径每增加 10 厘米补偿增加 200 元。有冠幅榕树，胸径 3 厘米以下（不含 3 厘米）的，每棵补偿 30 元；胸径 3～10 厘米（不含 10 厘米）的，每棵补偿 80 元；胸径 10～15 厘米（不含 15 厘米）的，每棵补偿150元；胸径15～20厘米（不含20厘米）的，每棵补偿250元；胸径20～25厘米（不含25厘米）的，每棵补偿300元；胸径25～30厘米（不含30厘米）的，每棵补偿400元；胸径30～40厘米（不含40厘米）的，每棵补偿500元；胸径40～50厘米（不含50厘米）的，每棵补偿800元；胸径50厘米以上的，胸径每增加10厘米，每棵补偿在800元基础上增加200元。

2. 木棉树的补偿。胸径2厘米以内（含2厘米），高度0.5～1.0米（含1.0米）的树苗，每棵补偿5元；高度1.0～1.5米（含1.5米）的，每棵补偿10元；胸径2～5厘米（含5厘米）的，每棵补偿50元；胸径5～10厘米（含10厘米）的，每棵补偿100元；胸径10～20厘米（含20厘米）的，每棵补偿150元；胸径20～30厘米（含30厘米）的，每棵补偿600元；胸径30～40厘米（含40厘米）的，每棵补偿700元；胸径40～50厘米（含50厘米）的，每棵补偿800元；胸径50～60厘米（含60厘米）的，每棵补偿900元；胸径60～70厘米（含70厘米）的，每棵补偿1000元；胸径70～80厘米（含80厘米）的，每棵补偿1500元；胸径80厘米以上的，胸径每增加10厘米，每棵补偿在1500元基础上增加200元。

3. 罗汉松、柏树的补偿。高度0.5米以下（含0.5米）的，每棵补偿10元；高度0.5～1.0米（含1.0米）的，每棵补偿20元；高度1～2米（含2米）的，每棵补偿100元；高度2米以上的，高度每增加0.5米以内（含0.5米），每棵补偿在100元基础上增加100元。

4. 发财树的补偿。胸径5厘米以下（含5厘米）的，每棵补偿30元；胸径5～10厘米（含10厘米）的，每棵补偿50元；胸径10厘米以上的，每棵补偿100元。

5. 散尾葵的补偿。树苗每棵补偿10元；冠幅1.0米以下（不含1.0米）的，每棵补偿50元；冠幅1.0～1.5米（含1.5米）的，每棵补偿100元；冠幅1.5～2.0米（含2.0米）的，每棵补偿200元；冠幅2.0米以上的，每棵补偿300元。

6. 大王椰子树的补偿。地径10厘米以下（含10厘米）的，每棵补偿150元；地径10～15厘米（含15厘米）的，每棵补偿200元；地径

15～45厘米（含45厘米）的，每棵补偿280元。

7. 杂树的补偿。树苗胸径4厘米以下（不含4厘米）的，每棵补偿5元；胸径4～6厘米（不含6厘米）的，每棵补偿8元；胸径6～8厘米（不含8厘米）的，每棵补偿10元；树木胸径8～10厘米（含10厘米）的，每棵补偿20元；胸径10～20厘米（含20厘米）的，每棵补偿60元；胸径20～30厘米（含30厘米）的，每棵补偿80元；胸径30～40厘米（含40厘米）的，每棵补偿100元；胸径40～50厘米（含50厘米）的，每棵补偿120元；胸径50～60厘米（含60厘米）的，每棵补偿140元；胸径60～70厘米（含70厘米）的，每棵补偿160元；胸径70～80厘米（含80厘米）的，每棵补偿200元；胸径80～90厘米（含90厘米）的，每棵补偿300元。

8. 其他项目。上述征收零星树木以外的品种，参照现行《珠海工程造价信息》园林绿化苗木出圃为参考价，以相对应品种规格按出圃价格的40%计算补偿。

被征收地单位的同一地块，以每亩栽种30棵为基数，小于或等于亩栽种基数的，按零星花木计补；大于亩栽种基数的，以亩为单位计补。

九、征收竹林、食用笋。成片竹林每亩补偿5000元；竹子，以20～40根为一堆，每堆补偿50元。成片食用竹笋每亩补偿7500元；零散食用竹笋，以20～40根为一堆，每堆补偿75元。

被征收地单位的同一地块，以每亩栽种30堆为基数，小于或等于亩栽种基数的按零星竹林、食用竹笋地计补。

十、征收鱼塘。鱼塘合理养殖，养殖的主要品种应占养殖总量不低于70%。

1. 鱼塘开发费，水深在2米以下（不含2米）的，每亩补偿2000元；水深在2米以上的，每亩补偿2500元。

2. 各种鱼类补偿费。属"四大家鱼"及一般淡水鱼类，每亩补偿4000元。"四大家鱼"及一般淡水鱼类指草鱼（鲩鱼）、鲢鱼（鳊鱼）、鳙鱼（大头鱼）、鲮鱼、鲤鱼、各种罗非鱼、埃及塘鲺、泰国塘鲺、南方大口鲶、淡水白鲳等品种。以上述鱼类为主养及混养部分优质品种。蚌类及观赏鱼按此标准补偿。

属虾、蟹、优质品种鱼类及海鲜类，每亩补偿5000元。优质品种鱼类指龙鲴、鲷科类、笋壳类、中华胭脂鱼、蟹类、金钱鱼（金鼓）、鳗鱼、河豚（鸡抱、芭鱼）、鲟鱼类、红鼓（美国红鱼）、鲈鱼类、广东鲂（边鱼、大眼鸡）、长吻鮠、瓜仔斑（黑瓜仔）、桂花鱼（鳜鱼）、黄鳍鲷（黄脚立）、禾顺、黄颡鱼（黄骨鱼）、乌头鲻、黄鲻、叉尾鲷、本地塘鲺、生鱼、团头鲂（武昌鱼）、仙骨大头、缩骨大头、鲫鱼类、巴西鲷、蓝鳃太阳鱼、山斑鱼（月鳢）、蛙类等。

属甲鱼、娃娃鱼、鳄鱼及龟类，每亩补偿8000元。

十一、征收禽畜养殖场。养殖单位牲畜数量小于5头、禽鸟数量小于150只的，原则上不予搬迁补偿。

1. 种猪、繁殖母猪，搬迁每头补偿200元；体重25千克以上（含25千克）的肉猪，搬迁每头补偿80元；体重25千克以下（不含25千克）的猪苗，搬迁每头补偿30元。

2. 鸡、鸭、鹅搬迁补偿，体重0.5市斤以下（不含0.5市斤）的，每只补偿1元；体重0.5～1.5市斤（不含1.5市斤）的，每只补偿5元；1.5市斤以上（含1.5市斤）的，每只补偿10元。

十二、征收滩涂。经政府批准投资的项目，按实际投入给予适当补偿。

1. 用于防风、防潮护堤而种植的树。植树每亩补偿2000元。青苗补偿面积按水平投影面积计算。

2. 滩涂围垦。正在围垦的滩涂，经由有资质的审计机构核定围垦工程实际投入成本给予补偿；已成围但未整治的滩涂，按原围垦计划范围内的面积每亩补偿2000元；成围且有土堤分割的为已整治的滩涂，按成围面积每亩补偿2500元。但围垦工程款属国家投资的不予补偿。

凡未经政府批准，擅自围垦、种养的滩涂，不予补偿。

十三、征收蚝田。按投资成本给予补偿。投入角石放养的，每亩补偿3100元。设置1.5米以下有效养殖高度的水泥桩柱，每亩补偿4400元。设置1.5米或1.5米以上有效养殖高度的水泥桩柱，每亩补偿5000元。高密度木（竹）桩柱吊养的蚝田，每亩补偿6000元；高密度水泥桩柱吊养的蚝田，每亩补偿8000元。

十四、迁坟。按民政部门的有关规定予以计补,并由民政部门负责统一迁移处理。

十五、征收水利设施。按原投资成本和受益年限折旧计算补偿。属国家投资和废弃的水利设施不予补偿。用于种养灌溉的配套设施,钢筋混凝土结构(实体)的,每立方米补偿500元;砖石结构(实体)的,每立方米补偿250元。

十六、征收地上附着物。

1. 集体用地上有合法产权房屋的建筑成本补偿。建成年份在1980年以前的,每平方米补偿1000元;1981—1985年的,每平方米补偿1200元;1986—1990年的,每平方米补偿1500元;1991—1995年的,每平方米补偿1800元;1996年以后(含1996年)的,每平方米补偿2000元。以上补偿标准包含房屋的基本装修及房屋内的生活配套设施等。除按上述建筑成本补偿外,征收地单位应在规划许可的条件下,就近调整与原用地面积相等的土地,用于被拆迁人新建安置住房,新建安置住房原则上由所在镇或村集体组织实施,并享受拆一免一的报建优惠。无合法产权的房屋不纳入补偿的范围内。

2. 临时建筑物、构筑物。砖墙水泥顶结构的,按建筑面积每平方米补偿400元;砖墙瓦顶结构的,按建筑面积每平方米补偿350元;砖墙铁皮顶结构的,按建筑面积每平方米补偿150元;砖墙石棉瓦(树皮)顶结构的,按建筑面积每平方米补偿125元;树皮结构的,按建筑面积每平方米补偿125元;铁皮结构的,按建筑面积每平方米补偿150元;石棉瓦结构的,按建筑面积每平方米补偿40元。以上临时建筑物高度未达到2.2米的,按上述补偿标准的50%计补。

3. 其他临时建筑。砖混结构厕所、猪栏、猪舍,按建筑面积每平方米补偿150元。用于种养生产需要的简易树皮、铁皮、石棉瓦、木板等棚,按投影面积每平方米补偿20元;竹木薄膜顶越冬棚,按投影面积每平方米补偿4元;竹木遮光膜棚,按投影面积每平方米补偿2元。

4. 晒谷场坪地。视建筑材料和使用年限计补。混凝土结构每平方米补偿40元;灰砂结构每平方米补偿25元。

5. 化粪池、储水池。用于种养生产需要的化粪池、储水池,属钢筋混凝土结构的，按钢筋混凝土实体计补，每立方米补偿400元；属砖石结构的，按砖石实体计补，每立方米补偿280元；水泥砂浆过面的，按水泥砂浆的表面积计补，每平方米补偿10元；化粪池、储水池进行地表以下开挖的，按面积计补开挖费用，补偿标准按鱼塘开发费计算。

6. 水井。手摇简易水井每口补偿300元；砖石、砼管井壁结构水井按容量计算，砖石井壁结构每立方米补偿150元，砼管井壁结构每立方米补偿200元。

7. 围墙。视建筑成本和使用年限折旧补偿，泥土结构的，每平方米补偿20元；砖结构、墙身厚度12厘米的，每平方米补偿40元；砖石结构、墙身厚度18厘米或以上的，每平方米补偿65元。

8. 挡土墙。干砌毛石结构的，每立方米补偿150元；湿砌毛石结构的，每立方米补偿200元。

9. 属种养生产需要的永久供电、给排水设施和本办法规定的补偿项目以外的附着物，按现行《珠海工程造价信息》为参考价，以相应项目规格的90%补偿。

十七、相关概念释义

1. 树木胸径又称干径，指乔木主干离地表面1.3米处的直径，断面畸形时，测取最大值和最小值的平均值。

2. 地径指土迹处的直径。

3. 郁闭度指山林地乔木树冠遮蔽地面的程度，是以林地树冠垂直投影面积与实际林地面积之比，以十分数表示，完全覆盖地面郁闭度为1。

4. 鱼塘水深是指塘基面平均高度至淤泥表面平均高度间的距离。

5. 计算鱼塘的补偿面积是指鱼塘的水面面积。

（资料来源：佛山市顺德区人民政府档案资料，2010年）

关于珠海市横琴新区管理委员会收回佛山市顺德区中心沟围垦区国有农用地补偿标准和补偿资金使用方案的公告

2009年8月,国务院批复同意《横琴总体发展规划》,明确了开发横琴的国家战略,并以珠海市为开发主体。为确保《横琴总体发展规划》的顺利实施,经珠海市横琴新区管理委员会和佛山市顺德区人民政府协商,并报广东省人民政府批准,珠海市横琴新区管理委员会一次性收回佛山市顺德区位于横琴岛中心沟围垦区所占三分之二国有农用地使用权权益及牛角坑水库电站用地权益(含国有农用地12644亩和牛角坑水库电站用地394亩)。现就补偿标准和补偿资金使用方案公告如下。

一、补偿依据

(一)土地补偿费和安置补助费按《关于实施广东省征地补偿保护标准的通知》(粤国土资发〔2006〕149号)的珠海地区类别计算。

(二)青苗及地上附着物补偿按珠海市现行标准计算。

(三)社会保障费按顺德标准计算。

二、补偿标准和具体数额

(一)土地补偿款212004.06万元。

1. 土地补偿费和安置补助费:按66.83万元/公顷(珠海市的三类地、养殖水面类别标准),收回农用地11063.5亩(扣除留用地1580.5亩),共计49291.58万元。

2. 逐年支付社会保障费:起始标准按被收回土地面积计每年1500元/亩执行,之后每5年按5%的幅度调升一次,支付年限为30年,折合5.2万元/亩,面积按11063.5亩计算,共计57530.2万元。

3. 留用地收购款:留用地面积按总面积12644亩的12.5%计提,共1580.5亩,每亩66.55万元(按当地规划用途标准计),共计105182.28万元。

(二)代付款30110万元。目前,由顺德中心沟办事处出租经营的土地17466亩(含属于珠海土地权益4822亩)青苗及附着物补偿、地上建筑物拆迁补偿,由珠海市横琴新区管理委员会委托顺德区人民政府按珠海市规定补偿标准以30110万元包干负责兑付予相关权利人。

（三）工程建设费及历年管理费用44424.4万元。

1. 围海造田工程组织工作费、围垦建筑材料费补偿：参照《关于佛山市"一环"快速干线征地拆迁补偿标准的通知》（佛国土资字〔2004〕33号文）"填土费"项目确定，按12644亩、每亩3万元，共计37932万元。

2. 顺德区历年财政拨付管理费、东西堤水利工程维护费、中心沟办事处工作人员安置费、中心沟历史遗留债务拨备的补偿款，合计2992.4万元。

3. 牛角坑水库电站工程建设及维护费、青苗以及地上附着物补偿3500万元。

（四）收地拆迁工作经费。珠海市横琴新区管理委员会委托顺德区人民政府代为负责收地拆迁及青苗补偿的协商、兑付土地补偿款等相关工作，并根据佛山市相关规定按上述（一）至（三）项补偿费用总和的4%提留工作经费，共计11461.54万元。

以上项目总金额为298000万元。

三、资金使用方案

（一）土地补偿款。

1. 土地补偿费和安置补助费、留用地收购款由区政府与各镇（街道）按占有中心沟围垦区土地面积的比例分配。各镇人民政府（街道办事处）根据"尊重历史，兼顾利益"原则，处理好与村（社区）的收益关系。补偿款由各镇（街道）财政设立镇（街道）、村（社区）两级建设发展福利金专账管理，实行专款专用，统一用于本镇（街道）各村（社区）公共、社会福利事业，不得分配到个人。具体管理办法由镇（街道）根据各自实际情况自行制定。

2. 逐年支付社会保障费按各镇（街道）占有中心沟围垦区土地的面积计提给相应的镇（街道），由镇（街道）财政代管，逐年拨付给下辖各村（居）委会用于社会保障开支。

（二）代付款。青苗及附着物补偿、地上建筑物拆迁补偿（含权属归珠海，目前仍由顺德中心沟办事处出租经营的4822亩土地）按实结算，由区政府包干负责兑付予相关权利人。

（三）工程建设费及历年管理费用。

1. 围海造田工程组织工作费、围垦建筑材料费补偿按区、镇（街道）占有中心沟土地面积比例进行分配，实行专款专用，统一用于公共、社会福利事业。

2. 顺德区历年财政拨付管理费、东西堤水利工程维护费、中心沟办事处工作人员安置费、中心沟历史遗留债务拨备的补偿款，牛角坑水库电站工程建设与维护费及青苗和地上附着物补偿，优先用于中心沟办事处工作人员安置，化解中心沟管理、发展过程中形成的历史问题及债务，余额纳入区财政管理，实行专款专用，统一用于公共、社会福利事业。

（四）收地拆迁工作经费按实结算，余额按区、镇（街道）一定比例进行分配，实行专款专用。

四、划拨用地

珠海市横琴新区管理委员会无偿划拨100亩公园用地给顺德区人民政府，用于建设纪念中心沟围海造地历史的纪念公园。区政府负责在区级留成中拨备专项资金，用于纪念公园的建设。

五、支付时限

（一）有关补偿款由横琴新区管理委员会自土地全部移交之日起一年半内分期支付给我区政府，区政府按约定期限收取补偿款后，按分配和使用方案的要求分期分批兑付。

（二）区财政收到补偿款后，优先用于青苗及附着物补偿、地上建筑物拆迁补偿及保证收地拆迁工作经费，同时要保证土地补偿费、留用地收购款及逐年支付社会保障费足额兑付。

特此公告

佛山市顺德区人民政府
二〇一〇年四月三十日

（资料来源：佛山市顺德区人民政府网站，2010年4月30日）

杏坛镇各村(居)中心沟围垦国有农用地补偿款管理办法

为加强杏坛镇各村(居)中心沟围垦国有农用地有关补偿款的管理,根据1994年顺德市人民政府《横琴岛中心沟围垦区移交工作会议纪要》和2010年顺德区人民政府《关于珠海市横琴新区管理委员会收回佛山市顺德区中心沟围垦区国有农用地补偿标准和补偿资金使用方案的公告》等精神,结合杏坛镇各村(居)实际情况,制定本管理办法。

一、面积说明

根据历史资料,我镇在珠海市横琴岛中心沟的围垦国有农用地合共3673亩。为解决历史问题,经与珠海市人民政府谈判协商,顺德市人民政府于1994年从中心沟围垦用地中划拨三分之一土地给珠海,划拨的土地从顺德各有关单位原有面积中按相同比例进行扣减。根据以上原则,杏坛镇实际取得的中心沟围垦国有农用地面积为2659.3亩。

二、面积分配

根据顺德区人民政府有关会议精神,各镇(街)必须按照镇政府(街道办事处)占两成、各村(居)委会共占八成的比例对本镇(街)中心沟围垦国有农用地进行分配。参照以上标准,杏坛镇人民政府从中心沟围垦国有农用地中分配到的面积为531.86亩,杏坛各村(居)委会共分配到的面积为2127.44亩。

备注:各村(居)委会具体分配面积以顺德区人民政府另文通知为准。

三、补偿金额

杏坛镇横琴岛中心沟围垦国有农用地征用补偿款合共44588.93万元,具体构成如下:

1. 土地补偿费和安置补助费:收回国有农用地2326.8875亩(扣除留用地332.4125亩),按66.83万元/公顷计算(珠海市三类地、养殖水面标准),合共10367.06万元。

2. 社会保障费:按每年1500元/亩执行,之后每5年按5%的幅度调升一次,支付年限30年,折合为5.2万元/亩。按面积2326.8875亩计算,合共12099.82万元。

3. 留用地收购款：留用地面积按总面积 2659.3 亩的 12.5% 计提，共 332.4125 亩。按 66.55 万元/亩计算（当地规划用途标准），合共 22122.05 万元。

备注：各村（居）委会具体补偿金额，待顺德区人民政府公布具体分配面积后另行计算。

四、使用办法

1. 设立管理专账。由杏坛镇财政局设立村（居）发展福利金（以下简称"福利金"）专账，对各村（居）中心沟围垦国有农用地的土地补偿费、安置补助费、留用地收购款和社会保障费等实行"专账专管，专款专用"。各村（居）福利金的使用额度为本村（居）分配到的中心沟围垦国有农用地补偿费、安置补助费、留用地收购款和当年度社会保障费。各村（居）福利金须一次性向本村（居）福利会划拨 30 万元用于发展本村（居）慈善事业，其余福利金全部用于发展本村（居）公共福利事业，不得分配到个人。

2. 明确使用范围。符合杏坛镇发展总体规划和各村（居）建设规划的内河涌整治项目，道路桥梁、文体设施、农贸市场等建设项目，以及医疗、卫生、教育、养老和社会公益等福利项目均可申请使用福利金。

3. 成立管理架构。成立杏坛镇村（居）发展福利金管理小组（简称"管理小组"），负责审批村（居）福利金的使用申请，审计村（居）福利金的使用情况，并协助村（居）福利金涉及的建设项目开展规划、招投标等工作。具体组成人员如下：

组　长：鲁国刚（镇委、镇政府）

副组长：梁建民（镇委）

　　　　何习贤（镇委）

成　员：潘永成（镇监察审计办公室）

　　　　黄小波（镇社会工作局）

　　　　钟永全（镇人力资源和社会保障局）

　　　　李广庆（镇国土和城建水利局）

　　　　阮淑明（镇财政局）

管理小组下设办公室，具体负责福利金的日常管理工作。办公室设在镇人力资源和社会保障局，主任由钟永全同志兼任。

4. 规范使用流程。

（1）立项申请：各村（居）申请福利金立项开支前，须统一填写"杏坛镇村（居）发展福利金立项申请表"报镇管理小组审批；如单宗开支预算高于15万元，还须另附书面申请，报镇政府审批。以上申请经审批同意后，单宗开支预算在15万元以内（含15万元）的，由村（居）两委讨论通过并向管理小组提交相关会议记录后方可立项；单宗开支预算15万元以上的，由村民代表大会表决通过并向管理小组提交相关会议表决记录后方可立项。

（2）审批权限：各村（居）福利金单宗开支预算在15万元以内（含15万元）的，支付前须由管理小组组长审批；在15万元以上、50万元以内（含50万元）的，须由管理小组联席会议审批，并在镇党委镇政府联席会议上通报；在50万元以上、100万元以内（含100万元）的，须由镇委书记会审批，并在镇党委镇政府联席会议上通报；在100万元以上的，须由镇党委镇政府联席会议审批。

（3）支付流程。属各村（居）福利金开支的建设类福利项目，须按有关规定做好规划、设计、招投标、质量监理、工程验收等环节。未达到招投标规模的项目，须经镇招投标办公室认可；镇财政局按照该工程项目总造价的20%，从本村（居）福利金中划拨建设启动金。工程完工后，各村（居）须向管理小组提交"杏坛镇村（居）发展福利金建设项目验收及资金申请表"；经管理小组验收合格后，由各村（居）向镇财政局申请拨付建设余款。非建设类福利项目的开支通过有关审批后，由各村（居）凭合法的付款依据向镇财政局申请一次性拨付。

本办法自发布之日起正式实施。

顺德区杏坛镇人民政府
二〇一〇年九月十七日

（资料来源：佛山市顺德区人民政府网站，2010年）

珠海经济特区佛山市顺德区人民政府中心沟办事处与江××、唐××占有物返还纠纷二审民事判决书

广东省珠海市中级人民法院

民事判决书：〔2015〕珠中法民一终字第1101号。

上诉人（原审被告）：江××，男，汉族，住广东省佛山市顺德区。

上诉人（原审被告）：唐××，女，汉族，住广东省佛山市顺德区。

以上二上诉人共同委托代理人：李水东，北京大成（珠海）律师事务所律师。

被上诉人（原审原告）：珠海经济特区佛山市顺德区人民政府中心沟办事处，住所地：广东省珠海经济特区。

法定代表人：何志明，主任。

委托代理人：罗晟，广东盈建律师事务所律师。

上诉人江××、唐××因与被上诉人珠海经济特区佛山市顺德区人民政府中心沟办事处（以下简称"顺德区政府中心沟办事处"）占有物返还纠纷一案，不服广东省珠海横琴新区人民法院〔2015〕珠横法民初字第231号民事判决，向本院提出上诉。本院依法组成合议庭审理了本案，现已审理终结。

原审法院查明，20世纪70年代初，顺德县人民政府组织大量人力、物力至珠海横琴中心沟进行围垦造田工程，设立顺德县围垦工程指挥部，负责统一指挥珠海中心沟围垦工作。为解决工作人员的居住问题，该指挥部统一安排参与围垦的各镇村在珠海中心沟建筑营部房屋（石屋）。

江××于1969年年底由当时的塘利大队安排到中心沟参加集体劳动，唐××于1980年随江××来到中心沟。之后，江××、唐××在中心沟承包鱼塘。江××、唐××居住"勒南"石屋一间、"裕源"石屋一间、"塘利"石屋一间至今，期间对房屋进行过装修。

庭审中，江××认为涉案房屋系塘利大队给他的。证人孔×、卢×出庭作证，证明涉案房屋是由当时公社同意统一规划，各大队出资建设，由各大队统一管理、安排分配给围垦民工居住。

2010年3月25日，佛山市顺德区人民政府与珠海市横琴新区管理委员会签订《珠海横琴中心沟顺德围垦区土地补偿协议书》（简称《补偿协议书》），约定横琴中心沟围垦区内土地的经营权、管理权和使用权原属于佛山市顺德区人民政府的12644亩土地及地上青苗和附着物移交给珠海横琴新区管理委员会，珠海一次性补偿给佛山市顺德区人民政府298000万元；佛山市顺德区人民政府应当完成中心沟围垦区所有土地的全部清场工作，将全部土地移交给珠海市横琴新区管理委员会。

2010年10月20日，上述双方签订《珠海横琴中心沟顺德围垦区土地权属移交协议书》，约定：中心沟土地以双方确认的红线图为准，土地的经营权、管理权和使用权原属于佛山市顺德区人民政府的12644亩土地，双方签订本协议并在中心沟土地红线图加盖公章，土地权属双方手续即生效，双方移交完毕，由珠海市国土资源局代表双方报广东省国土资源厅备案。中心沟范围的种养合同解除、清场补偿按《珠海横琴中心沟顺德围垦区土地补偿协议书》约定进行，土地现场交接由甲、乙双方授权机构办理。自本协议生效之日起，中心沟土地使用权正式转移给珠海市横琴新区管理委员会，佛山市顺德区人民政府不再对中心沟土地享有任何权利。2015年6月24日，佛山市顺德区人民政府出具证明，证明已授权珠海经济特区佛山市顺德区人民政府中心沟办事处负责珠海横琴中心沟顺德围垦区土地收地工作相关事宜。鉴于2010年3月25日《珠海横琴中心沟顺德围垦区土地补偿协议书》签订一方是珠海市横琴新区管理委员会，其属县区单位，为体现合同双方主体平等，故由佛山市顺德区人民政府签章。

2014年11月27日、28日、30日，佛山市顺德区勒流街道冲鹤村民委员会、南水村民委员会、众涌村民委员会、黄连社区居民委员会分别出具证明，称珠海中心沟石屋是由参与围垦的各镇村在当时的顺德县人民政府统一安排下建筑并提供给各工作人员居住。2010年3月由于珠海市需要收回围垦区内的国有用地，收回范围内属顺德区政府和各镇的公有资产（含房屋建筑）由区政府统一处理。根据《补偿协议书》，上述土地和建筑物由珠海市横琴新区管理委员会按标准计价补偿给顺德区人民政府，由区人民政府统筹分配用于参与围垦的各镇村公共、社会福利事业。

另查明，1994年6月17日，顺德市人民政府发出顺府发〔1994〕36

号《关于开发横琴岛中心沟围垦区有关问题处理意见的通知》,在行政上撤销"顺德县围垦工程指挥部"和"顺德市中心沟经济开发区",重新设立珠海经济特区佛山市顺德市人民政府中心沟办事处,即原审原告,负责中心沟的行政管理和开发协调工作。同时明确,转让中心沟土地所得的出让金的50%,按市和各镇在中心沟拥有土地的面积比例进行分配。各镇所建的房屋及财产,能够移动的物件由原单位自行处理,不能移动的亦无偿由办事处接管使用。今后中心沟的开发经营与各镇无关。

原审法院认为,本案为占有物返还纠纷,根据双方的诉辩意见,本案争议的焦点:①本案是否属于人民法院受理的范围;②顺德区政府中心沟办事处是否是本案适格的原告;③顺德区政府中心沟办事处的诉讼请求能否得到支持。

关于焦点一。涉案房屋是在20世纪70年代初,在当时的顺德县人民政府统一安排下,由参与围垦的各公社、大队出资建设,并统筹安排给本大队围垦人员居住。根据顺府发〔1994〕36号文件的规定,各镇所建的房屋已于1994年6月17日移交给顺德区政府中心沟办事处接管使用,因此,基于上述原因,涉案房屋的所有权属于当时的顺德市人民政府,即现在的佛山市顺德区人民政府。江××、唐××没有提供证据证实江××、唐××所占有的涉案房屋为江××、唐××投资兴建,应承担举证不能的不利后果,江××、唐××主张因历史政策原因,谁建归谁,谁用归谁,主张涉案房屋属江××、唐××所有没有事实与法律依据,原审法院不予采纳。江××、唐××没有提供证据证实江××、唐××所占有的涉案房屋为顺德区政府中心沟办事处所赠予,应承担举证不能的不利后果,江××、唐××主张受赠涉案房屋没有事实与法律依据,原审法院不予采纳。本案江××、唐××虽曾在20世纪70年代受所在大队的派遣参与了中心沟的围垦工作,后来,江××、唐××是向顺德区政府中心沟办事处承包鱼塘进行耕养,向顺德区政府中心沟办事处缴纳承包费用,双方为承发包合同关系。江××、唐××占用的涉案房屋,既不属于因历史遗留落实政策性质的房产,也不属于单位内部建房、分房,故本案既不属于因历史遗留落实政策性质的房地产纠纷,也不属于因单位内部建房、分房等而引起的占房、腾房等纠纷,江××、唐××依据《最高人民法院关于房地产案件受理问题的通知》第三点辩称本案不属于人民法院受理的范围，缺乏理据，原审法院不予采纳。

关于焦点二。顺德区政府中心沟办事处为佛山市顺德区人民政府下属机关法人机构，经佛山市顺德区人民政府授权，负责中心沟的行政管理和开发协调工作。佛山市顺德区人民政府依据与珠海市横琴新区管理委员会签订的《珠海横琴中心沟顺德围垦区土地补偿协议书》及《珠海横琴中心沟顺德围垦区土地权属移交协议书》，佛山市顺德区人民政府应当完成中心沟围垦区所有土地的全部清场工作后，将包括涉案房屋所在的土地在内的全部土地移交给珠海市横琴新区管理委员会。顺德区政府中心沟办事处受佛山市顺德区人民政府的委托负责中心沟的清场工作，有权对占用佛山市顺德区人民政府的房屋的江××、唐××提起诉讼，因此，顺德区政府中心沟办事处为本案适格的原告。

关于焦点三。如上文所述，顺德区人民政府是涉案房屋的所有权人，享有占有、使用、收益和处分的排他性权利。江××、唐××并非涉案房屋的权利人，无正当理由占有涉案房屋，根据《中华人民共和国物权法》第三十四条"无权占有不动产或动产的，权利人可以请求返还原物"的规定，顺德区政府中心沟办事处请求江××、唐××归还占有的涉案房屋，理据充分，原审法院予以支持。江××、唐××辩称顺德区人民政府应当按照珠海市政府拆迁补偿标准给予相应的补偿，该辩称不属本案审理的范畴，江××、唐××可另循其他途径解决。

综上所述，顺德区政府中心沟办事处的诉讼请求理据充分，原审法院予以支持。依照《中华人民共和国物权法》第三十四条、《中华人民共和国民事诉讼法》（简称《民事诉讼法》）第六十四条第一款的规定，原审判决如下：江××、唐××于判决发生法律效力之日起十五日内腾空并搬离其占用的位于珠海横琴新区中心沟的"勒南"石屋、"裕源"石屋、"塘利"石屋，将该房屋返还给珠海经济特区佛山市顺德区人民政府中心沟办事处。一审案件受理费人民币100元，由江××、唐××负担。

一审判决后，江××、唐××不服，向本院提出上诉，请求撤销原审判决，将本案发回重审或查清事实后依法改判。事实与理由：原审判决对于涉案房屋的权属认定错误，混淆了本案的诉讼主体，并出现了大量自相矛盾的情形，关键证据未经在法庭上出示以及由双方当事人进行质证的情况下主观予以认定和采纳，剥夺了法事人质证、辩论的权利，违反了《民事诉讼法》第一百七十条第（二）、（三）、（四）项的规定。具体如下：

一、原审判决认定基本事实不清。

（一）顺德区政府中心沟办事处既不拥有涉案房屋的物权，也无使用（占有）权，无权以自己名义提起诉讼，不是适格原告，原审判决认定顺德区政府中心沟办事处是适格原告是严重错误的，违反了《民事诉讼法》第一百一十九条的规定。首先，顺德区政府中心沟办事处虽然是佛山市顺德区人民政府的属下机构，但其仍然是一个独立的法人，在本案中与顺德区人民政府是相互独立的。不能简单理解为"顺德区政府中心沟办事处＝顺德区政府，顺德区政府＝中心沟办事处"。其次，根据原审判决，既然认定涉案的房屋的所有权属于顺德区人民政府，那么本案的当事人只能是顺德区政府。顺德区政府中心沟办事处只是作为顺德区政府的下属机关，则无权提起本案的诉讼，因为顺德区政府中心沟办事处跟本案没有任何直接的利害关系。如按原审判决的逻辑，那么顺德区下属的任何机构都是适格的原告，公安局、民政局等都可以作为原告。再次，根据《珠海横琴中心沟顺德围垦区土地权属移交协议书》第三条第（二）项："自本协议生效之日（2010年10月20日）起，中心沟土地使用权正式转移至乙方，甲方不再对中心沟土地享有任何权利"的约定，顺德区人民政府对于横琴中心沟已无任何权利可主张，其与涉案房屋也无任何权利关系，而对于顺德区政府中心沟办事处来说，更与其没有任何利害关系。所以，顺德区政府中心沟办事处无权作为原告以自己名义提起诉讼。最后，本案没有任何证据证明佛山市顺德区人民政府有明确授权顺德区政府中心沟办事处以自己的名义提起诉讼。根据民诉法以及司法实践，接受授权一方，只能以委托人的名义起诉，不能以受委托人的名义提起诉讼。如需以自己的名义提起诉讼，则必须是对权利的让与。所以，原审判决的认定："原告受佛山市顺德区人民政府的授权负责中心沟的清场工作，有权对占用佛山市顺德区人民政府的房屋的被告提起诉讼……"（判决书第12页第7行）是极其荒谬的。

（二）原审判决既认定江××、唐××所在大队基于建设拥有涉案房屋所有权,又认定涉案房屋所有权属于顺德区人民政府;既认定顺德市政府于1994年取得了涉案房屋的所有权,又认定涉案房屋所有权是于2010年顺德区政府中心沟办事处所在村镇收回。前后严重矛盾,同时更无证据证明顺德区政府对涉案房屋所有权的来源,违反了《民事诉讼法》第七条:"人民法院审理民事案件,必须以事实为根据,以法律为准绳"的规定。首先,原审判决以顺德市人民政府下发顺府发〔1994〕36号《关于开发横琴岛中心沟围垦区有关问题处理意见的通知》(简称《通知》)作为依据认定:涉案房屋已经于1994年6月17日由各镇移交给顺德区政府中心沟办事处接管使用,故涉案房屋的所有权归顺德市人民政府。暂且不考虑该通知的真实性以及该通知作为证据的程序合法性问题。从内容上看,顺德区政府是基于"接管使用"而获得了房屋的所有权,而且是各镇移交的。既然是镇政府将涉案房屋移交给顺德市政府的,那么原审法院应当审查当时的移交手续,因为一份《通知》无法证明原审判决所认定的事实。原审法院未查明事实就下判决,违反了"以事实为根据,以法律为准绳"的最基本原则。其次,既然涉案房屋是当时的大队出资建设的,那么是大队基于建设行为获得了涉案房屋的所有权,镇政府何来移交的权利!在法律上,这显然是属于无权处分。最后,在时间上同样存在严重矛盾。《通知》发出的时间为1994年6月17日,按该通知,涉案房屋已经于1994年就已经移交给顺德市政府,所有权于1994年就已经归顺德市政府;然而,根据顺德区勒流街道4个村(居)民委员会的证明,涉案房屋是于2010年3月由相应的村(居)民委员会收回的,这直接证明涉案房屋并没有于1994年移交给顺德市政府,《通知》文件只不过是一纸空文,相应的政策均已胎死腹中。两份相互矛盾的证据根本无法证明原审判决所认定的事实。此外,关于顺德区勒流街道4个村(居)民委员会的证明,请二审法院重点查明的是:这4份证明根本无法证明"营部房屋"就是本案的"涉案房屋"。

(三)认定错误的其他事实:判决书第8页第3段"江××、唐××于1976年年底由当时的冲鹤大队安排到中心沟参加集体劳动。之后,在中心沟承包鱼塘。居住'冲鹤'石屋一间至今,期间对房屋进行过装修"。该认定存在以下错误:江××、唐××1976年到中心沟参与围垦,当时就住在"冲鹤"房屋里面（而不是之后），即便所有人都撤回佛山后，江××、唐××一直坚守在石屋至今，而不是原审判决认定的"之后"。此外，该石屋的水电等生活设施也由江××、唐××自行负责。如果顺德区政府中心沟办事处具有管理和使用的事实，应当向法庭提供证据予以证明。在没有证据证明的情况下，无法抗辩江××、唐××居住、使用涉案房屋四十来年的事实！

二、原审法院违法剥夺了当事人质证、辩论的权利，违法做出判决，严重违反《民事诉讼法》第六十八条和第一百七十条的规定。

根据原审判决第10页第2段："另查明，1994年6月17日，顺德市人民政府下发顺府发〔1994〕36号《关于开发横琴岛中心沟围垦区有关问题处理意见的通知》……各镇所建的房屋及财产，能够移动的物件由原单位自行处理，不能移动的亦无偿由办事处接管使用。今后中心沟的开发经营与各镇无关"和第11页第4行："根据顺府发〔1994〕36号文件的规定，各镇所建的房屋已于1994年6月17日移交给原告接管使用，因此，基于上述原因，涉案房屋的所有权属于当时的顺德市人民政府，即现在的佛山市顺德区人民政府"可知，原审判决认定涉案房屋所有权属于顺德区人民政府的依据只有《关于开发横琴岛中心沟围垦区有关问题处理意见的通知》。对于该证据的采纳，江××、唐××综合发表如下意见：第一，在程序上，该通知顺德区政府中心沟办事处在一审时并未作为证据提交，甚至到今日，江××、唐××仍然未看到过这份证据。即便是原审法院依职权调取，那么根据《民事诉讼法》第六十八条："证据应当在法庭上出示，并由当事人互相质证"的规定，该通知应当由当事人互相质证，否则无法确定该证据的真实性、合法性以及关联性。但原审法院在未经江××、唐××质证的情况下，直接采纳该证据做出判决，严重违法。第二，在形式上，该通知的出具的主体是顺德市人民政府，也就是现在的顺德区人民政府，属于当事人单方制作的证据。而本案的顺德区政府中心沟办事处作为顺德区政府的下属机关，按原审判决的认定，顺德区政府中心沟办事处是在顺德区政府的授权下提起诉讼的，因此，原审判决可以理解为：原审法院单方采纳顺德区政府制作的证据做出了对顺德区政府完全有利的判决。在原被告诉讼地位平等的情况下，这样的判决显然无法体现双方的地位的平等，让江××、唐××觉得原审法院严重偏向于顺德区政府中心沟办事处一方。第三，在内容上，《关于开发横琴岛中心沟围垦区有关问题处理意见的通知》只是顺德市政府下发的一个通知，至于该通知是否得到严格的实施，出让金的支付是否到位，涉案房屋的移交手续是否完成，无法证明。这些疑问一日无法解决，本案事实就无法查明；但原审法院视而不见。

顺德区政府中心沟办事处答辩称：

一、原审判决认定事实清楚，适用法律正确。

（一）涉案房屋所有权方面：涉案房屋是在20世纪70年代，在当时的顺德县人民政府统一安排下，由参与围垦的各个公社、大队出资建设，并统筹安排给本大队围垦人员居住。根据顺府发〔1994〕36号文件的规定，各镇所建的房屋已于1994年6月17日移交给顺德区政府中心沟办事处接管使用，涉案房屋的所有权属于佛山市顺德区人民政府。需要强调的是，涉案房屋建造时间是在20世纪70年代，发生在改革开放前的大集体年代，涉案房屋所有权归佛山市顺德区人民政府没有任何法律、道德问题。且根据顺府发〔1994〕36号文件，转让中心沟土地所得的部分出让金，按区和各镇在中心沟拥有土地的面积比例进行统筹分配，用于参与围垦的各镇村公共、社会福利事业，不分配到任何个人，充分体现公平、公正原则。对中心沟土地及涉案房屋所有权属于佛山市顺德区人民政府这一点，顺德区人民政府、各个公社及各个大队等利益关系人均没有任何异议。依据佛山市顺德区人民政府与珠海横琴新区管理委员会于2010年3月25日签订的《珠海横琴中心沟顺德围垦区土地补偿协议书》，珠海市横琴新区管委会收回顺德在横琴岛中心沟顺德围垦区内的全部国有土地使用权，支付一定的计价补偿款，佛山市顺德区人民政府会统筹分配用于参与围垦的各镇村公共、社会福利事业，做到"取之于民，用之于民"的原则。江××、唐××等人虽口头上不承认涉案房屋所有权属于佛山市顺德区人民政府的事实，但又提出有所谓顺德区政府中心沟办事处赠予涉案房屋给他们的说法，充分反映出江××、唐××实际想法是确认涉案房屋所有权属于佛山市顺德区人民政府的。故顺德区勒流街道办事处工作人员对江××、唐××等人所做的询问笔录中，除吕××外的其他人（包括吕×

×妻子吴××）均对涉案房屋是公有物业无异议。

（二）顺德区政府中心沟办事处诉讼主体资格方面：顺德区政府中心沟办事处是顺德区人民政府在1994年6月17日设立的机关法人，负责中心沟的行政管理和开发协调工作。佛山市顺德区人民政府与珠海横琴新区管理委员会签订的《珠海横琴中心沟顺德围垦区土地补偿协议书》及《珠海横琴中心沟顺德围垦区土地权属移交协议书》，依约定佛山市顺德区人民政府应当完成中心沟围垦区所有土地的全部清场工作，将包括涉案房屋所在的土地在内的全部土地移交给珠海横琴新区管理委员会。顺德区政府中心沟办事处经顺德区政府授权负责清场工作，当然具有本案原审原告的主体资格。

（三）适用法律方面：原审法院在原审判决详细阐明了适用的法律条文，适用法律正确，且起到很好的释法、普法效果。

二、江××、唐××的上诉没有任何事实及法律依据。

江××、唐××等人的上诉状字数不少，却是空洞无物，没有也不敢涉及案件争议的焦点。

（一）珠海中心沟围垦建筑涉案石屋时间在20世纪70年代，那时还是大集体年代，县、公社、大队的资产都是公有的，顺德县政府组织勒流公社、勒流公社组织各大队、各大队组织队员到珠海中心沟围垦造田，各方出钱出力，目的只有一个，就是问海要田，至于取得土地、房屋的不动产的权属归顺德政府而顺德政府下设专门机构顺德区政府中心沟办事处进行行政管理没有异议。故2010年3月25日，经广东省国土、规划等相关部门的协调，并报请省政府同意，由珠海市横琴新区管委会收回顺德在横琴岛中心沟顺德围垦区内的全部国有土地使用权，才会由佛山市顺德区人民政府2010年3月25日签订《珠海横琴中心沟顺德围垦区土地补偿协议书》。不动产的权属归顺德政府，参与中心沟围海造田的各个单位和个人利益没有受损，参与围垦的工作人员按月领取工资作为报酬，区、镇、大队参与分配土地出让金。

（二）至于江××、唐××提出顺德区下属的任何机构都是适格原告，公安局、民政局等都可以作为原告的说法，顺德区政府中心沟办事处需要强调的是，顺德区政府设立顺德区政府中心沟办事处这一机关法人，主要目的本就是要顺德区政府中心沟办事处负责中心沟的行政管理和开发协调工作。

（三）顺德市人民政府早在1994年6月17日就已下发顺府发〔1994〕36号《关于开发横琴岛中心沟围垦区有关问题处理意见的通知》，是有法律效力的政府文件，绝非是顺德市人民政府在20多年前为本案单方制作的证据。综上所述，原审判决认定事实清楚，适用法律正确，应驳回江××、唐××的无理请求。

在二审调查过程中，江××、唐××要求顺德区政府中心沟办事处出示顺府发〔1994〕36号文《关于开发横琴岛中心沟围垦区有关问题处理意见的通知》，顺德区政府中心沟办事处向本院出具了该文件以及中心沟各营区1996年1—6月、1997年地租屋租结算（2份）。

江××、唐××发表了如下质证意见：第一，程序方面，对上述材料的真实性、合法性、关联性不予认可。顺德区政府中心沟办事处一审起诉状的主张是涉案房屋是他们建筑的，且所有证据都意图证明其该目的，但后面原审法院判决认定涉案房屋的权利来源是各镇政府的移交，这在程序上属于全新的主张，原审法院在此应当给予新的举证期限，但原审法院在未经质证，且顺德区政府中心沟办事处也未把该证据作为证据提交的情况下，原审法院臆断做出了判决，严重违反民事诉讼法的规定，即使二审法院再经质证，也不能弥补一审的错误，二审法院应当予以纠正。第二，形式方面，该文件是顺德区政府中心沟办事处单方出具的材料，虽然顺德区政府中心沟办事处代表顺德区政府，但本案中江××、唐××与顺德区政府中心沟办事处的地位平等，该文件无法证明涉案房屋已经移交，不能因为顺德区政府中心沟办事处是政府部门，就减轻其证明责任，相反，作为政府一方更应提交其他房屋移交的材料进行佐证。第三，内容方面，仅有该文件及1996年、1997年的地租房屋结算表，无法证明该文件得到有效的落实，顺德区政府中心沟办事处应该提供该文件当中涉及的所有的房屋移交材料，以证明房屋的移交时间、由谁移交给谁，及涉案房屋的面积、建成年份等客观情况。另外，该文件提到各镇所建房屋已无偿由办事处接管处理，但涉案房屋从被建成之日至今，都由江××、唐××直接使用，从未出现过由顺德区政府中心沟办事处接管的状态。第四，由于该文件并未落实，只是一纸空文，因为根据中心沟后来的移交情况可得知，中心沟1994年并未与中国光大国际和香港信港公司进行合作开发，否则不会存在今天的局面；另根据珠海横琴管委会及中心沟的移交协议，中心沟的全部土地已经全部移交给珠海横琴，即便是根据房屋随地走的原则，房屋也应属于横琴，实际上珠海政府已经将房屋和附属物全部赔偿给顺德市政府，因此，程序上无论是顺德区政府还是中心沟办事处都无权提起本案诉讼，退一步讲，即便房屋属于顺德市政府，也应以顺德市政府的名义提起诉讼。

本院认为，在一审庭审过程中，顺德区政府中心沟办事处当庭提交了顺府发〔1994〕36号文，原审法院当庭组织了质证。江××、唐××在二审主张没有看到该文件，顺德区政府中心沟办事处在二审重新向本院提交了该文件以及中心沟各营区1996年1—6月、1997年地租屋租结算（2份），本院组织了质证。经审查，上述文件是从佛山市顺德区档案馆复印的，本院对其真实性予以认可，且与本案具有关联性，本院对该证据予以采纳。虽然顺府发〔1994〕36号文中本决定对中心沟围垦区进行开发，之后未实际按该文件开发，但是不影响其他条款的效力，即有关行政机构处理以及财物的处理等条款仍然是有效的。文件明确了原顺德县围垦工程指挥部及市属各单位的财产由顺德区政府中心沟办事处接管使用，且从中心沟各营区1996年1—6月、1997年地租屋租结算两份证据来看，顺德区政府中心沟办事处在1996年和1997年就有对中心沟土地、房屋等进行管理。顺德区政府中心沟办事处没有收取江××、唐××房屋租金，但并不代表顺德区政府中心沟办事处没有对中心沟进行管理。

在二审调查过程中，江××与其他类似案件的当事人霍××、洪××、黎××、吕××、吴××、何××、江××、周××共同陈述："当时参与围垦的人分为5个公社，我们都是属于勒流公社的，有31个大队，一个大队最多的有50多个人，最少的有10多个人，当时一个大队出资建一栋房子，其中有一些大队没有钱就没有建房子，总共建了24栋房子，本案的房屋基本是1971年至1973年之间建好的，只有两栋是1985年左右建好的。大队建房的钱是村民出资的。刚开始有的房屋大概是四五十人住，有的大概是30人住，后来陆陆续续走了一些人，到1984年至1985

年的时候其他人都走，只剩下我们，我们每个人就占了一栋房子。"

二审经审理查明，顺德区政府中心沟办事处在一审提交了一系列有关中心沟的档案材料，其中《勒流公社建设中心沟八年规划草案》中载明："五、基本建设：兴建房屋和厂房"。《顺德县中心沟基本情况》中载明："在其他建设方面，建造了一批楼宇、仓库、码头、宿舍等分布在各耕作区和生活区"。《关于中心沟基本建设的几个意见》中载明："四、关于建石屋问题：计划今年建石屋八千至一万个平方，需用钢材70吨，现在存仓只有10吨，还要解决60吨"。《团营连干部名册》中有孔××、卢××两人，孔××1971年任民兵独立排长，负责保卫，卢××1974年任教导员。

2015年6月24日，佛山市顺德区人民政府出具了"证明"，证实佛山市顺德区人民政府已授权顺德区政府中心沟办事处处理珠海横琴中心沟顺德围垦区土地收地工作相关事宜。

经审查，一审查明的其他事实属实，本院予以确认。

本院认为：

一、关于涉案房屋的所有权人的问题，由于涉案房屋建设于20世纪70年代，我国还未出台土地管理、不动产登记等有关法律法规，因此，涉案房屋未办理任何产权登记手续。

本院结合涉案房屋的历史情况具体分析如下：首先，《勒流公社建设中心沟八年规划草案》《顺德县中心沟基本情况》《关于中心沟基本建设的几个意见》等档案材料明确了当时顺德县勒流公社围垦指挥所规划并建设了一批石屋供参与围垦人员居住。其次，证人孔××、卢××均在《团营连干部名册》中，两人是中心沟历史的见证者，其证言真实的可能性高，本院予以采纳。孔××证实涉案房屋是由各个大队出资建设的，卢××证实涉案房屋是由公社统一规划，由大队出资金，大队安排分配民工居住的。最后，江××、唐××自己也陈述涉案房屋是大队组织由村民集资建造的，刚开始是分配给村民集体居住，这说明涉案房屋是政府组织建设的。江××、唐××称1993年南水大队书记曹××和其他大队的书记当时提出涉案房屋归江××、唐××等人个人所有，但没有提供证据证实上述说法以及大队书记有权处分涉案房屋，反而说明江××、唐××认可涉案房屋不属于其个人所有。综合上述证据及江××、唐××的陈述，本院认为，涉案房屋是大队建设的，但是大队只是具体从事建设的施工单位，大队是在顺德县围垦工程指挥部统一规划并组织下建设的，而顺德县勒流公社围垦指挥所是顺德县人民政府组织成立的，故本院认为涉案房屋属于顺德区人民政府所有。

二、关于顺德区政府中心沟办事处是否为适格原告的问题，如上所述，涉案房屋的产权归属于佛山市顺德区人民政府，根据佛山市顺德区人民政府与珠海市横琴新区管理委员会签订的《珠海横琴中心沟顺德围垦区土地补偿协议书》及《珠海横琴中心沟顺德围垦区土地权属移交协议书》，由佛山市顺德区人民法院负责完成中心沟围垦区所有土地的全部清场工作，而顺德区人民政府已授权顺德区政府中心沟办事处处理珠海横琴中心沟顺德围垦区土地征收地工作相关事宜。故本院认为顺德区政府中心沟办事处有权对占用佛山市顺德区人民政府的房屋的江××、唐××提起诉讼，顺德区政府中心沟办事处是本案适格原告。

综上所述，由于顺德区人民政府是涉案房屋的所有权人，而江××、唐××并非涉案房屋的权利人，无正当理由占有涉案房屋，根据《中华人民共和国物权法》第三十四条"无权占有不动产或动产的，权利人可以请求返还原物"的规定，顺德区政府中心沟办事处请求江××、唐××归还占有的涉案房屋，理据充分，原审法院予以支持正确，本院予以维持。

综上所述，原审法院认定事实清楚，适用法律正确，本院予以维持。依照《中华人民共和国民事诉讼法》第一百七十条第一款第（一）项之规定，判决如下：

驳回上诉，维持原判。

二审案件受理费100元，由江××、唐××负担。

本判决为终审判决。

审 判 长　李　灵
代理审判员　黄汉源
代理审判员　黄夏莉
二〇一六年四月五日
书　记　员　陈园园

（资料来源：中国法院网，2016年4月5日）

参 考 文 献

［1］谢光林. 中心沟围垦回忆录. 1999.8（内部资料）.

［2］郭瑞昌. 横琴岛围垦. 2003.3（内部资料）.

［3］梁景裕，等. 用青春托起的土地［M］. 北京：人民出版社，2005.10.

［4］中共佛山市顺德区组织部. 赞歌——飞越沧海桑田［CD］. 2007.7.

［5］佛山市顺德区人民政府. 顺德围垦史诗——中心沟（画册）. 2010.9.

［6］佛山市顺德区人民政府. 中心沟，永远的歌［CD］. 2010.9.

［7］佛山市顺德区图书馆. 曾经的飞地——中心沟［CD］. 2016.5.

［8］杨黎光. 横琴——对一个新三十年改革样本的五年观察与分析［M］. 广州：广东人民出版社，2016.5.

［9］李红. 澳珠跨境区域合作理论持续探索：横琴岛开发的例子［J］. 行政，2009（3）.

［10］顺德市地方志办公室. 顺德县志（清咸丰、民国合订本）［M］. 广州：中山大学出版社，1993.

［11］梁锡秋，广东省顺德县水利志编纂组. 顺德县水利志［M］.［出版社不详］1990.

［12］张永锡. 顺德水利史话［M］. 北京：人民出版社，2011.

［13］温肃，何炳堃. 续桑园围志（全二册）［M］. 南宁：广西师范大学出版社，2014.

后　记

横琴岛地处珠江口西侧,磨刀门东边,原来是近海的大横琴岛、小横琴岛两个小岛,1970年始由佛山地委指挥珠海和顺德两地群众把两岛之间的海滩围垦成陆,终成为今天的横琴岛。

关于《横琴中心沟围垦史》,当初讨论时,我们觉得撰写的意义不太大,虽然今日横琴是国家自贸区,成为国家战略布局的重要组成部分,但或许当年的"围垦"对于今日的国家战略而言说不上意义重大。因为人类的发展史就是一部开天辟地、战天斗地的奋斗史。就以今天富饶的珠江三角洲来说,即是我们的先祖经过近一千年的围海造陆,一代又一代人努力改造而成,养育一代又一代人民的。与横琴中心沟围垦同一个时期的,还有我国沿海各地掀起的围海造陆的浪潮,无论是渤海、东海还是南海,都有或大或小的围垦工程,特别是广东汕头的牛田洋围垦工程,因其具有气吞山河的特殊年代的悲壮场景,几乎成为中国围垦史的"绝唱"。

但是,当我们收集到当年的文件资料,访问当年的围垦队员时,发现"横琴中心沟围垦史"是一部值得撰写的史书。20世纪50年代至70年代,为率先解决温饱问题,全国的围垦大会战指导思想是以粮为纲、自力更生、战天斗地、不怕艰苦、不怕牺牲。横琴中心沟围垦工程的特殊性还在于:

1. 中心沟100多年前是一个深水港,是明清两朝几百年间中国对外贸易商埠广州口岸的外国商船锚泊地。是自然因素还是人为因素导致1970年中心沟围垦时此深水港已是一片淤泥浅滩?

2. 中心沟当年紧靠澳门,在20世纪50年代至70年代意识形态严重对立的形势下,围垦工作的管理具有很深的意识形态的烙印。

3. 20世纪80年代，中国经济进入改革开放期，围垦区的角色与功能转换又深深刻上了时代的烙印。

4. 当初珠海呈送报告给上级单位佛山地委请求邻近兄弟县派出人力物力支援中心沟围垦工程，后由顺德负责完成围垦工程并垦殖中心沟，中心沟成为顺德的"飞地"，这中心沟"飞地"又给两地政府的管治工作带来一定的矛盾。

5. 步入21世纪，重大的国家发展战略落子横琴，让中心沟"飞地"的一系列问题摆在面前，如何去面对，如何去处理，让中心沟一度成为牵动上下的热点。

6. 今天的横琴岛已是高楼林立，现代化的社区、大学、写字楼、公园成为新的景观。大横琴、小横琴，意思是大小两把横卧于大海中的古琴，中心沟围垦工程让大小两把古琴合而为一成为一把更大更响的"琴"，冥冥中似乎早已注定此"琴"不简单。

《横琴中心沟围垦史》撰写前还有一个插曲，因有关中心沟的文学、影视、纪实作品已有不少，又意识到部分资料可能不太容易收集到，所以，就计划撰写"史话"，这样可发挥编者的特长又不耽误交稿时间，但是，佛山市顺德区社科联明确要求撰写的是"史"。"史"字，是一个严肃的字眼，而一个"史"字就是一个"难"字，既然是"史"，作为编者就知难而进了；也因为编写学术性的史书有很大难度，导致我们两次申请延迟交稿时间。

为了撰写《横琴中心沟围垦史》，我们从佛山市顺德区档案馆、珠海市档案馆、佛山市档案馆收集了近千件档案资料，浏览了近年出版和印刷的有关横琴的各种作品，访问了当年顺德县中心沟围垦工程队龙江官田排、勒流众涌排、勒流龙眼排的部分队员，也采访了围垦指挥部的部分成员。

2016年7月，我们专程前往横琴岛，见到东堤的横琴澳门大学新校区已是绿树掩映，书声琅琅，大横琴湾的长隆海洋世界游人如鲫。在西堤热火朝天的"三通一平"工地上，当年的西堤外已修了一条新标准的堤坝，并建起了高速公路高架桥，当年的西堤水闸在新建的又宽又高的水闸映衬下显得非常老旧，但从一块一块垒筑成墙的石头仍可以感受到当年围垦队员的英雄气概。同年 10 月，当我们再次到横琴岛时，当年横琴中心沟围垦的标志性记忆"西堤水闸"刚刚被拆除，拆除西堤水闸后的中心沟河水清澈，河面波澜不惊，很难让人想象那曾经是恶风恶浪的地方。原来的大横琴岛、小横琴岛已成为横琴岛上的两座山冈，山冈上树木葱茏，沙石依旧；中心沟垦区的桑基鱼塘大多已平整，余下中心河东迎日出，西送夕阳。高楼倒影下的中心河，满满承载着一代围垦队员的梦想。

我们讨论撰写《横琴中心沟围垦史》时，谭元亨教授说："今日横琴自贸区的建立，是历史给予这块土地的光荣，我们撰写时要有开阔的历史视野，眼光要深入，触角要独到。关于围垦，从宋朝开始，珠三角已有近一千年的围垦史，特别是桑园围的成功合围成为珠三角桑基鱼塘的典范。关于贸易，历史上，特别是明清时期，海上丝绸之路、广州十三行的中国对外贸易活跃，横琴中心沟这个地方是外国商船锚泊地，是'十字门开向外洋'中'十'字的一横，是对外开放的历史见证。所以，撰写此史书，应有上溯千年、展望百年的笔触。"

本书的撰写，得到了各方人士的热心帮助，特别是得到当年横琴中心沟顺德县围垦指挥部总指挥、广州市原市长黎子流先生为本书作序，在此表示感谢。

本书作为"顺德历史文化丛书"中的一部作品和顺德区社科联一个重要项目，在项目调研、资料收集、书稿撰写过程中得到顺德区委宣传部原副部长、顺德区社科联主席沈涌先生的大力支持，在此表示感谢。

因编者学识水平和资料收集有限等原因，本书如有错漏，请读者不吝赐教，交流学习，待日后再修订时补正。

二〇一八年三月

《顺德文丛》书目

一、《顺德文丛》第一辑（出版时间：2005年10月）

序号	书　名	作　者
1	《顺德历史人物》	张解民（编著）
2	《顺德诗萃》	陈永正（编）
3	《顺德民俗》	叶春生　凌远清（编著）
4	《顺德书画艺术》	朱万章 等（编著）
5	《顺德粤剧》	谢　彬 等（著）
6	《顺德华侨华人》	欧阳世昌（编著）
7	《李小龙》	何　真 等（编著）
8	《顺德人》	谭元亨（著）
9	《话说顺德》	李建明（著）
10	《美味顺德》	廖锡祥　李建明（著）
11	《用青春托起的土地》	梁景裕 等（编著）

（第一辑总序作者：岑桑）

二、《顺德文丛》第二辑（出版时间：2007年8月）

序号	书　名	作　者
1	《清晖园》	谭运长　刘斯奋（著）
2	《顺德龙舟》	叶春生　凌远清　凌　建（编著）
3	《梁銶琚》	陆焕方（著）
4	《顺德乡镇企业史话》	谭元亨　刘小妮（著）

续上表

序号	书名	作者
5	《历史文化名村碧江》	苏 禹（著）
6	《陈邦彦父子》	岑 桑（著）
7	《梁廷枏评传》	陈恩维（著）
8	《书香顺德》	李建明（主编）
9	《千年水乡》	吴志高（著）
10	《顺德自梳女文化解读》	李宁利（著）
11	《顺德桑基鱼塘》	郭盛晖（编著）

（第二辑总序作者：欧广源）

三、《顺德文丛》第三辑（出版时间：2011年9月）

序号	书名	作者
1	《顺德水利史话》	张永锡（编著）
2	《顺德祠堂》	苏 禹（著）
3	《麦孟华研究》	曾光光（著）
4	《陈村——中国花卉之都》	凌远清（编著）
5	《南国丝都——顺德蚕桑丝绸业发展史研究》	吴建新（著）
6	《岭南诗宗——孙蕡》	陈恩维（著）
7	《与正统同行——明清顺德妇女研究》	刘正刚 乔玉红（著）
8	《人物顺德》	李建明（著）
9	《民间顺德》	彭有结（著）
10	《风雨兼程——记岑桑》	岑丽华（编著）

（第三辑总序作者：林雄）